高职高专大数据技术与应用专业系列教材

大数据分析与可视化

主 编　范　迪　刘成军　李　强
副主编　高　兵　姜晓洁　谢术芳

西安电子科技大学出版社

内 容 简 介

本书基于智速云大数据分析平台介绍大数据分析与可视化的详细方法和操作步骤。全书共 9
章，主要内容包括大数据、大数据分析与可视化的概念，智速云大数据分析平台简介，数据 ETL，
初级可视化图表、高级可视化图表的创建，智速云大数据分析平台的操作，几个实践案例以及智
速云大数据分析平台的自动化作业。本书结构清晰、案例丰富，注重理论联系实际。读者在阅读
本书后能够从一个新手成长为能创建出复杂分析图表的高手。

本书可作为高职院校、中职院校大数据分析与可视化相关课程的教材，也可作为大数据技术
相关从业人员的参考书。

图书在版编目(CIP)数据

大数据分析与可视化 / 范迪，刘成军，李强主编. —西安: 西安电子科技大学出版社，2023.3
ISBN 978–7–5606–6725–6

Ⅰ. ①大… Ⅱ. ①范… ②刘… ③李… Ⅲ. ①可视化软件—数据处理—高等职业教育—教材
Ⅳ. ①TP31

中国版本图书馆 CIP 数据核字(2022)第 225140 号

策　　划　刘小莉
责任编辑　刘小莉
出版发行　西安电子科技大学出版社(西安市太白南路 2 号)
电　　话　(029) 88202421　88201467　　　　邮　　编　710071
网　　址　www.xduph.com　　　　　　　电子邮箱　xdupfxb001@163.com
经　　销　新华书店
印刷单位　咸阳华盛印务有限责任公司
版　　次　2023 年 3 月第 1 版　　2023 年 3 月第 1 次印刷
开　　本　787 毫米×1092 毫米　1/16　印张 16.75
字　　数　395 千字
印　　数　1～3000 册
定　　价　48.00 元
ISBN　978–7–5606–6725–6 / TP

XDUP 7027001–1
如有印装问题可调换

前　　言

随着物联网的推广和普及，各种传感器和摄像头遍布各个角落，每时每刻都在自动产生大量数据。大数据分析在简化数据、降低数据应用的复杂性、获得完整的数据视图并挖掘数据价值的过程中发挥着关键的作用。为使读者全面掌握大数据分析与可视化的技术和实现方式，我们在总结大数据分析与可视化授课经验的基础上，结合专家、高校教师、企业三方力量，共同编写了这本适用于高职院校、中职院校大数据分析与可视化相关课程的教材。

本书针对大数据、人工智能行业就业需求量非常大的"数据分析与可视化"岗位，依托智速云大数据分析平台讲解数据的分析与可视化的过程，以满足在不同性质的管理和研发流程中，对大量数据进行分析并依此作出相关决策的需求。

书中给出了大量的实例，涵盖了数据分析的多种展现形式，如条形图、折线图、组合图、饼图、散点图、箱形图、热图、树形图、汇总表和交叉表等，通用性强，易上手。

本书共9章，具体内容安排如下：

第1章介绍大数据的概念、大数据的发展历程、大数据的应用场景、大数据时代的特征、大数据时代面临的挑战、大数据分析与可视化的概念和过程，以及目前主要使用的数据分析与可视化软件。

第2章介绍智速云大数据分析平台的功能、安装方法及平台界面的具体操作。

第3章介绍数据的抽取、转换和加载，包括从结构化平面文件、非结构化平面文件、结构化数据库文件及非结构化数据库文件中加载数据。

第4章介绍如何使用智速云大数据分析平台生成一些统计图表，如基本表、条形图、图形表、折线图、组合图、饼图及散点图等。本章使用多个案例，介绍每种图形在行业内的应用。

第 5 章介绍智速云大数据分析平台中图表、筛选器、标签、书签、文本区域、页面与布局等常用控件的基本操作方法。

第 6 章介绍智速云大数据分析平台的一些高级操作，如函数的使用、数据的转换、层级管理、计算列和自定义表达式等。

第 7 章介绍智速云大数据分析平台的高级可视化图表创建，包括交叉表、箱线图、热图、树形图、KPI 图、平行坐标图、瀑布图及三维散点图等。

第 8 章是针对销售、医疗、财务、贷款行业的数据，利用智速云大数据分析平台进行大数据分析与可视化的实践案例。

第 9 章介绍智速云大数据分析平台的自动化作业，包括图片、文件导出，PDF 文件导出及邮件的发送等。

本书每章都附有一定数量的习题，可以帮助学生进一步巩固基本知识，也可用于工业和信息化部教育与考试中心的“大数据工程师”考试的备考练习。

本书由多位作者合作编写，其中第 1 章由范迪编写，第 2 章由刘成军编写，第 3 章由范迪、韩悦编写，第 4 章由范迪、谢术芳编写，第 5 章由姜晓洁编写，第 6 章由刘成军、鞠杰芳编写，第 7 章由高兵、张俏妤编写，第 8 章由李强编写，第 9 章由范迪编写。在编写过程中，我们参考了国内外最新的大数据应用技术方面的优秀著作文献，参阅了网上许多有价值的材料，在此谨表谢意。

尽管力求严谨、准确，但由于水平有限，书中难免存在不足之处，敬请广大读者批评指正。

编　者

2022 年 11 月

目 录

第 1 章 大数据应用概述

1.1 什么是大数据

大数据研究专家维克托·迈尔·舍恩伯格博士曾讲过,"世界的本质是数据,认识大数据之前,世界原本就是一个数据时代;认识大数据之后,世界却不可避免地分为大数据时代、小数据时代。"

什么是大数据呢?字面上看它指的是数量庞大且包含的信息量巨大的数据,虽然这样的描述确实符合"大数据"的字面含义,但并没有解释清楚大数据到底是什么。"大数据"概念的形成,有三个标志性的事件:

(1) 2008 年 9 月,美国《自然》(Nature)杂志专刊——The next google,第一次正式提出"大数据"概念。

(2) 2011 年 2 月 1 日,《科学》(Science)杂志专刊通过社会调查,第一次综合分析了大数据对人们生活造成的影响及人类面临的"数据困境"。

(3) 2011 年 5 月,麦肯锡研究院发布报告——Big data: The next frontier for innovation, competition, and productivity,第一次给大数据作出相对清晰的定义:"大数据是指大小超出了常规数据库工具获取、存储、管理和分析能力的数据集"。

大数据常常被描述成已经大到无法用传统的数据处理工具对其进行管理和分析的极大的数据集。然而大数据技术的意义并不在于人们掌握了多么庞大的数据,而是当数据集已经发展到相当大的规模,常规的信息技术已无法有效地处理、适应数据集的增长和演化时,就需运用新的数据处理技术进行处理,大数据挖掘技术就此应运而生。如果将大数据看作一种产业,那么,大数据产业实现利润的关键,就在于要提高对大数据的加工能力,通过加工进而实现大数据的价值。事实上,人们研究大数据,就是要实现其一定的价值,对于商企部门,尤其如此。

高速发展的信息时代,新一轮科技革命和变革正在加速推进,技术创新日益成为重塑经济发展模式和促进经济增长的重要驱动力量,而大数据无疑是核心推动力。

1.2 大数据的发展历程

从"结绳记事""文以载道"到"数据建模",科技一直伴随着人类社会的发展变迁,大数据也经历着自己的发展过程。大数据的发展大致分为三个阶段:

1. 萌芽时期(20 世纪 90 年代至 21 世纪初)

1997 年，美国国家航空航天局武器研究中心的大卫·埃尔斯沃思和迈克尔·考克斯，在研究数据可视化中首次使用了大数据的概念。1998 年，*Science* 杂志发表了一篇题为《大数据科学的可视化》的文章，大数据作为一个专用名词正式出现在公共期刊上。在这一阶段，大数据只是作为一个概念或假设，少数学者对其进行了研究和讨论，其意义仅限于数据量的巨大，而对数据的收集、处理和存储没有进一步的探索。

2. 发展时期(21 世纪初至 2010 年)

21 世纪前十年，互联网行业迎来了一个快速发展的时期。2001 年，美国 Gartner 公司率先开发了大型数据模型。同年，DougLenny 提出了大数据的 3V(Volume、Variety 和 Velocity，数量、种类和速度)特性。2005 年，Hadoop 技术应运而生，成为数据分析的主要技术。2007 年，数据密集型科学的出现，不仅为科学界提供了一种新的研究范式，而且为大数据的发展提供了科学依据。2008 年，*Science* 杂志推出了一系列大数据专刊，详细讨论了大数据的问题。2010 年，美国信息技术顾问委员会发布了一份题为《规划数字化未来》的报告，详细描述了政府工作中大数据的收集和使用。在这一阶段，大数据作为一个新名词，开始受到理论界的关注，其概念和特点得到进一步丰富，相关的数据处理技术层出不穷，大数据开始显现出活力。

3. 兴盛时期(2011 年至今)

2011 年，通用商用机械公司开发了沃森超级计算机，其每秒扫描和分析 4 TB 的数据，打破了世界纪录，大数据计算达到了一个新的高度。随后，麦肯锡全球研究所 MGI(McKinsey Global Institute)发布了《大数据前沿报告》，详细介绍了大数据在各个领域的应用，以及大数据的技术框架。2012 年在瑞士举行的世界经济论坛上讨论了一系列与大数据有关的问题，发表了题为《大数据、大影响》的报告，并正式宣布了大数据时代的到来。

2011 年之后，越来越多的学者投入到大数据领域，对大数据的研究也从基本概念及特性的研究，发展到数据资产、思维变革等多个角度。大数据技术开始渗透到各行各业中，大数据的发展呈现出一片蓬勃之势。

自 2013 年大数据概念迅速普及以来，国内大数据领域在电信、互联网、金融、电商等信息化领先行业的引导和带动下，聚集了 BAT 等龙头企业和数百家中小型企业及初创企业，在大数据产业的主要环节完成了初步布局，产品和服务供应链能够满足基本数据生产加工的全生命周期覆盖。

1.3　大数据的应用场景

大数据的典型应用有消防领域、医疗领域、教育领域等。大数据的应用是以大数据技术为基础，对各行各业或生产生活提供决策参考。

1.3.1　消防大数据

随着城市化进程的不断加快，复杂的社会环境对消防工作提出了更多要求。消防工作面临着前所未有的挑战，传统工作方式与新形势、新任务不相适应的矛盾日益凸显。例如，目前采用的绝大部分消防报警方式还是传统、单一的电话报警方式，只能通过被动方式报警，容易在火警初发时刻因为人员疏忽未能及时发现而延误报警，未能将火情扑灭在萌芽阶段。另外，由于警力有限，对社会单位存在的消防隐患无法做到及时发现、消除整改，并缺少必要的手段了解和掌握社会单位的全面信息。通过整合信息资源，打造以"智慧消防"大数据平台为基础的全区数据中心，可以为消防系统提供统一的管理平台，实现系统内信息资源的开放与共享。

通过"智慧消防"大数据平台对消防大数据进行分析，可以实现消防隐患早发现、早识别、早处理，提供不同时间段不同类型火灾发生概率，制定灭火救援预案，宏观把握当前消防现状，科学预测火灾形势，提升火灾防控效能。

"智慧消防"大数据平台项目的建设，提升了火灾防控的科技含量，推动了消防工作科技化、信息化、智能化。同时，在深化应用上下功夫，推动了社会火灾防控、灭火救援能力和部队管理水平的提升。项目还将"智慧消防"嵌入智慧城市的建设，打造政府、部门、单位和消防共享共治的平台。

联科云(LankLoud)设计开发的"智慧消防"大数据平台涵盖了水务消防用水监测系统(如图 1-1 所示)、消防救援人员综合管理系统、智慧安防分析系统、应急救援联动管理系统、应急物资智能调配可视化平台、应急逃生智能导航系统、安全监管执法系统、事故动画回放及分析系统、舆情分析预警系统，实时汇总所有火情信息、灾情预警信息、人员出动信息、车辆使用信息、物资调度信息、互联网舆情信息等，实现消防信息的全局统筹管理。

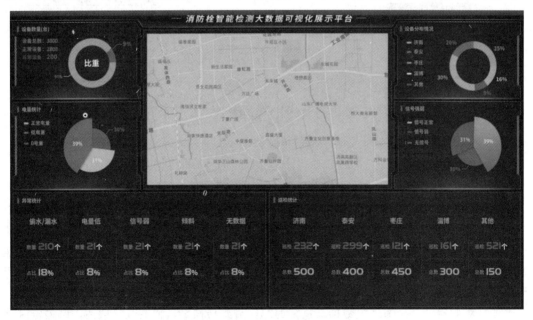

图 1-1　消防栓智能检测大数据可视化展示平台

1.3.2　医疗大数据

我国医疗体系存在的突出问题是优质医疗资源集中分布在大城市、大医院，一些小医院、社区医院和乡镇医院的医疗资源配置明显偏弱。通过打造健康档案区域医疗信息平台，利用最先进的物联网技术和大数据技术，能够实现患者、医护人员、医疗服务提供商、保险公司等之间的无缝、协同、智能的互连，让患者体验一站式的医疗、护理和保险服务。一方面，社区医院和乡镇医院可以无缝连接到市区中心医院，实时获取专家建议、安排转诊或接受培训。另一方面，一些远程医疗器械可以实现远程医疗监护。通过大数据技术，形成针对医疗诊治过程中各个机构、角色和业务活动的智能化应用，提供及时、可预见、可互动、可洞察的体验，从而达到实现智慧医疗的目标。

医疗大数据平台的核心就是"以患者为中心"，给予患者全面、专业、个性化的医疗体验。该平台实现了不同医疗机构之间的信息共享，在任何医院就医时，只要输入患者身份证号码，就可以立即获得患者的所有信息，包括既往病史、检查结果、治疗记录等，再也不需要在转诊时做重复检查。

为了保证国家医疗大数据战略的顺利实施，解决当前数据收集及处理的断档问题，LankLoud 按照国家政策要求为各地卫健委的妇幼保健工作开发了优生优育管理平台。通过平台收集孕妇的健康档案，使孕妇足不出户即可查看体检报告，如图 1-2 所示。

图 1-2　优生优育管理平台

此外，大数据彻底颠覆了传统的流行疾病预测方式，使人类在公共卫生管理领域迈上了一个全新的台阶。以搜索数据和地理位置信息数据为基础，分析不同时空尺度人口流动性、移动模式和参数，进一步结合病原学、人口统计学、地理、气象和人群移动迁徙、地域之间等因素和信息，可以建立流行病时空传播模型，确定流感等流行病在各流行区域间传播的时空路线和规律，得到更加准确的态势评估、预测。

如针对新冠肺炎疫情，大数据在疫情追踪、溯源与预警、辅助医疗救治、助力资源合理配置及辅助决策中得到广泛应用，成为科技"战疫"的先锋。一方面，可以通过基于大数据的人工智能及其他医学相关技术，辅助或加速确诊病例的判断与救治。另一方面，为了减轻医务人员负担，避免人员交叉感染，越来越多基于大数据的智能机器人在抗疫前线被应用。这些机器人在医院承担为隔离病房配送餐饮、生活用品、医疗物资等任务，新研发的清洁消毒一体机器人还可以对医院内的环境实现自主定位，提前规避密集人流，高效完成清扫任务。同时，大数据还可以识别高风险人群，助力基因检测、疫苗研发等重要的医疗科研工作，提升科研效率。

1.3.3　智慧社区大数据

新型智慧城市建设是未来城市的新形态，综合利用物联网、云计算、大数据、人工智能等互联网技术，及时汇聚、调度和处理全量全网城市数据资源，及时分析城市运行状态、调配城市公共资源、修正城市运行缺陷，最终实现利用城市数据资源，优化城市公共资源，实现城市的有效管理服务，是智慧城市的目标。

智慧社区是智慧城市的业务单元，建设好智慧社区体系，就建好了城市的智慧骨干，依托区域大数据平台，统筹推进镇域数字驾驶舱、基层治理综合管理平台、智慧小区管理平台、智慧社区 APP、智能前端及指挥中心建设，探索"感知"+"智能"+"治理"+"服务"的基层治理新模式，打造全面感知、安全监管、经营分析、智能预警、协同联动和多维可视的一体化镇域治理体系，是智慧社区建设的总体目标。

为解决社区安全监管及经营分析监控等方面的问题。LankLoud 研发了智慧社区大数据平台，社区领导可以通过此数据分析平台非常直观地了解所管辖的社区内部重点人和事的实施状态，及整个社区的行政考核指标和经营考核指标的实时情况分析，以便及时采取对应的措施。

LankLoud 智慧社区大数据平台流程架构如图 1-3 所示。

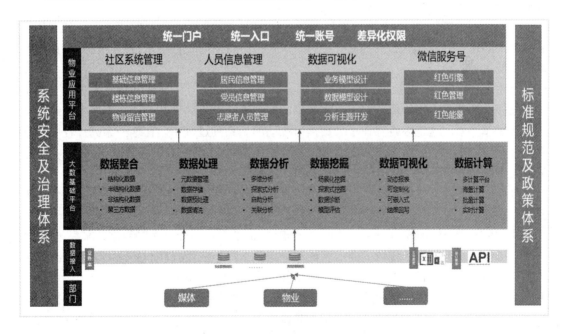

图 1-3　LankLoud 智慧社区大数据平台流程架构

1.4　大数据时代的特征

随着移动互联网、云计算、人工智能及物联网的快速发展，视频监控、智能终端的快速普及，全球数据量出现爆炸式增长。数据也在潜移默化地影响着人们的生活。

在技术领域，以往更多依靠模型的方法，现在可以借用规模庞大的数据，用基于统计的方法，使语音识别、机器翻译这些技术在大数据时代取得新进展。

1. 大数据的基本特征

大数据的基本特征主要有 4 个，简称 4V，分述如下：

(1) 数据量大(Volume)。据统计，2010 年以互联网为基础所产生的数据比之前所有年份的数据量总和还要多，数据量级已从太字节(TB，1 TB = 1024 GB)发展到拍字节(PB)乃至泽字节(ZB)，可称海量、巨量乃至超量。

(2) 数据类型繁多(Variety)。数据类型包括网络日志、音频、视频、图片、地理位置信息等，多种类型的数据对数据处理能力提出了更高要求。据 Gartner 统计，2012 年半结构和非结构化的数据，诸如文档、表格、网页、音频、图像和视频等占全球网络数据量的 85%左右。

(3) 数据价值密度低(Veracity)。大数据非常复杂，有结构化的，也有非结构化的，增长速度飞快，单条数据的价值密度极低。以视频监控为例，连续不断的监控流中，有重大价值的可能仅为一两秒的数据流；360°全方位视频监控的"死角"处，可能会挖掘出最有价值的图像信息。

(4) 高速性(Velocity)。在高速网络时代，由实现了软件性能优化的高速电脑处理器和服务器来创建实时数据流已成为流行趋势。大数据时代对时效性要求很高，这是大部分数据挖掘最显著的特征。

上述大数据的 4V 特征为我们进行数据分析指明了方向，其中每个 V 在发掘大数据价值的过程中都有着内在价值。然而，大数据的复杂性并非只体现在这 4 个维度上，还有其他因素在起作用，这些因素存在于大数据所推动的一系列过程中。在这一系列过程中，需要结合不同的技术和分析方法才能充分揭示数据源的价值，进而用数据指导行为，促进业务的发展。

以下诸多支撑大数据的技术或概念早已有之，现在已归至大数据范畴之下，包含如下五个方面。

(1) 传统商业智能(Business Intelligence，BI)。商业智能涵盖了多种数据的采集、存储、分析、访问技术及应用。传统的商业智能对来自数据库、应用程序和其他可访问数据源提供的详细商业数据进行深度分析，通过运用基于事实的决策支持系统，给用户提供可操作性的建议，辅助企业用户作出更好的商业决策。在某些领域中，商业智能不仅能够提供历史和实时视图，还可以支持企业预测未来的蓝图。

(2) 数据挖掘(Data Mining，DM)。数据挖掘是人们对数据进行多角度的分析并从中提炼有价值的信息的过程。数据挖掘的对象通常是静态数据和归档数据，数据挖掘技术侧重于数据建模以及知识发现，其目的通常是预测趋势而绝非纯粹为了描述现状——这是从大数据集中发现新模式的理想过程。

(3) 统计应用(Statistical Application)。统计应用通常是指基于统计学原理利用算法来处理数据，一般用于民意调查、人口普查以及其他统计数据集。为了更好地估计、测试或预测分析，可以使用统计软件分析收集到的样本观测值来推断总体特征。调查问卷和实验报告这类经验数据都是用于数据分析的主要数据来源。

(4) 预测分析(Predictive Analysis)。预测分析是统计应用的一个分支，人们基于从各个数据库得到的发展趋势及其他相关信息，分析数据集并进行预测。预测分析在金融和科学领域显得尤为重要，因为加入对外部影响因素的分析，更容易形成高质量的预测结论。预测分析的一个主要目标是为业务流程、市场销售和生产制造等规避风险并寻求机遇。

(5) 数据建模(Data Modeling)。数据建模是分析方法论概念的应用之一，运用算法可在不同的数据集中分析不同的假设情境。理想的情况下，对不同信息集的建模运算算法将产生不同的模型结果，进而揭示出数据集的变化以及这些变化会产生怎样的影响。数据建模与数据可视化密不可分，二者结合所揭示的信息能够为企业的某些特定商业活动提供帮助。

1.5　大数据时代面临的挑战

大数据是信息时代的产物，无处不在的感知和采集终端为我们采集着海量的数据，以云计算为代表的不断进步的计算技术，为我们提供了强大的计算能力。

对利润的追求及激烈的竞争刺激着人们对大数据的商业价值的渴求，促使组织机构利用企业内部和外部数据"仓库"中的数据来揭示发展规律、进行数据统计、获取竞争情报，协助他们部署下一步战略。大数据正是企业所需的大"仓库"。这使得大数据及其相关处理工具、平台、分析技术等在企业技术层和管理层中备受青睐。

在科技高速发展，信息技术日渐成熟的今天也存在着诸多挑战，例如：

(1) 大数据处理和分析的能力远远不及理想水平，数据量的快速增长，对存储技术提出了挑战；同时，还需要高速传输能力的支持，及低密度有价值数据的快速分析、处理能力。

(2) 大数据环境下通过对用户数据的深度分析，很容易了解用户的行为和喜好，甚至是企业用户的商业机密，因此对企业及个人隐私的保护问题也必须引起重视。

(3) 海量数据洪流中，在线对话与在线交易活动日益增加，其安全威胁更为严峻。

(4) 大数据人才的缺乏。大数据时代对数据分析师的要求极高，只有大数据专业化人才，才具备开发预言分析应用程序模型的技能。大数据的可视化远没有达到人们的应用需求。

1.6　大数据分析与可视化

1.6.1　什么是数据分析与可视化

中国互联网络信息中心(CNNIC)发布的第 47 期《中国互联网发展统计报告》显示，截至 2020 年 12 月 20 日，中国互联网用户数量达到 9.89 亿，已占全球网民的五分之一；互联网普及率达 70.4%。庞大的网民每时每刻产生大量的数据，据统计：每一分钟全球电子邮件用户共计发出 1.88 亿封电子邮件，谷歌会处理 380 万次搜索……；用户在网上不仅仅发送资讯，还会发微博、上传照片、上传视频等，导致数据类型呈现多样性。

在用户的数据量呈几何级数增长的同时，无可否认海量的用户数据将会创造出巨大的价值，巨大的价值来源于对大数据的分析，但从目前来看，大数据处理和分析的能力远远没有跟上。

"让每个人都成为数据分析师"是大数据时代的要求，数据分析与可视化的出现恰恰从侧面缓解了专业数据分析人才的缺乏。数据分析与可视化是技术与艺术的完美结合，它借助图形化的手段，清晰有效地传达与交流信息。一方面，数据赋予可视化意义；另一方面，可视化增加数据的灵性，两者相辅相成，帮助企业从信息中提取知识，从知识中收获价值。

在大数据分析之前，必须对数据进行清理，包括检查数据的一致性、删除重复值、处理无效值和缺失值等。对大数据来说，也包括海量的数据"噪声"，利用传统的数据分析软件来清理这些"噪声"，难度较大。同时，需要快速把大数据中的核心数据抽取出来，高效分析这些核心数据，建立高级分析模型，只有对核心数据进行复杂分析，发现趋势和隐藏的信息，才能使大数据真正发挥作用，才能让企业洞察和发现商机。

大数据分析与可视化就是将大数据分析结果转化为公司能够使用的信息。只有大数据分析结果通过可视化处理后，非数据分析专业人士才能够充分理解语言、图表等大数据所蕴含的信息，才会给公司带来价值。大数据所包含的数据量大，数据类型纷杂，数据模型复杂，数据结果抽象，因此可视化难度也较大。

1.6.2　数据分析与可视化的过程

数据分析与可视化是一个流程，有点像流水线，但这些流水线之间是相互作用的、双向的。可视化流程以数据流为主线，主要包括数据采集、数据处理和变换、可视化映射、用户感知模块，如图 1-4 所示。

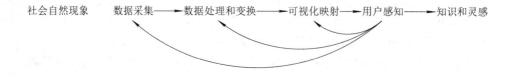
社会自然现象　　数据采集 ——→ 数据处理和变换 ——→ 可视化映射 ——→ 用户感知 ——→ 知识和灵感

图 1-4　可视化流程图

图中涉及以下几个主要模块：

(1) 数据采集。数据的采集直接决定了数据的格式、维度、尺寸、分辨率、精确度等重要性质，在很大程度上决定了可视化结果的质量。

(2) 数据处理和变换。数据处理和变换是可视化的前期处理。一方面原始数据不可避免地含有噪声和误差；另一方面，数据的模式和特征往往被隐藏。而可视化需要将难以理解的原始数据变换成用户可以理解的模式和特征并显示出来。这个过程包括数据噪声去除、数据清洗、特征提取等，为之后的可视化映射做准备。

(3) 可视化映射。可视化映射是整个可视化流程的核心，它将数据的数值、空间位置、不同位置数据间的联系等，映射到不同的视觉通道，如标记、位置、形状、大小和颜色等。

(4) 用户感知。数据可视化和其他数据分析处理办法的最大不同是用户的关键作用。用户借助数据可视化结果感受数据的不同，从中提取信息、知识和灵感。可视化映射后的结果只有通过用户感知才能转换成知识和灵感。

数据分析与可视化可用于从数据中探索新的假设，也可证实相关假设与数据是否吻合，还可以帮助专家向公众展示数据中的信息。用户的作用除被动感知外，还包括与可视化的其他模块的交互。交互在可视化辅助分析决策中发挥了重要作用。有关人机交互的探索已经持续了很长时间，但智能、适用于海量数据可视化的交互技术(如任务导向的、基于假设的方法)还是一个未解难题。

1.7　主要的数据分析与可视化软件

目前，国内外有很多优秀的数据分析和可视化软件。这里介绍其中的几种。

1.7.1　智速云大数据分析平台

智速云大数据分析平台是最新一代的大数据分析软件，能够对多种类型数据进行快速分析和处理，可以满足不同性质的管理和研发流程中对大量数据的分析和决策要求。其最大的特点是通过多种动态的图形和筛选条件，快速对大量的数据进行分析和处理，能够生成多种图表展现形式，包括柱状图、曲线图、饼图、散点图、组合图、地图、树形图、热图、箱形图、汇总表和交叉表等。且所有的图形都能提供众多的数据分析维度，支持多种客户端界面和 Web 界面的访问和显示，如图 1-5 所示。

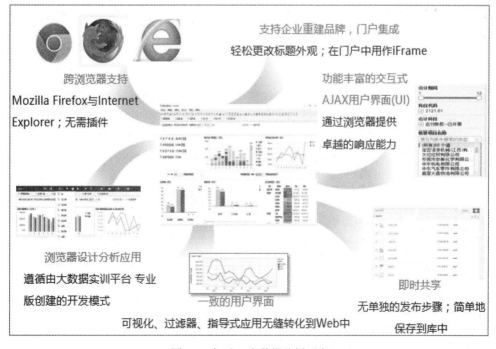

图 1-5　智速云大数据分析平台

1.7.2　Excel

　　Excel 是 Microsoft Office 软件中的一款电子表格软件。Excel 的特点是采用表格方式管理数据，单元格中数据间的相互关系一目了然，使数据的处理和管理更直观、方便、易于理解。

　　Excel 可生成诸如规划、财务等数据分析模型，并支持通过编写公式来处理数据，采用各类图表来显示数据。在 Excel 2016 及后续版本中，内置了 Power Query 插件、管理数据模型、预测工作表、Power Pivot、Power View 和 Power Map 等数据查询分析工具。

　　相对而言，Excel 更适合于小数据量的数据分析与可视化。

1.7.3　Tableau

　　Tableau 是一款具备数据可视化能力的商业智能产品，包括个人计算机所安装的桌面端软件 Desktop 和企业内部共享数据的服务器端 Server 两种形式。是一款定位于数据可视化敏捷开发和自助式分析的展现工具。它能够根据业务需求对报表进行迁移和开发，让业务分析人员独立自主、简单快捷地以界面拖曳式的操作方式对业务数据进行联机分析处理、即时查询等。

1.7.4　Power BI

　　Power BI 是微软旗下的一款基于云的商业数据分析和共享工具，是一套商业分析工具，可以连接多种数据源、简化数据准备并提供即席(Ad Hoc)查询。Power BI 简单且快速，能够从 Excel 电子表格或本地数据库中创建快速见解，能把复杂的数据转化成简洁的视图。同时，Power BI 也可让用户进行丰富的建模和实时分析，以及自定义开发。因此，它既可作为用户个人的报表和可视化工具，也可作为项目组、部门或整个企业背后的分析和决策引擎。

1.7.5　ECharts

　　ECharts(Enterprise Charts)是商业级数据图表，一个纯 JavaScript 的图表库，可以在 PC 和移动设备上流畅运行，兼容当前绝大部分浏览器，底层依赖轻量级的 Canvas 类库 ZRender，提供直观、生动、可交互、可高度个性化定制的数据可视化图表。创新的拖曳重计算、数据视图、值域漫游等特性大大增强了用户体验，赋予用户对数据进行挖掘、整合的能力。

　　ECharts 支持折线图(区域图)、柱状图、散点图(气泡图)、K 线图、饼图(环形图)、雷达图、和弦图、力导向布局图、地图、仪表盘、漏斗图、事件河流图等 12 类图表，同时提供标题、详情气泡、图例、值域、数据区域、时间轴、工具箱等 7 个可交互组件，支持多图表、组件的联动和混搭。

1.7.6　HighCharts

　　HighCharts 界面美观，由于使用 JavaScript 编写，因此不需要像 Flash 和 Java 一样需要插件才可以运行，而且运行速度快。另外，HighCharts 有很好的兼容性，能够完美支持当前大多数浏览器。

　　HighCharts 是纯 JavaScript 编写的图表库，能够很简单、便捷地为 Web 网站或 Web 应用程序添加交互性图表，并且免费供个人学习、个人网站和非商业用途使用。HighCharts 支持的图表类型主要有曲线图、区域图、柱状图、饼状图、散状点图和综合图表等。

本　章　小　结

　　本章讲解了什么是大数据、大数据的发展历程，介绍了大数据在消防、医疗、智慧社区领域的应用，介绍了大数据的特征、大数据时代面临的挑战，阐述了大数据分析与可视化的必要性以及相关的大数据处理与分析软件。通过本章的学习，我们对大数据及大数据处理与分析有了一个基本的认识与了解，为后续学习数据处理与分析打下了坚实的基础。

习　　题

一、选择题

1. 大数据的起源是(　　)。
　　A. 金融　　　　　　　　B. 电信　　　　　　　C. 互联网　　　　　D. 公共管理
2. 在大数据时代，下列说法正确的是(　　)。
　　A. 收集数据很简单
　　B. 数据是最核心的部分
　　C. 对数据的分析技术和技能是最重要的
　　D. 数据非常重要，一定要很好地保护起来，防止泄露
3. 以下哪个不是大数据的特征(　　)。
　　A. 价值密度低　　　　　　　　　　　B. 数据类型繁多
　　C. 访问时间短　　　　　　　　　　　D. 处理速度快
4. 大数据的发展，使信息技术变革的重点从关注技术转向关注(　　)。
　　A. 信息　　　　　　　B. 文字　　　　　　　C. 数字　　　　　　D. 算法
5. 大数据技术是由(　　)首先提出的。
　　A. 微软　　　　　　　B. 百度　　　　　　　C. 谷歌　　　　　　D. 阿里巴巴

二、判断题(正确打"√"，错误打"×")

1. 对于大数据而言，最基本、最重要的要求就是减少错误、保证质量。因此，大数据收集的信息要尽量精确。　　　　　　　　　　　　　　　　　　　　　　　　(　　)
2. 传统关系型数据库可以支撑 4 个 V(Volume、Variety、Veracity、Velocity)加 1 个 E 的要求。　　　　　　　　　　　　　　　　　　　　　　　　　　　　　　(　　)
3. 只要得到了合理的利用，而不单纯只是为了"数据"而"数据"，大数据就会变成强大的武器。　　　　　　　　　　　　　　　　　　　　　　　　　　　　(　　)
4. 大数据分析最重要的应用领域之一就是预测性分析。　　　　　　　　(　　)

5. "大数据"是需要新处理模式才能具有更强的决策力、洞察发现力和流程优化能力的海量、高增长率和多样化的信息资产。　　　　　　　　　　　　　　　（　　）

三、多选题

1. 当前大数据技术的基础包括(　　)。

A. 分布式文件系统　　　　　　　　B. 分布式并行计算

C. 关系型数据库　　　　　　　　　D. 分布式数据库

2. 大数据的价值体现在(　　)。

A. 大数据给思维方式带来了冲击

B. 大数据为政策制定提供科学论据

C. 大数据助力智慧城市提升公共服务水平

D. 大数据的发力点在于预测

3. 当前，大数据产业发展的特点是(　　)。

A. 规模较大　　　　　　　　　　　B. 增速缓慢

C. 增速很快　　　　　　　　　　　D. 多产业交叉融合

4. 下列关于基于大数据的营销模式和传统营销模式的说法中，错误的是(　　)。

A. 传统营销模式比基于大数据的营销模式投入更小

B. 传统营销模式比基于大数据的营销模式针对性更强

C. 传统营销模式比基于大数据的营销模式转化率低

D. 基于大数据的营销模式比传统营销模式实时性更强

5. 大数据与三个重大的思维转变有关，这三个转变是什么？(　　)

A. 要分析与某事物相关的所有数据，而不是依靠分析少量的数据样本

B. 我们乐于接受数据的纷繁复杂，而不再追求精确性

C. 在数字化时代，数据处理变得更加容易、更加快速，人们能够在瞬间处理成千上万的数据

D. 我们的思想发生了转变，不再探求难以捉摸的因果关系，转而关注事物的相关关系

四、分析题

1. 什么是大数据？

2. 为什么国家要将发展大数据上升为国家战略？

3. 工业大数据与互联网大数据有区别吗？有哪些区别？

第2章　智速云大数据分析平台简介

2.1　平台概况

2.1.1　平台简介

智速云大数据分析平台是最新一代的大数据分析软件。使用者不需要精通复杂的编码和统计学原理，只需要把数据直接拖放到工作区中，通过一些简单的设置就可以得到想要的可视化图形。这无疑对日渐追求高效率和成本控制的企业来说具有巨大的吸引力，特别适合那些在工作中需要绘制大量报表、经常进行数据分析或制作图表的人使用。简单、易用并没有妨碍该平台拥有强大的性能，它不仅能实现数据分析、报表制作，还能完成基本的统计预测和趋势预测。

在简单、易用的同时，智速云大数据分析平台还极其高效，其数据引擎的速度极快，处理上亿行数据只需几秒钟时间就可以得到结果，用其绘制报表的速度也比程序员制作传统报表快 10 倍以上。

智速云大数据分析平台还具有完美的数据整合能力，可以将两个数据源整合在同一层，甚至可以将一个数据源筛选为另一个数据源，并在数据源中突出显示，这种强大的数据整合能力具有很大的实用性。分析平台还有一项独具特色的数据可视化技术——嵌入地图，使用者可以用嵌入的自动地理编码的地图呈现数据，这对于企业进行产品市场定位、制定营销策略等有非常大的帮助。

2.1.2　技术优势

智速云大数据分析平台采用最新、最流行的大数据架构，实现对大规模数据的整合处理；开放的 API 接口，方便了与外部系统的快速集成。

内存采用列式存储技术，在内存模式下，分析平台从数据库、文件或系统中读取所有原始数据保存到内存当中。然后将数据排序为固定的格式，进行快速和高效可视化所需的计算。

智速云大数据分析平台采用自主开发的统计引擎，基于 R 和 S+ 统计语言中常用的统计挖掘算法，降低了统计建模的复杂性，满足了大部分客户的需求，不需要专业的开发工具只需几个小时就可以开发出自己的统计模型。

智速云大数据分析平台的技术优势如下：

(1) 使用 R 语言，执行高级假设分析和复杂的分析。

(2) 与 S+ 语言的深入统计能力相结合，提供先进的预测分析，使大数据实训平台的最终用户能够充分利用 S+ 先进的模型检测、优化、分类和预测能力。

(3) 支持数据仓库，也支持基于列式存储的内存分析技术。

① 既可以使用文件式存储(Hadoop)，又支持数据仓库，满足大数据量客户的需求。

② 数据装载于内存中，可以实时响应用户的分析需求，计算速度快。

(4) 系统具备良好的适应性与可扩展性。具有开放的 API 接口，方便与外部系统进行快速集成。

(5) 系统具备跨平台性。服务器既可支持 windows 平台也可支持其他 Unix 环境。

(6) 移动智能设备及云端的支持。

① 支持 iOS 系统及 Android 系统设备，决策者只要用手指就能作批示和交互。

② 支持分布式内存技术，如 Hadoop 等，适合云端部署。

2.1.3　功能特点

智速云大数据分析平台是数据可视化/数据探索分析的全球领先产品，如图 2-1 所示，本小节详细介绍其功能特点。

1. 简单易用

智速云大数据分析平台最重要的一个特征就是简单易用，作为普通商业用户，并非专业的开发人员就可以使用拖放式的用户界面迅速创建图表，解决问题，如图 2-1 所示。智速云大数据分析平台的简单易用主要体现在以下五个方面：

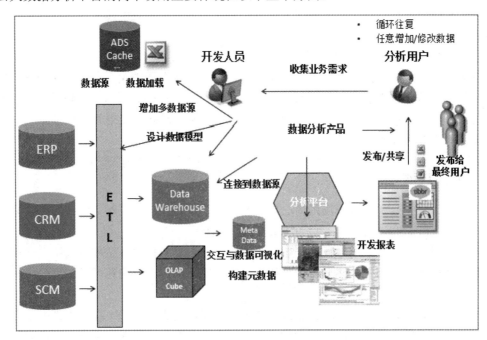

图 2-1　智速云大数据分析平台

(1) 通过点击鼠标就可以快速地创建出美观的图表和报告，并可随时修改；

(2) 自适应页面大小，具有自由拖放功能；

(3) 通过点击鼠标可以连接到所有主要的数据库；

(4) 拥有最佳的内置实践案例，智能推荐最适合的图形；

(5) 通过网页就可以轻松与他人分享结果。

只要会用 Excel 的用户就可以轻松驾驭智速云大数据分析平台，但简单易用并不意味着功能的有限，使用智速云大数据分析平台，用户可以分析海量数据，创建出各种图表，并具有美观性和交互性。

2. 极速高效

在传统的数据分析过程中，分析人员的大部分工作只是把数据从一种数据格式换到另一种格式，在数据间来回重组，并不是用它们来进行分析以获取收益。这样，一个经验丰富的员工把 80%的时间花在了移动和格式化数据上，而真正分析数据的时间却只占了 20%。

在智速云大数据分析平台中，用户访问数据只需指向数据源，确定要用的数据表和它们之间的关系，然后点击"确定"进行导入就可以了。所以使用智速云大数据分析平台进行可视化数据分析的一个巨大的优势就是速度。这一点由图 2-2 所示的不同分析平台的用时对比结果即可看出。

通过拖放的操作可以改变分析内容；单击突出显示，即可识别趋势；添加一个过滤器，就可以变换角度来分析数据，如图 2-2 所示。智速云大数据分析平台的可视化操作方式意味着用户思考的并不是如何来使用软件，而是问题和数据。

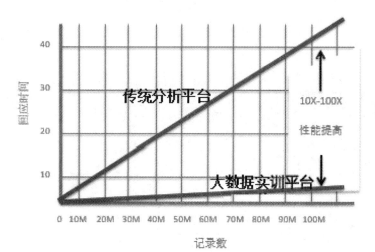

图 2-2　分析平台对比

3. 丰富的图形展示与灵活的交互性分析

1) 图形展示

智速云大数据分析平台还有一个重要的特点是，可以迅速地创建出美观、交互、恰当的视图或报告。如热图、箱线图、树形图等，见图 2-3、图 2-4 和图 2-5。

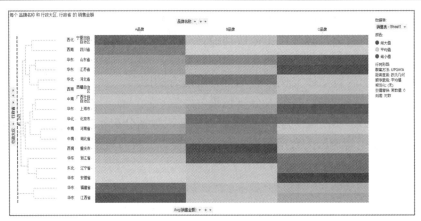

图 2-3 热图

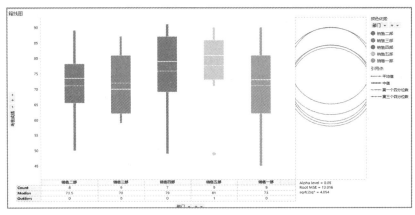

图 2-4 箱线图

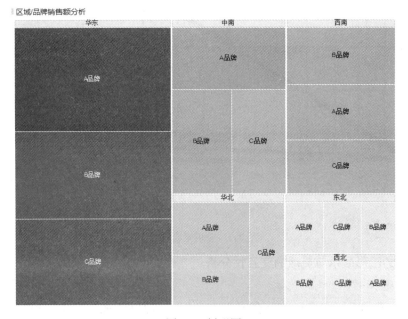

图 2-5 树形图

　　智速云大数据分析平台拥有智能推荐图表功能，当选定数据源后，智速云大数据分析平台会自动推荐一种合适的图形来展示选定的数据。或使用"建议图表"功能按选择的字段列出建议图表供选择，如图 2-6 所示。也可以随时、方便地切换其他图形来展示选定的数据。

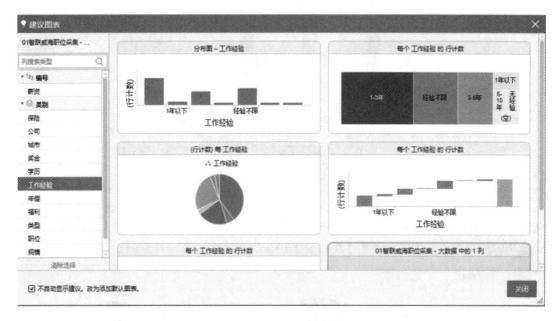

图 2-6　建议图表

2) 灵活的交互性分析

　　智速云大数据分析平台除了可以创建出美观的视图外，还具有在线支持交互性分析、数据钻取、快捷导出分析报告等功能。

　　(1) 交互性分析。智速云大数据分析平台可以在生成的视图上通过范围滑动条、检查框、单选按钮、列表框或文本搜索进行数据过滤；通过标记、条件筛选、缩放滑块、层级滑竿等操作快捷进行交互分析；通过书签可在任意时间对分析过程截取快照，以便于返回至之前生成的数据视图。图 2-7 所示为通过条形图表展示数据过滤的交互性分析结果。

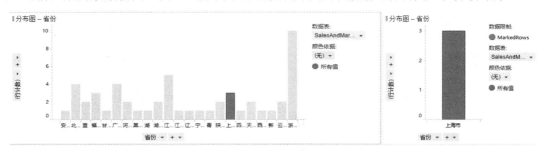

图 2-7　交互性分析

　　(2) 数据钻取。智速云大数据分析平台中提供的数据钻取，指用户通过层级即可钻取底层数据的细节数据，在图表中分析使用。下钻到行政省时，将按照上级行政大区分类，所有的行政省都将展示出来，如图 2-8 所示。

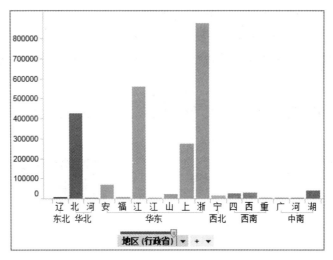

图 2-8　数据钻取

智速云大数据分析平台中还可以通过主图表创建详细图表(称为子图表)。在行政大区条形图中创建行政省的子图表，这样点击行政大区里面的具体某个行政省，子图表将会出现这个省的数据。具体可参考图 2-9 和图 2-10。

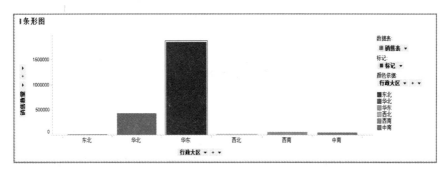

图 2-9　主图表

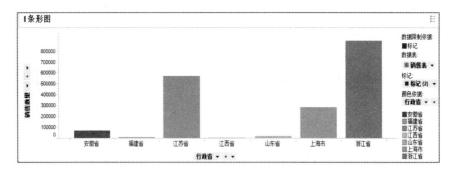

图 2-10　子图表

(3) 快捷导出分析报告。智速云大数据分析平台提供多种不同的报告导出模式：
① 单机开发版，可以一键式导出 PPT 报告。
② 通过服务器可自动按需导出 PDF 格式的存档分析报告。
③ 通过服务器可以自动按需导出个性化的分析报告。

4. 跨平台，强兼容性

智速云大数据分析平台分为服务器端和客户端。服务器端可支持 Windows 环境也可支持其他环境如 Unix，具有很好的跨平台功能；客户端除可安装在 Windows 设备上外，也可安装在 iOS 及 Android 系统的智能设备上。借助移动终端，企业决策者可以在任意时刻、任意地点获取企业关键指标，实现实时监控，第一时间掌握企业的运营状况，如图 2-11 所示。

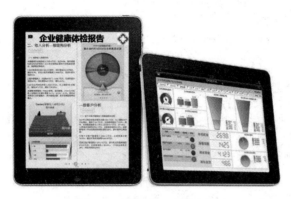

图 2-11　跨平台，强兼容性

5. 支持统计预测

智速云大数据分析平台拥有强大的预测分析能力，使用 R 语言、S+ 语言作为统计语言，内嵌多种预测模型快速实现数据预测，能够应用严谨的统计数据来预测未来的关键事件。智速云大数据分析平台中较典型的模型有线相似性分析模型、K 均值聚类分析模型、Holt-Winters(指数平滑法)等。

线相似性分析模型可用于评估消费者行为、评估产品购买行为发生的频率、优化产品陈列及增加交叉销售机会等。或者用于股票分析，从众多的股票中选择与自己最感兴趣的那支股票相似度较高的股票进行投资，增加经济收入，如图 2-12 所示。

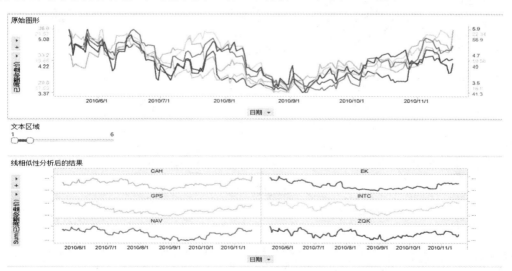

图 2-12　线相似性分析结果

K 均值聚类分析模型主要应用于环境污染程度状况的分析、股票行情的分析、房地产投资风险的研究等。由图 2-13 可以很明显地看出哪些股票之间具有相关性，以便于更有效地把握股票行情方向。

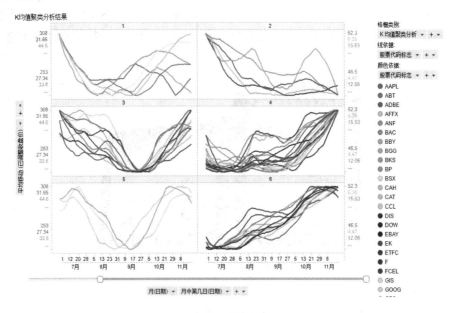

图 2-13　K 均值聚类分析结果

Holt-Winters(指数平滑法)遵循"重近轻远"的原则，是对全部历史数据采用逐步衰减的不等加权办法进行数据处理的一种预测方法，预测模型可用于销售行业的预测、铁路运输旅客周转量的数据预测等。Holt-Winters 预测的输出是三条不同的曲线：一条显示目标度量的一般变化的拟合曲线，一条预测未来趋势的预测曲线，以及一个显示不安全性随着预测值距离已知值越远而不断增加的置信区间，如图 2-14 所示。

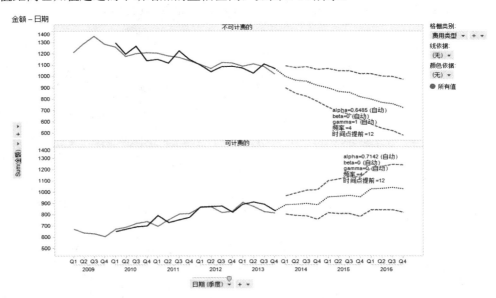

图 2-14　Holt-Winters(指数平滑法)分析结果

6. 支持数据仓库

智速云大数据分析平台支持平面文件加载，如 txt 文件、CSV 文件、Excel 文件、log 文件、shp 文件、XML 文件等，还支持关系型数据库连接(SQLserver、Oracle)和非关系型数据库连接(MongoDB、Hbase、Hadoop、JDBC、ODBC、OLE、DB)。

2.1.4　应用简介

智速云大数据分析平台广泛应用于金融、零售、医疗、财务等行业的分析。

随着大数据技术的应用，越来越多的金融企业也开始投身到大数据应用实践中。麦肯锡的一份研究显示，金融业在大数据价值潜力指数中排名第一。银行在互联网的冲击下，迫切需要掌握更多用户信息，继而构建用户 360°立体画像，即可对细分的客户进行精准营销、实时营销等个性化智慧营销；应用大数据平台，可以统一管理金融企业内部多源异构数据和外部征信数据，更好地完善风控体系；通过大数据分析方法改善经营决策，为管理层提供可靠的数据支撑，从而使经营决策更高效、敏捷、精准；通过对大数据的应用，改善与客户之间的交互、增加用户黏性，为个人与政府提供增值服务，不断增强金融企业业务核心竞争力；通过高端数据分析和综合化数据分享，有效对接银行、保险、信托、基金等各类金融产品，使金融企业能够从其他领域借鉴并创造出新的金融产品。通过智速云大数据分析平台可实现不同地区的贷款分析、信用卡分析、存贷款分析、客户分类分析等，如图 2-15 所示。

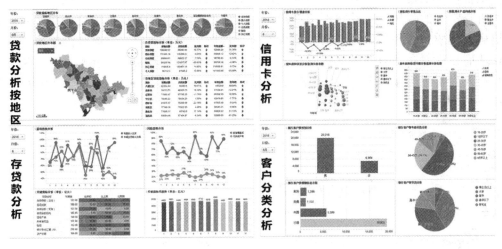

图 2-15　金融行业分析

作为零售行业企业，在实施收益管理过程中如果能在自有数据的基础上，依靠一些自动化信息采集软件来收集更多的零售行业数据，了解更多的零售行业市场信息，将会对制订准确的收益策略，赢得更高的收益起到推进作用；同时如果能对网上零售行业的评论数据进行收集，建立网评大数据库，然后再利用分词、聚类、情感分析来了解消费者的消费行为、价值取向、评论中体现的新消费需求和企业产品质量问题等，则可以改进和创新产品，量化产品价值，制定合理的价格，提高服务质量，从而获取更大的收益。通过智速云大数据分析平台可以实现全国范围内不同产品的销售情况分析、销售回款分析、预算分析、定价分析等，如图 2-16 所示。

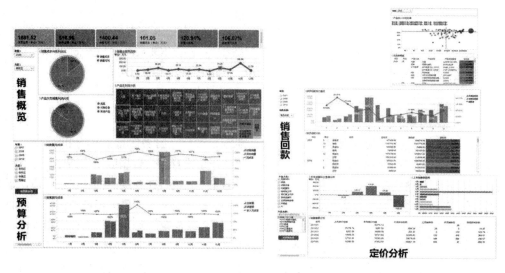

图 2-16 零售行业分析

大数据让就医、看病更简单。过去，对于患者的治疗方案，大多数都是通过医师的经验来制订的，优秀的医师固然能够为患者提供好的治疗方案，但由于医师的水平不相同，所以很难保证患者都能够接受最佳的治疗方案。而随着大数据在医疗行业的深度融合，大数据平台积累了海量的病例、病例报告，治愈方案、药物报告等信息资源，所有常见的病例、既往病例等都记录在案，医生通过有效、连续的诊疗记录，能够给病人优质、合理的诊疗方案。这样不仅提高医生的看病效率，而且能够降低误诊率，从而让患者在最短的时间接受最好的治疗。通过智速云大数据分析平台可实现医疗行业人力资源配置分析、床位资源配置分析、门急诊工作量分析、工作效率分析等，如图 2-17 所示。

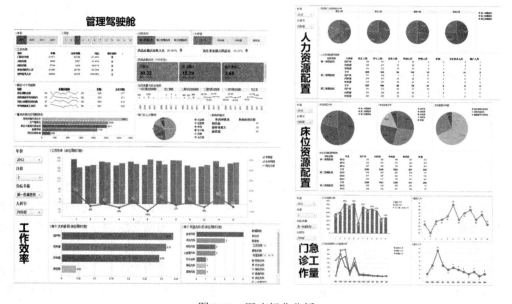

图 2-17 医疗行业分析

　　财务部门一直是负责组织处理数据的部门，随着其掌握数据量的爆发，将成为企业的数据部门，对企业决策起到更强的支持作用；财务部门领导者也将凭借利用财务数据的优势，为企业经营和发展提供专业洞见。大数据时代能够对企业决策所需的信息实现实时一体化汇总，如库存数据、生产数据、销售数据、资金运转数据等，为财务决策带来更加高效的数据支持。通过智速云大数据分析平台可以实现资金的监控、费用的分析、财务往来分析并实现利润预测，参见图 2-18。

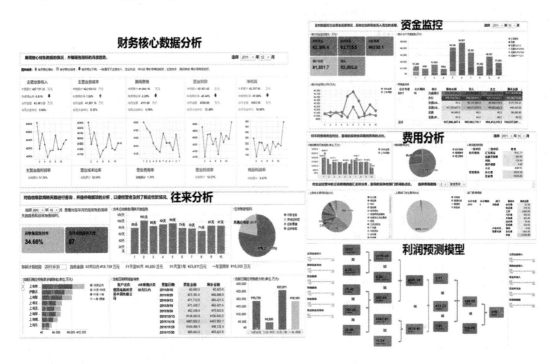

图 2-18　财务行业分析

2.2　服务器端安装

　　智速云大数据分析平台分为服务器端与客户端。服务器端是数据库及平台功能架设的基础，服务器端的配置内容可为客户端提供资源，并为客户端保存数据，是实现平台功能的必要途径。只有服务器端正常运行，客户端才能正常访问。

2.2.1　服务器端的软硬件配置要求

　　智速云大数据分析平台对服务器端的软硬件配置要求见表 2-1。

表 2-1　智速云大数据分析平台服务器配置要求

	服　务　器
操作系统	Windows Server 2012 R2 Windows Server 2012 Windows Server 2008 **注意**: 所有系统需要 64 位
.NET 框架	Microsoft .NET Framework 4.5.2 或更高
CPU	推荐使用 6 核或更高配置(英特尔 Xeon 5 或同等)、2+ GHz、64 位 最低要求: 2 核、2 GHz、64 位
内存容量	推荐使用 32 GB 或更高 最低要求 16 GB
磁盘空间	建议安装使用 100 GB,缓存空间 100 GB
数据库	Microsoft SQL Server 2014 或 Microsoft SQL Server 2012 或 Microsoft SQL Server 2008 R2
浏览器	Microsoft Internet Explorer 11 或更高 Mozilla Firefox 34 或更高 Google Chrome 40 或更高

智速云大数据分析平台服务器端需要安装 SQLServer、Server 等软件。 客户端与服务器端进行通信需要明确协议和端口号,表 2-2 中列出所有需要安装的软件采用的通信协议及默认的端口号,端口号可修改但需确保修改的端口号未被占用。

表 2-2　需要安装的软件通信协议和端口号

编号	软　　件	协议	端口
1	SQLServer	TCP/IP	1433
2	Server	HTTP	8000
3	Server Backend registration	TCP/IP	9080
4	Server Backend communication	TCP/IP	9443
5	Web Player	TCP/IP	9501
6	Node manager registration	TCP/IP	9081
7	Node manager communication	TCP/IP	9444

2.2.2　服务器端安装与配置

明确了服务器端的配置要求后,现在进行智速云大数据分析平台服务器(简称 Spotfire Server)的安装和配置。

智速云大数据分析平台服务器的安装与配置按如下步骤进行。

(1) 打开安装包路径.\lankloud2.0\lankserver7.9.1\server7.9.1\tss\7.9.0\tomcat\bin 下的 setenv 文件(.\代表安装包所在的路径),配置 setenv.bat 文件,如表 2-3、图 2-19 所示。

表 2-3　配置 setenv.bat 文件

序号	选项	说明	示　例
1	JAVA_HOME	JDK 的安装路径	.\lankloud2.0\lankserver7.9.1\server7.9.1\tss\7.9.0\jdk\
2	JRE_HOME	JRE 的安装路径	.\lankloud2.0\lankserver7.9.1\server7.9.1\tss\7.9.0\jdk\jre
3	JAVA_OPTS	JVM 运行参数	-server -XX：+DisableExplicitGC -Xms512M -Xmx4096M
4	CATALINA_OPTS	Tomcat 运行参数	-Dcom.sun.management.jmxremote -Dorg.apache.catalina.session.StandardSession.ACTIVITY_CHECK=true

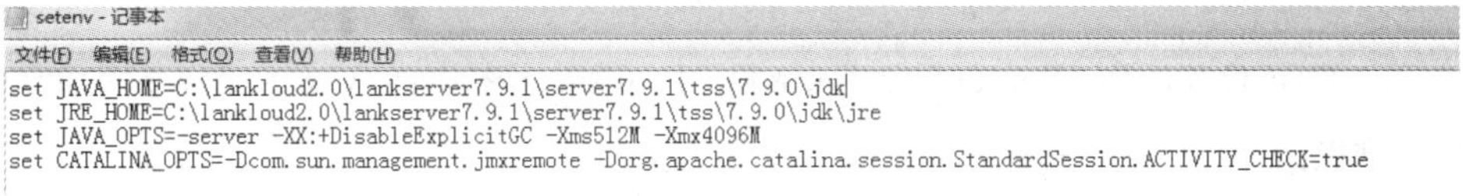

图 2-19　配置 setenv.bat 文件

(2) 执行当前文件夹下 service.bat 文件进行服务安装。如图 2-20 所示，图中 datacloud 即为安装的服务名称。

图 2-20　添加 server 服务

(3) 重启 datacloud 服务，如图 2-21 所示。

图 2-21　重启 datacloud 服务

(4) 配置智速云大数据分析平台服务器。

① 双击打开.\lankloud2.0\lankserver7.9.1\server7.9.1\tss\7.9.0\tomcat\bin 下的 uiconfig 配置文件。

② 打开"TIBCO Spotfire Server Configuration Tool"页面，在弹出的"Specify Tool Password"对话框中单击"Cancel"，关闭对话框配置，如图 2-22 所示。

图 2-22　关闭密码输入框

③ 在"TIBCO Spotfire Server Configuration Tool"页面中单击"Create new bootstrap file"创建新的 bootStrap 文件，如图 2-23 所示。

图 2-23　创建新的 bootstrap 文件

④ 输入数据库的基本配置信息，如图 2-24 所示的 Driver template(数据库类型)、Hostname(主机名)、Port (端口号)、Identifier(SID/database/service)(数据库名称)、Username(用户名)、Password(密码)、URL(连接地址)、Drive class(数据库驱动)。

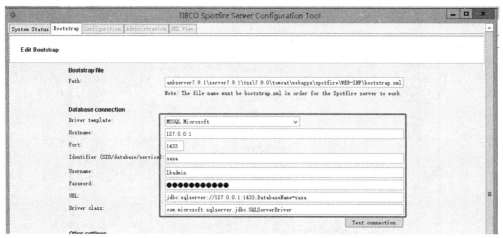

图 2-24　输入数据库的基本配置信息

⑤ 单击"Test connetion"按钮，测试数据库连接是否成功，如图 2-25 所示。

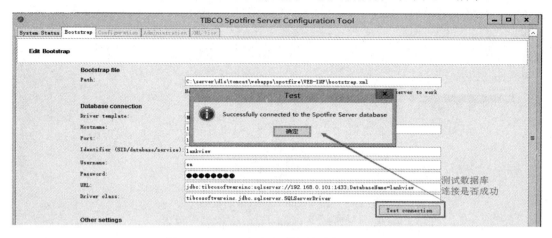

图 2-25　SQL SERVER 数据库连接成功界面

⑥ 输入 Bootstrap 文件的密码，完成后点击"Save Bootstrap"，在弹出的对话框中单击"确定"生成 Bootstrap 配置文件，如图 2-26 所示。

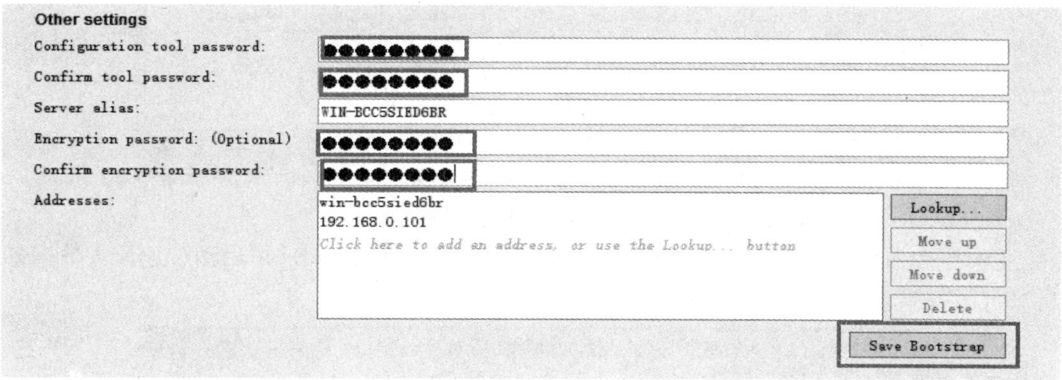

图 2-26　其他参数设置

⑦ 单击"administration"打开"Create new user"(创建新用户)界面，填写 Username(用户名)、Password(密码)、Confirm password(确认密码)后，单击"Create"创建按钮，如图 2-27 所示，完成新用户的创建。

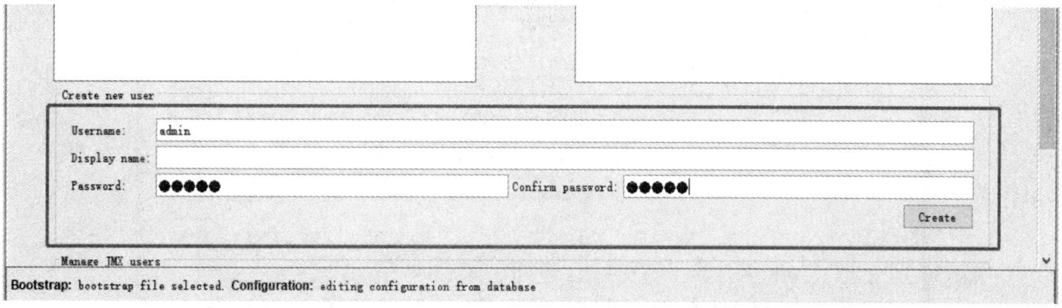

图 2-27　创建新用户

⑧ 选中创建的用户 admin，点击"Promote"，将用户 admin 加入 Administrators 超级用户组，如图 2-28 所示。

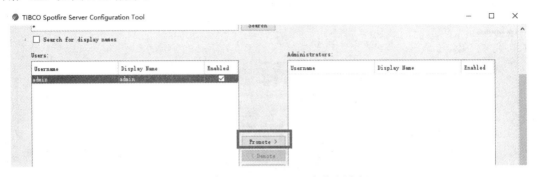

图 2-28　加入 administrators 超级用户组

⑨ 回到 Configuration 界面，单击"Save configuration"保存。

⑩ 在弹出的"Save configuration"界面中，输入描述名称"configuration"，单击"Finish"按钮，完成 Configuration 的导入，如图 2-29 所示。

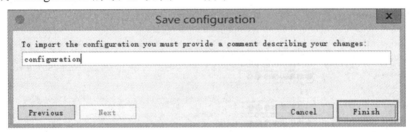

图 2-29　完成 Configuration 的导入

(5) 平台服务器配置完成后，打开系统服务，启动 datacloud，即启动智速云大数据分析平台服务器服务，如图 2-30 所示。

图 2-30　启动 datacloud 服务

(6) 部署智速云大数据分析平台开发包。

① 使用浏览器访问 http://127.0.0.1：8000，启动服务器管理。

② 输入用户名和密码(智速云大数据分析平台管理员账户和密码)，进入智速云大数据分析平台服务器管理控制台页面，如图 2-31 所示。

图 2-31　用户登录

③ 在管理控制台页面单击 Deployments&Packages 部署包按钮，如图 2-32 所示。

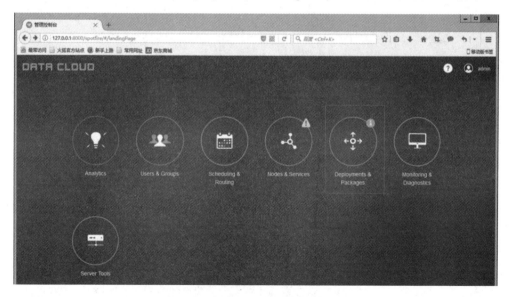

图 2-32　单击部署包按钮

④ 在打开的对话框中，单击"添加包"，再在打开的文件选择栏中单击"浏览"，选择"deployment.sdn"文件，包含客户端部署包、connector、语言包、节点管理器和插件包，如图 2-33 所示。

图 2-33　添加 sdn 包

⑤ 选择完成后，上传 sdn 包，如图 2-34 所示。

图 2-34　sdn 包上传中

⑥ 勾选所有的开发程序，单击"保存"，如图 2-35 所示。

图 2-35　选择所有软件包

⑦ 在弹出的"保存部署"对话框中,输入开发包相关信息,输入"版本"编号及"描述"文字,然后单击"保存",如图 2-36 所示。

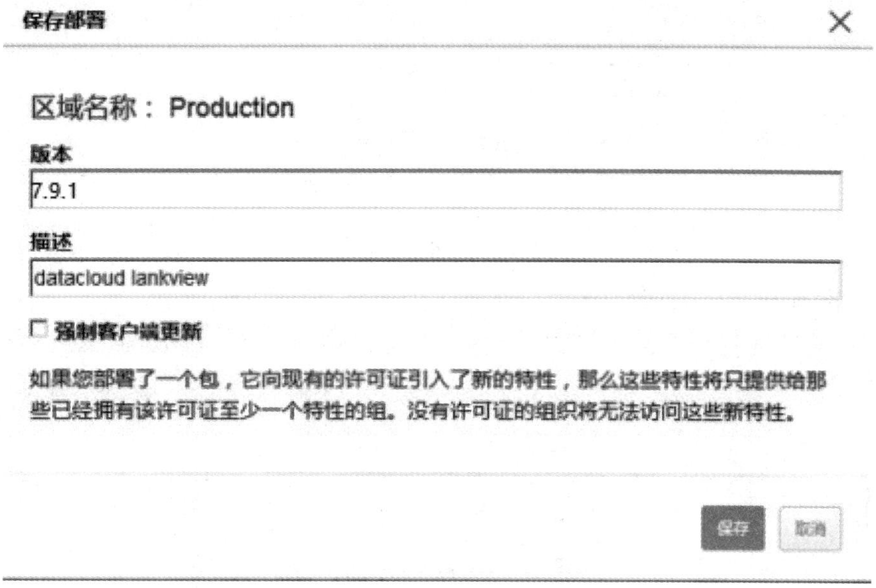

图 2-36 保存部署

(7) 安装智速云大数据分析平台节点服务器。

进入.\lankloud2.0\lankserver7.9.1\server7.9.1\tsnm\7.9.0 目录,双击执行"nminstall.bat"文件,生成 DATALOUD lankview Node01 服务,如图 2-37 所示。

图 2-37 安装节点服务器

(8) 配置节点服务器。

① 进入.\lankloud2.0\lankserver7.9.1\server7.9.1\tsnm\7.9.0\nm\config 目录,编辑 nodemanager.properties 文件。

② 修改文件中节点服务器 IP 地址、Server 服务器主机名、节点服务器 IP 地址或主机名(以实际服务器为准),如图 2-38 所示。

图 2-38　配置节点服务器

(9) 启动智速云大数据分析平台节点服务器服务，如图 2-39 所示。

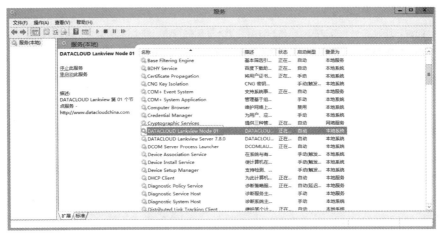

图 2-39　启动节点服务器服务

(10) 智速云大数据分析平台节点服务器设置。

① 使用浏览器访问 http://127.0.0.1:8000，启动服务器管理。

② 输入用户名和密码(智速云大数据分析平台管理员账户和密码)，进入服务器管理控制台页面。

③ 单击节点服务器按钮 "Nodes&Services"，进入设置信任节点界面，如图 2-40 所示。

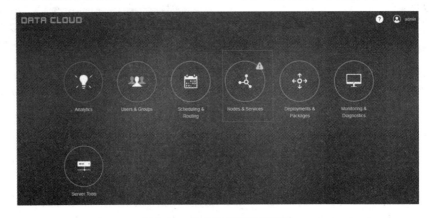

图 2-40　单击节点服务器按钮

④ 在设置信任节点界面，选择需要添加的信任节点，单击"信任节点"按钮，如图 2-41 所示。

图 2-41　设置信任节点

⑤ 在弹出的"信任节点"对话框中，单击"信任"按钮。信任节点设置成功，如图 2-42 所示。

图 2-42　确认信任节点

⑥ 查看当前活动节点(点击"活动"查看)，如图 2-43 所示。

图 2-43　当前活动节点界面

⑦ 选择"网络"页签，单击"安装新的服务"，进入安装设置界面，如图 2-44 所示。

图 2-44　安装新的服务

⑧ 安装 Web player 并启动，设置端口相关信息，选择"部署区域""性能"，输入"实例的数目""端口"号以及"名称"，如图 2-45 所示。

图 2-45　安装 Web player 设置端口信息界面

⑨ 点击"安装和启动"按钮，完成安装及启动。

2.3　数据库安装

智速云大数据分析平台默认使用 SQL Server 作为底层数据库。SQL Server 是一个可扩展的、高性能的、为分布式客户机/服务器计算所设计的数据库管理系统，提供了基于事务的企业级信息管理系统方案。智速云大数据分析平台通过 SQL Server 数据库保存用户、数据表、图形等数据。加载 SQL Server 数据库的步骤如下(请确保在执行以下步骤前，服务器端已安装 SQL Server 数据库)：

(1) 修改数据库初始化脚本。打开安装包下的 create_databases.bat 文件(文件位于目录 mssql_install 中)，修改数据库连接符、用户名、密码等相关参数，具体参数含义如表 2-4 所示。

表 2-4　数据库参数含义

序号	选　项	说　明
1	CONNECTIDENTIFIER	数据库连接符，指数据库的 IP 或主机标识名
2	ADMINNAME	具有管理权限的数据库用户名
3	ADMINPASSWORD	具有管理权限的数据库用户密码
4	SERVERDB_NAME	创建的数据库名称
5	SERVERDB_USER	智速云大数据分析平台数据库用户名
6	SERVERDB_PASSWORD	智速云大数据分析平台数据库用户密码

脚本修改示例如图 2-46 所示。

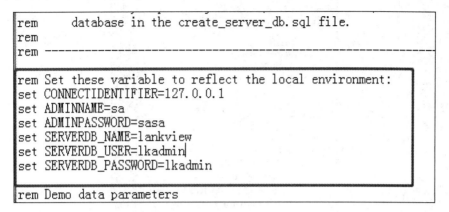

图 2-46　脚本修改内容

(2) 执行数据库脚本。双击"create_databases"脚本，生成 log 日志文件，如图 2-47、图 2-48 所示。

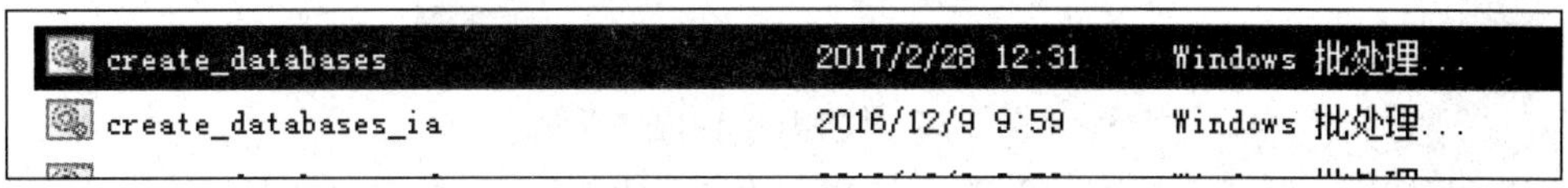

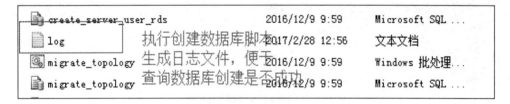

图 2-47　执行数据库脚本

图 2-48　日志文件

(3) 检查数据库实例建立情况。

① 打开步骤(2)中生成的 log 日志文件，若内容如图 2-49 所示，则代表数据库建立成功。

```
1    已将数据库上下文更改为 'master'。
2    已将数据库上下文更改为 'lankview'。
3    已将数据库上下文更改为 'lankview'。
4    (1 行受影响)
5    ..........
6    (1 行受影响)
7    已将数据库上下文更改为 'master'。
8    已将数据库上下文更改为 'lankview'。
9
```

图 2-49　日志内容

② 连接数据库，检查是否创建了设定的数据库及用户，如图 2-50 所示。

图 2-50　数据库实例建立查看

(4) 设置用户强制实施密码策略。连接并登录数据库，选择要修改的用户，打开该用户的登录属性，不勾选"强制实施密码策略"，如图 2-51 所示。

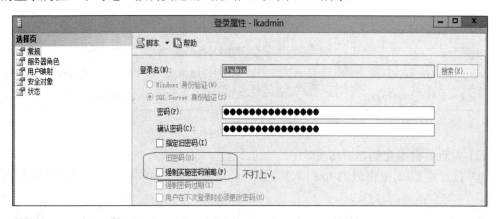

图 2-51　数据库密码策略

2.4　客户端安装

　　用户可通过智速云大数据分析平台客户端连接到服务器端，也可通过客户端实现数据的处理、加载和转换，实现条形图、交叉表、基本表、图形表、折线图、组合图、饼图、箱线图、热图、树形图等基本分析图形的制作。后续章节中的讲解全部基于智速云大数据分析平台客户端进行。(安装智速云大数据分析平台客户端对计算机的配置要求是操作系统采用 Windows10 以上版本。)

智速云大数据分析平台客户端安装具体操作步骤如下：

(1) 下载完安装包后，双击打开，就会自动启动安装程序，如图 2-52 所示。

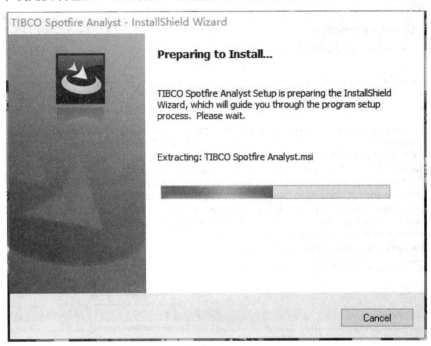

图 2-52　安装客户端程序

(2) 等一分钟左右的时间，就会自动出现安装步骤，点击"Next"，如图 2-53 所示。

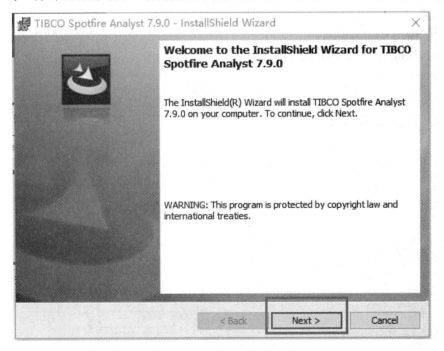

图 2-53　单击"Next"

(3) 勾选 "I accept the terms in the license agreement"，然后选择 "Next"，如图 2-54 所示。

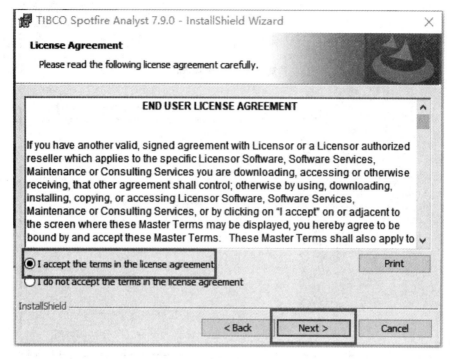

图 2-54　接受协议许可

(4) 进入图 2-55 所示界面，输入框内不改，直接点击 "Next"。

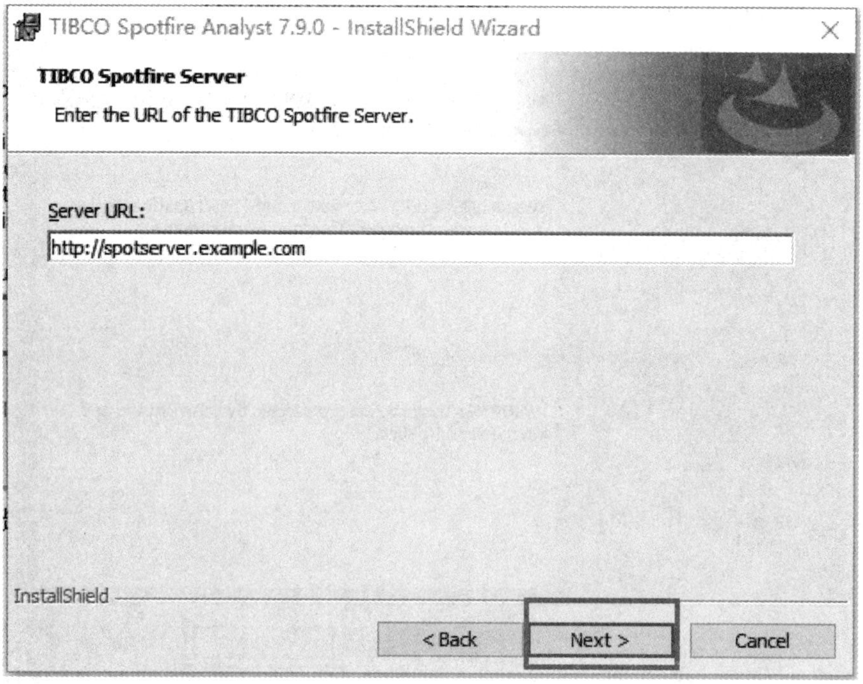

图 2-55　输入 Server URL

(5) 开始安装界面如图 2-56 所示，点击"Install"。

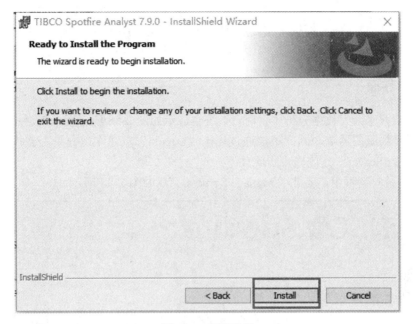

图 2-56　开始安装

(6) 出现如图 2-57 所示界面，点击"Finish"，完成安装。

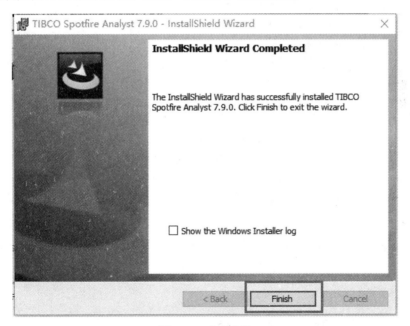

图 2-57　完成安装

(7) 安装完成后，桌面上会出现 图标，智速云大数据分析平台客户端安装完成。

可通过双击该图标打开智速云大数据分析平台。

2.5　客户端平台界面介绍

2.5.1　登录界面

首次启动智速云大数据分析平台时，系统会显示如图 2-58 所示登录对话框。但此时客户端还未连接到服务器端，因此不能通过点击"Log in"按钮实现登录。需执行以下步骤连接到 Spotfire Server。具体操作步骤如下：

(1) 在登录对话框中，点击"Manage Servers..."，如图 2-58 所示。

图 2-58　Manage Servers 设置

说明：如果选中"Save my login information"(保存我的登录信息)复选框，下次启动平台时，将会自动登录。如果已选中"保存我的登录信息"复选框，但稍后想要再次访问此对话框，可以使用"TIBCO Spotfire(显示登录对话框)"选项(为此需要依次单击"开始"→"所有程序"→"TIBCO")强制显示此对话框。

(2) 在打开的"管理服务器"对话框中，单击"Add"按钮。在弹出的"Add Server"对话框中输入服务器地址：120.224.38.101:45172/，点击"OK"。完成服务器的配置，如图 2-59 所示。

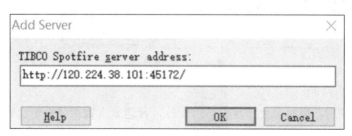

图 2-59　输入服务器地址端口号

（3）在返回的登录页面输入"Username："为"stu001"，"密码"为"123456"，点击"Log In"，即可实现用户的登录。登录到平台后，将能够访问联合库和其他协作功能。

如果您在一家具有多个 Spotfire Server 的大公司工作，也可通过上述步骤添加需要连接到的 Spotfire Server。

登录智速云大数据平台时，平台将自动检查 Spotfire Server 端适用于您的更新。如果与 Spotfire Server 端建立了网络连接并有可用更新，将会收到通知，并且可以选择立即安装这些更新还是稍后安装。通过单击通知对话框中的"查看更新"链接，可以查看可用更新的内容。

如果未连接到 Spotfire Server 所在的网络，依然能够离线使用平台，具体情况取决于您公司的设置。在未连接到服务器的情况下，几乎所有平台功能都可以正常运行。然而，您将无法访问库，这意味着库中存储的分析和数据以及信息链接或与数据库共享的数据链接将不可用。要离线工作，只需单击登录对话框中的"离线工作"按钮。由于存在某些平台许可证，需要每月至少连接到 Spotfire Server 一次以便能够继续脱机工作。

在登录平台的过程中，若出现了"Work Offline"呈灰色无法点击的状态。请执行以下步骤：

（1）在登录界面去除"Save my login information"的勾选状态，以防保存登录信息打开登录界面即自动登录。

（2）输入用户名(Username)和密码(Password)，点击"Log In"，实现用户的登录。

（3）登录之后关闭平台，再次重新打开，"Work Offline"按钮就可以正常使用。

初次登录智速云大数据分析平台时，如果发现使用的语言为英文，可采用安装中文插件的方式修改英文为中文，具体操作步骤如下：

（1）点击"Work Offline"按钮，或在首次登录时自动弹出的如图 2-60 所示的中文插件安装窗口中点击"Update Now"按钮，等待几分钟后会自动弹出安装界面，点击"安装"，完成中文插件的安装。

图 2-60　中文插件安装

注意：如果在这个过程中超过了 30 分钟页面还处在一直不动的状态，就点击"Cancel"或者"确定"退出界面，卸载后重新安装一遍。

（2）安装完成中文插件后，登录的平台主界面的语言依然为英文，需点击"工具栏"的"Tools"→"Options"。在弹出的"Options"对话框中选择"Language"下拉菜单中的"Chinese (Simplified PRC)"，点击"OK"，如图 2-61 所示。

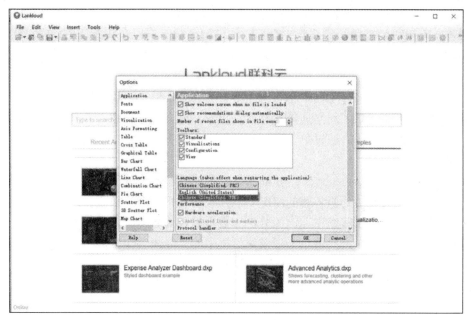

图 2-61　修改中文界面

(3) 设置完成后，关闭当前主界面，重新打开，主界面的语言就变为中文，中文插件安装完成。

2.5.2　欢迎界面

登录智速云大数据分析平台后，首先展示欢迎界面，如图 2-62 所示。欢迎界面分为菜单栏(图中 1)、工具栏(图中 2)和工作区(图中 3)三部分。

图 2-62　欢迎界面

菜单栏分为 6 个选项，广泛应用于各图表的制作与设计过程。

在未选择图表的情况下，工具栏中除"打开""添加数据表""保存"三个按钮外，其余按钮为灰色不可用。点击"添加数据表"后，可使用工具栏中给定的图形对数据进行分析和展示。

工作区分为"最近分析""最近数据""添加数据""示例"四部分。

(1) 最近分析：显示最近分析的图表。

(2) 最近数据：显示最近打开的数据表。

(3) 添加数据：可以从文件夹、库、数据库等中打开数据表，如图 2-63 所示。

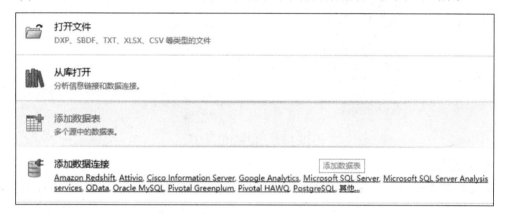

图 2-63　添加数据

(4) 示例：集成了成熟案例，可供学习参考，如图 2-64 所示。

图 2-64　示例

2.5.3　工作区界面

在欢迎界面点击"添加数据"→"添加数据表"，或点击菜单栏中的"打开"→"添加数据表…"添加所要分析的数据表，可以在工作区中，通过操作对数据进行可视化的展示。平台用户界面的四个主要部分如图 2-65 所示。

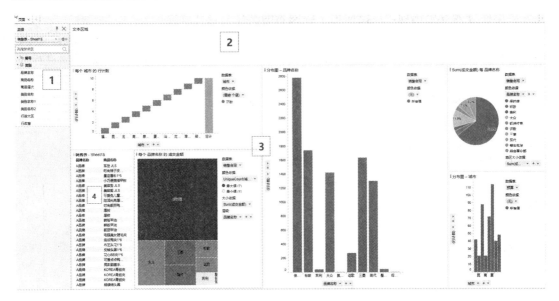

图 2-65　工作区界面

1. 数据面板

通过数据面板可以迅速访问数据表中的所有列。可以直接将列从数据面板拖到图表中，从而更改显示内容。可以单击数据面板的 图标展开"数据"面板，以获取有关分析中的数据表和列的更多信息，还可以在此处执行一些数据准备和清理操作，这样有助于以希望的方式获得图表。

单击数据面板每列的 图标，可以为某些列调整筛选器，以减少图表中显示的数据，方便"细分"到感兴趣的内容。筛选器是一种功能强大的工具，通过它可以快速查看数据的各个方面并获得所需内容。筛选器可以多种形式显示，可以选择最符合需求的筛选器设备的类型(例如复选框、滑块等)。通过移动滑块或选中复选框可以控制筛选器，所有已链接的图表会立即更新，以反映新的数据选择。默认情况下，页面中的所有新图表将由页面中使用的筛选方案限制。但是，筛选方案可针对每个图表单独作出更改。

2. 文本区域

可以在文本区域键入文本，说明不同图表中显示的内容。在为其他用户创建分析应用程序时这一功能尤其适用。

文本区域也可以包含不同类型的控件，可添加筛选器、执行操作或者作出选择，从而查看特定类型的数据等。

3. 图表区

图表区可以显示各种图表，图表对于分析平台中的数据非常关键，可以显示：交叉表、图形表、条形图、瀑布图、折线图、组合图、饼图、散点图、三维散点图、地图、树形图、热图、KPI 图、平行坐标图、汇总表、箱线图等各种图表，不同类型的图表可以独立显示，也可以同时显示。同时显示的图表可以相互链接，并可以在使用页面中相应的筛选器时进行动态更新或不进行动态更新。

4. 按需查看详细信息

"按需查看详细信息"窗口可用于显示某一行或某一组行的精确值。通过单击图表中的项目，或者通过在项目周围单击并拖动鼠标标记多个项目，可以看到直接在"按需查看详细信息"中表示的数字值和文本数据。

在工具栏上单击"按需查看详细信息"按钮 🔳，或者选择"视图"→"按需查看详细信息"可以打开"按需查看详细信息"。

本 章 小 结

本章分别从平台的概况、平台服务器和客户端的安装及平台软件界面的使用对智速云大数据分析平台进行了详细的讲解。其中平台概况包括平台的技术优势、功能特点和应用案例。平台软件界面简介包括登录界面、欢迎界面、工作区界面。平台的服务器端和客户端的安装让我们了解了智速云大数据分析平台的系统组成和运行方式。通过本章的学习，对智速云大数据分析平台有了一个基本的认识与了解，为后续学习使用智速云大数据分析平台做好充分准备。

习　　题

一、选择题

1. 智速云大数据分析平台中较典型的模型不包括(　　)。
   A. 线相似性分析模型　　　　　　　　B. K 均值聚类分析模型
   C. Holt-Winters(指数平滑法)　　　　 D. ARIMA 模型
2. 智速云大数据分析平台在实现可视化数据分析时一个巨大的优势是(　　)。
   A. 大量　　　　　B. 速度　　　　　C. 准时　　　　　D. 精确
3. 想要添加数据表共有(　　)方式。
   A. 1 种　　　　　B. 2 种　　　　　C. 3 种　　　　　D. 4 种
4. 打开"用户手册"的快捷键是(　　)。
   A. F1 + ALT　　　B. ALT　　　　　C. F1　　　　　D. F2
5. 通过(　　)可在任意时间对分析过程截取快照，从而便于返回至之前生成的数据视图。
   A. 文本框　　　　B. 列表框　　　　C. 书签　　　　　D. 检查框

二、判断题(正确打"√"，错误打"×")

1. 大数据实训平台中的表和 excel 中的表有许多相似之处。　　　　　　(　　)
2. 可通过滑动层级滑块展示不同的信息。　　　　　　　　　　　　　　(　　)
3. 智速云大数据分析平台不支持值从一个数据类型转换为其他数据类型。(　　)
4. 文本区域也可以包含不同类型的控件，可添加筛选器、执行操作或者作出选择，从而查看特定类型的数据。　　　　　　　　　　　　　　　　　　　　　　(　　)

5. 在未选择图表的情况下，工具栏中除"打开""添加数据表""保存"三个按钮外，其余按钮为灰色不可用。　　　　　　　　　　　　　　　　　　　　　（　　）

三、多选题

1. 智速云大数据分析平台广泛应用的标志性行业有(　　)。

    A. 金融　　　　　　　B. 零售　　　　　C. 医疗　　　　　　D. 财务

2. 智速云大数据分析平台常用的统计挖掘算法基于(　　)。

    A. R 语言　　　　　B. S+ 语言　　　C. Java 语言　　　D. C 语言

3. 标记的应用有(　　)。

    A. 区分数据分类　　　　　　　　B. 可用于筛选数据

    C. 可用于关联图表　　　　　　　D. 可在地图中标记图层

4. 智速云大数据分析平台中，可以在生成的视图上通过(　　)快捷地进行交互分析。

    A. 标记　　　　　　　B. 条件筛选　　　C. 缩放滑块　　　D. 层级滑竿

5. 智速云大数据分析平台的简单易用主要体现在(　　)。

    A. 点击几下鼠标就可以快速地创建出美观的图表和报告，并可随时修改

    B. 点击几下鼠标可以连接到所有主要的数据库

    C. 拥有最佳的内置实践案例，智能推荐最适合的图形

    D. 通过网页就可以轻松与他人分享结果

四、分析题

1. 智速云大数据分析平台的功能特点有哪些？

2. 智速云大数据分析平台支持的数据类型有哪些？

3. 请列举几条智速云大数据分析平台中数据类型转换的规则。

第3章　数据 ETL(抽取、转换、加载)

3.1　数据抽取

在实际的数据分析工作中，常会遇到不准确、不一致的数据，使用这样的数据通常无法直接进行数据分析或分析结果不能使人满意，基于这样的分析结果作出的决策建议对企业的发展也是不利的，所以需要把这些影响分析效果的数据处理好，才能获得更加精确的分析结果。在进行数据处理前需了解数据的来源、数据的类型，然后将收集到的数据用适当的方法进行预处理，使其能够符合数据分析的要求。

3.1.1　获取数据

1. 数据的来源

数据是数据分析的基础和研究对象，没有数据，数据分析也无从谈起，所以获取数据是数据分析的重要环节。

在信息时代，人们日常生产和活动都会产生各种各样的数据。根据数据产生的方式，数据可来源于以下四个方面。

1) 企业数据库

每个公司都有自己的业务数据库，存放公司的生产数据、库存数据、订单数据、电子商务数据、互联网访问数据、银行账户交易数据、POS 机数据、信用卡刷卡数据等。这些数据通常保存在服务器的数据库系统中，一般为结构化数据，适合于进行商业智能数据分析和处理。

2) 用户行为数据

在互联网时代，人们日常活动也会产生大量的数据，包括电子邮件、文档、图片、音频、视频，以及通过微信、博客、维基、脸书等社交媒体产生的数据。这些数据大多数为非结构性数据，需要用文本分析功能进行分析。

3) 传感器数据

随着物联网(IoT，Internet of Things)的推广和普及，智能设备大多安装有传感器，会产生海量数据。分析处理来自传感器的数据，可以用于构建分析模型，实现连续监测预测性行为，提供有效的干预指令等。

4) 调查统计数据

通过观察记录、调查统计也会产生大量数据。例如天气记录数据、世界银行有关各国指标的统计数据等。这些数据一般以数据集或网页的形式存在，可直接在官网下载数据集进行分析处理，也可以通过网络爬虫爬取网页信息，然后进行分析处理。

2. 获取数据的方式

由于数据来源不同，获取数据的方式也有所不同。可以通过以下几种方式获取数据：

(1) 直接使用企业内部数据或通过 ETL 抽取整合数据。

对企业内部产生的数据，通常可以通过应用程序接口(API)直接使用，或通过 ETL 抽取、转换、加载后使用。这样可把企业内部的不同数据进行整合，从而进行更深入的处理和分析。

(2) 下载或购买数据集。

(3) 通过网络爬虫抓取网页数据。

在万维网上，成千上万的网站上存在着数以亿计的网页，其中包含了应有尽有的数据。在法律许可情况下，可以通过网络爬虫爬取需要的数据，并分析处理。

(4) 通过 API 获取网页数据。

网络 API 是网站或应用程序提供的信息交互和获取接口，例如腾讯的微信、百度的百度音乐等都提供 API。通过这些接口可以获取各种信息，例如城市天气信息、地图信息等。

除可采用上述方式获取数据外，我们也可以使用一些由政府部门或非营利性机构采集的并通过官网发布的供数据分析工程师自由使用的数据集。这些数据集通常以文本格式提供，主要格式包括 Excel 格式、CSV 格式、tsv 格式、json 格式等。数据集主要包括三大类：公开的数据集、学习用数据集和竞赛用数据集。常用的数据集及网站包括：

(1) 世界银行官网数据集。世界银行网站免费公开提供了世界各国的发展数据集，其官网地址为：https://data.worldbank.org.cn/。

(2) Tableau 社区提供的公开数据集列表。Tableau 社区提供若干按类别(例如教育、娱乐、运动等)的公开数据集列表资源，其官网地址为：https://public.tableau.com/zh-cn/s/resources。

(3) 古登堡计划(Project Gutenberg)。古登堡计划也称为古登堡工程，始于 1971 年，是最早的数字图书馆。其由志愿者参与，基于互联网提供了大量版权到期而进入公有领域书籍的电子版本，可以免费下载使用，官网地址为：http://www.gutenberg.org/。

(4) 加利福尼亚大学欧文分校机器学习数据集：加利福尼亚大学欧文分校网站公开提供了500 多个用于机器学习的常用数据集，其官网地址为：http://archive.ics.uci.edu/ml/index.php。

(5) Kaggle 数据科学竞赛平台提供的数据集：Kaggle 是著名的数据科学竞赛平台，该网站提供了流行的用于数据科学竞赛的数据集。其官网地址为：https://www.kaggle.com/datasets。

(6) GitHub 公开数据集列表：Github 上整理了一个非常全面的数据集的超链接列表，包含各个细分领域：地球科学、经济、教育、交通、金融、能量、农业、气候、社会科学、社交网络、生物、体育、自然语言等。其官网地址为：https：//github.com/awesomedata/awesome-public-datasets。

3.1.2　数据类型

数据类型指定了数据在磁盘和 RAM 中的表示方式。从用户的角度看，数据类型确定了数据的操作方式。根据数据分析的要求，不同的应用应采用不同的数据分类方法。根据数据模型,我们可以将数据分为浮点数、整数、字符等;根据概念模型,可以定义数据为其对应的实际意义或者对象。

智速云大数据分析平台根据数据模型的分类方式将数据分为整型、实数型、字符串、日期/日期时间、布尔数据及二进制(Binary)类型。这些数据类型会以正确的方式自动进行处理。具体的数据类型如表 3-1 所示。

表 3-1　数 据 类 型

数据类型	说　明	数据类型	说　明
Integer	整数型	DateTime	日期时间型
LongInteger	长整型	Time	时间型
Real	实数型	TimeSpan	时间跨度型
SingleReal	单精度实数型	Boolean	布尔型
Currency	货币常数型	String	字符串型
Date	日期型	Binary	二进制型

所有数据格式(Currency [Decimal]除外)都使用值的二进制浮点数表示。这意味着由于使用基数 2 的计算的性质,某些计算应使偶数可能显示为需要进行四舍五入的数字。当执行完一个计算后再执行更多计算时,错误可以累计并可能会成为问题。下面详细介绍智速云大数据分析平台支持的数据类型。

1. Integer

整数型被写为一个数字序列,可以+(正号)或-(负号)为前缀,范围为 $-2\,147\,483\,648\sim$ $2\,147\,483\,647$。如果要在预期的位置使用小数值,整数值将自动转换为小数值。

注意:在自定义表达式和计算列中可使用十六进制值表示,但打开数据时不能使用这些十六进制值。且十六进制格式的值具有 8 个字符的大小限制。

示例:

0,101,−32768,+55

0xff	= 255
0x7fffffff	= 2 147 483 647
0x80000000	= −2 147 483 648

2. LongInteger

如果标准整数型的范围不能满足需求,则可以使用长整型,范围为 −9 223 372 036 854 775 808~9 223 372 036 854 775 807。在没有精度损失的情况下,不能将长整型转换为实数,但可将其转换为货币。

注意:在自定义表达式和计算列中,可使用十六进制值,但打开数据时不能使用这些十六进制值。

示例:

2 147 483 648

0x7FFFFFFFFFFFFFFF = 9 223 372 036 854 775 807

0x8000000000000000 = −9 223 372 036 854 775 808

3. Real

实数值被写为小数点使用句点的标准浮点数且没有千分位分隔符,范围为−8.988 465 674 311 57E+307～8.988 465 674 311 57E+307。即使可在计算中使用 16 个有效数字,但可以显示的有效数字的数目仅限于 15 个。对实数值进行的可生成不能由实数数据类型表示的结果的数学运算将生成数值错误。在结果数据表中,这些特殊情况将被筛选掉并替换为空值。示例:

0.0,0.1,10000.0,−1.23e −22,+1.23e +22,1E6

4. SingleReal

单精度实数值被写为精确度和范围都比实数低的标准浮点数。与实数值相比,单精度实数值占用的内存少 50%。单精度实数值的范围为 −1.7014117E +38～1.7014117E +38。即使可在计算中使用 8 个有效数字,但可以显示的有效数字的数目仅限于 7 个。在只有很少的精度损失的情况下,单精度实数可以转换为实数。

5. Currency

货币常数型被写为整数或带有'm'后缀的实常数。

货币类型后面的数据格式为小数。小数数据格式在其计算中使用基数 10,这表示在此格式中可避免执行二进制计算时可能出现的舍入误差。但是,这也表示繁重的计算将需要更长的时间。

货币值可显示的有效数字的数目为 28 个(可在计算中使用 29 个)。可以从−39 614 081 257 132 168 796 771 975 168 到 39 614 081 257 132 168 796 771 975 168 指定货币值。

数据函数中不能使用货币列。

6. Boolean

布尔型只有真与假两个布尔值。布尔值可用于表示由比较运算符和逻辑函数返回的真假值。显示值可本地化。示例:true,false,1 < 5

7. String

字符串值括在双引号或单引号中。在行中输入分隔符符号两次(即""或"")可以进行转义。字符串值可包含任何 Unicode 字符的序列。不能在字符串中使用双引号,除非进行转义。反斜杠"\"用于转义特殊字符,因此必须进行转义。

基本转义规则是,只有如表 3-2 定义的字符才可在\之后使用;其他字符将产生错误。

表 3-2　转义字符

转义序列	结　　果
\uHHHH	任何 Unicode 字符用四个十六进制字符(0～F)表示。
\DDD	0 到 255 范围内的字符用三个八进制数字(0～7)表示。
\b	\u0008:退格(BS)
\t	\u0009:水平选项卡(HT)
\n	\u000a:换行(LF)
\f	\u000c:换页(FF)
\r	\u000d:回车(CR)
\\	\u005c:反斜杠\

示例："Hello world"，"25"，"23"，"1\n2\n"，"C：\\TEMP\\image.png"。

8. Date、DateTime、Time

Date、DateTime、Time 表示日期和时间类型，日期和时间格式取决于计算机的区域设置。支持 1583 年 1 月 1 日及之后的日期。

Date 的格式可表示为 6/12/2006，June 12，June，2006，分析平台不直接支持 Date 格式，需要通过定义数据函数的方式使用。

DateTime 的格式可表示为 6/12/2006，Monday，June 12，2006 1：05 PM，6/12/2006 10：14：35 AM。

Time 的格式可表示为 2006-06-12 10：14：35、10：14、10：14：35，数据分析平台不直接支持 Time 格式，需要通过定义数据函数的方式使用。

9. TimeSpan

时间跨度型，表示两个日期之间的区别的值。包含以下 5 个可能的字段：

(1) 天。范围从 -10 675 199 到 10 675 199。

(2) 小时。范围从 0 到 23。

(3) 分。范围从 0 到 59。

(4) 秒。范围从 0 到 59。

(5) 分数(小数秒)。最多为三位小数，也就是说，精度为 1 ms。

能够以紧凑形式显示时间跨度值：[-]d.h：m：s.f ([-]days.hours：minutes：seconds.fractions)或者用单词或缩写写出每个可用字段。某些描述性形式可以本地化。

最小总计：-10 675 199.02：48：05.477

最大总计：-10 675 199.02：48：05.477

10. 数据类型转换

在数据处理过程中往往存在已有数据的类型与所需要数据的类型不相符的情况，此时需进行数据类型的转换。智速云大数据分析平台支持数值从一种数据类型转换为其他数据类型，特别是在对表达式计算时操作数类型不同的情况下，需要将数据从一种数据类型转为另一种数据类型。数据类型转换的规则如下：

(1) 在计算中使用整数列时将会隐式转换到实数，结果为非整数。

(2) 如果结果是整数但超出整数数据类型的限制，则将隐式转换为长整型。

(3) 整数还可以隐式转换为货币。例如，如果已添加整数和货币列，则结果将为货币列。

(4) 长整型中的结果超出长整型的限制时，最终得到的可能是货币。这是因为在没有损失精度风险的情况下，长整型不能转换为实数。

(5) 使用时间跨度的所有运算(简单的时间跨度转换除外)将返回日期时间。

(6) 对于任何其他转换，需要使用转换函数计算新列或用于自定义表达式。

(7) 二进制对象不能被转换为任何其他数据类型。

采用不同的数据类型转换工具，可同时转换多列的数据类型。方式如下：

方法一：通过"添加数据表"对话框，可在新添加的数据表中执行转换。

选择"文件"→"添加数据表"→"添加"，选择合适的数据表，在列上选择下拉框，对每列的数据类型进行更改，如图 3-1 所示。

图 3-1 在数据表中执行类型转换

方法二：通过"替换数据表"对话框，可在现有的数据表中执行转换。

选择"文件"→"替换数据表"→"选择"，选择合适的数据表，在列上选择下拉框，对每列的数据类型进行更改，如图 3-2 所示。

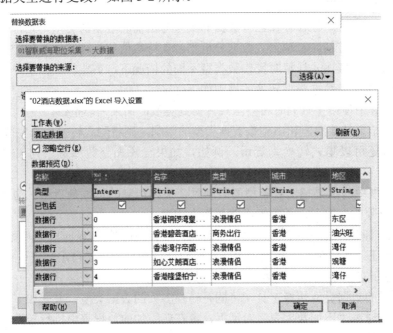

图 3-2 通过替换数据表执行转换

3.1.3　数据预处理

在大数据时代，由于数据的来源非常广泛，数据类型和格式存在差异，并且这些数据中的大部分是有噪声的、不完整的，甚至存在错误。因此，在对数据进行分析与可视化前，对采集的数据进行预处理是非常有必要的。

数据预处理的目的是提升数据质量，使得后续的数据处理、分析、可视化过程更加容易、有效。

一般来说，准确性、完整性、一致性、时效性等指标是评价数据质量最常用的标准。

(1) 准确性：反映数据记录的信息是否存在异常或错误。

(2) 完整性：反映采集的数据集是否包含了数据源中的所有数据点，且每个样本的属性是否都是完整的。

(3) 一致性：反映数据是否遵循了统一的规范，数据集是否保持统一的格式。

(4) 时效性：反映数据从产生到得到分析结果的时间间隔是否适合当下时间区间。

我们可以通过以下几个方面对数据进行预处理：

(1) 数据清洗：指修正数据中的错误、识别脏数据、更正不一致数据的过程。

(2) 数据集成：指将来自不同数据源的同类数据进行合并，减少数据冲突，降低数据冗余等。

(3) 数据归约：指在保证数据分析结果准确的前提下，尽可能地精简数据量，得到简化的数据集。

(4) 数据转换：指对数据进行规范化处理。

3.2　数　据　转　换

在数据分析与可视化的过程中，经过处理和转换后得到清洁、简化、结构清晰的数据。数据处理和转换直接影响到数据可视化的设计，对可视化的最终结果有着非常重要的影响。

3.2.1　更改数据类型

通过更改数据类型可更改数据表中一个或多个列的数据类型。

在对销售合同进行分析时，为更好将销售合同中非数字的合同编码完整地显示，需将销售合同数量表中的销售合同编码由 Integer 改为 String 类型。具体操作步骤如下：

(1) 点击"文件"→"添加数据表"或者直接点击 添加数据表，选择需要的"销售合同.xls"文件。

(2) 在打开的导入设置对话框中浏览文件数据，并在每列数据前选择需要更改的数据类型，如图 3-3 所示。

(3) 更改数据类型后点击"确定"导入数据。

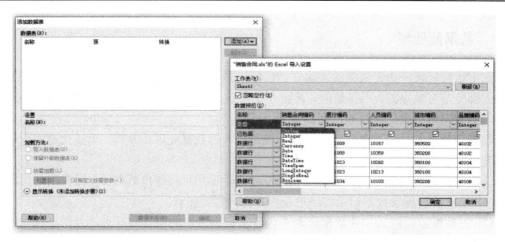

图 3-3　修改数据类型

3.2.2　数据转置

数据转置是指将数据从高/窄格式转换到短/宽格式的方法。数据会被分发到聚合值的列中。这意味着，原始数据中的多个值在新数据表的相同位置结束。

现有"商品销售"表，原数据表中有三列、四行，每行包含两个百货商店(A 或 B)中的一个、一种产品(TV 或 DVD)以及销售数量的数字值。为能够对这两种产品的数字值使用取平均值的聚合方法，需要对数据表进行数据转置。具体操作步骤如下：

(1) 点击"添加数据表" 图，在打开的"添加数据表"对话框中，点击右上角的"添加"，导入商品销售数据表。在"转换"下拉列表中选择"转置"，点击"转换"右侧的"添加"按钮，如图 3-4 所示。

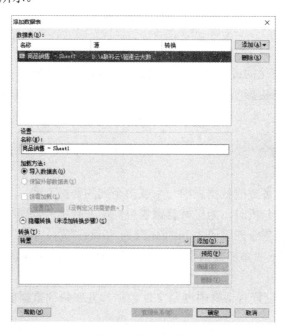

图 3-4　添加数据表

(2) 打开“转置”对话框，设置“行标识符”为“商店”，“列标题”为“产品”，“值和聚合方法”为“Avg(销售额)”，如图 3-5 所示，点击“确定”按钮。

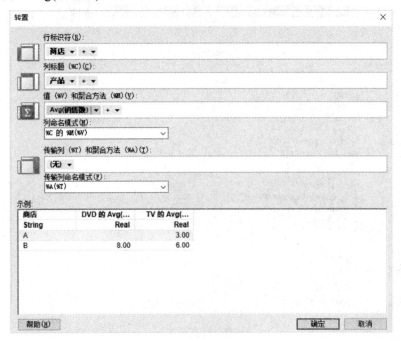

图 3-5　数据转置

效果图如图 3-6 所示。

商品销售 - Sheet1

商店	DVD 的 Avg(销售额)	TV 的 Avg(销售额)
A		3.00
B	8.00	6.00

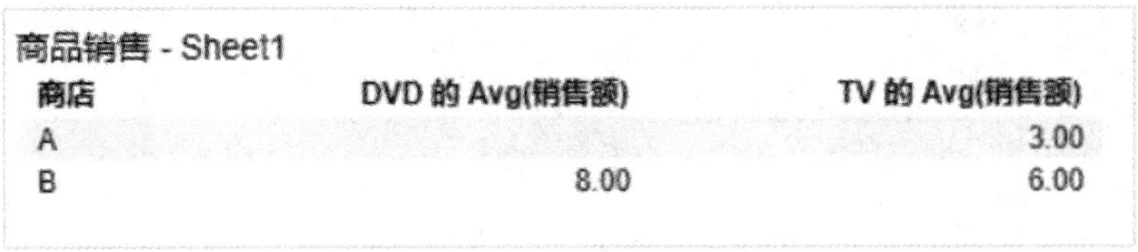

图 3-6　转置效果图

转置数据表之后，我们便可以获得新数据表。此数据表仅有两行，每行针对一个商店。该表的布局已由高/窄格式转换到短/宽格式。在新数据表中，可以很容易地看出平均每一天每个商店所销售产品的数量。

3.2.3　数据逆转置

数据逆转置转换是一种将数据从短/宽格式转换到高/窄格式的方法。

现有“城市温度”表，数据表中有三列、四行。每行包含城市以及每个城市所对应的早上温度和夜间温度。为能够使用“温度”列的平均值的聚合方法，需要对数据表进行数据逆转置。具体操作步骤如下：

(1) 点击添加数据表图标，在打开的“添加数据表”对话框中，点击右上角的“添加”，导入城市温度数据表。在“转换”下拉列表中选择“逆转置”，点击“转换”右侧的“添加”按钮，如图 3-7 所示。

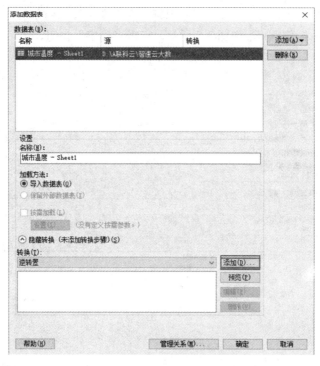

图 3-7　数据逆转置

(2) 打开"逆转置"对话框，选择"可用列"中"城市"添加到"要通过的列"，选择
"早晨温度"与"晚间温度"添加到"要转换的列"，点击"确定"，如图 3-8 所示。

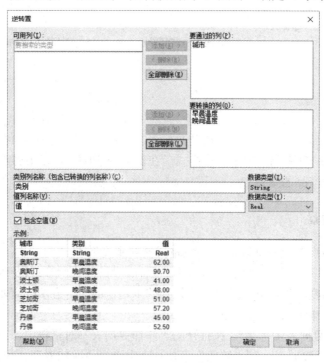

图 3-8　逆转置设置

效果图如图 3-9 所示。

城市温度 - Sheet1

城市	类别	值
奥斯汀	早晨温度	62.00
奥斯汀	晚间温度	90.70
波士顿	早晨温度	41.00
波士顿	晚间温度	48.00
芝加哥	早晨温度	51.00
芝加哥	晚间温度	57.20
丹佛	早晨温度	45.00
丹佛	晚间温度	52.50

图 3-9　逆转置后的效果图

3.3　数据加载

如果要构建视图并分析数据，就必须首先将数据加载到平台中。数据可以存储在计算机的电子表格或文本文件中，也可以存储在企业服务器的大数据、关系或多维数据集(多维度)数据库中。本节将介绍如何利用智速云大数据分析平台连接到存储在各个地方的各种数据。智速云大数据分析平台可加载平面文件和数据库文件。平面文件包括 TXT 文件、CSV 文件、Excel 文件、Log 文件、SAS 文件及 XML 文件；数据库文件包括关系型数据库(Oracle、SQL Server、MySQL 等)、非关系型数据库(MongoDB)及 Hadoop 平台等。

3.3.1　结构化平面文件加载

智速云大数据分析平台支持的结构化平面文件包括 TXT 文件、CSV 文件、Excel 文件、Log 文件、SAS 文件等。

1. Excel 文件

Microsoft Excel 是微软办公套装软件的一个重要组成部分，可以进行各种数据处理、统计分析和辅助决策操作，广泛应用于管理、统计、财经、金融等众多领域，主要有 Excel 2013/2010/2007/2003 等版本。智速云大数据分析平台可以连接到.xls 和.xlsx 文件。

连接 Excel 文件的操作步骤如下：

(1) 选择“文件”→“添加数据表”，或者点击工具栏上的 进行数据加载。

(2) 点击“添加”→“文件”，选择要分析的 Excel 文件。

(3) 点击“打开”，打开“数据预览”页面，查看数据以确保数据格式正确。如果必要，可对任何所需设置进行更改以达到预期结果。

(4) 点击“确定”，完成 Excel 文件连接。

2. 文本文件

文本文件是指以 CSV 或 TXT 格式存储的文件。要连接某一文本文件操作步骤如下：

(1) 选择“文件”→“添加数据表”，或者点击工具栏 进行数据加载。

(2) 点击“添加”→“文件”选择要分析的文本文件。

(3) 点击“打开”，打开“数据预览”页面，查看数据以确保数据格式正确。如果必要，可对任何所需设置进行更改以达到预期结果，如图 3-10 所示。

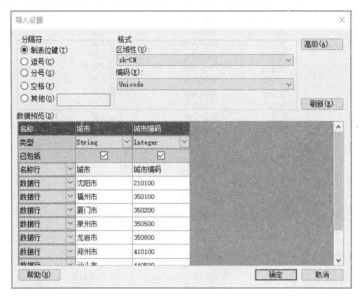

图 3-10　数据预览

(4) 点击"确定"，完成文本文件连接。

3. SAS 文件

要直接在平台中打开 SAS 数据文件(*.sas7bdat)，客户端计算机上必须首先安装适用于 OLE DB 9.22 或更高版本的 SAS 提供程序。如果先将 *.sd7 文件重命名为 *.sas7bdat，也可以打开 *.sd7 文件。

要加载某一个 SAS 文件，操作步骤如下：

(1) 选择"文件"→"添加数据表"，或者点击工具栏 进行数据加载。

(2) 点击"添加"→"文件"选择要分析的 SAS 文件。

(3) 在"可用列"列表中单击要导入的列进行选择，然后单击"添加"。要选择所有列，请单击"全部添加"。要选择多项，请按 Ctrl 键并单击所需的列。

(4) 选择是否勾选"将数据映射到 Sportfire 兼容类型"。

(5) 导入到 Spotfire 中后，选择是否勾选"将说明用作列名称"。

(6) 单击"确定"，完成 SAS 文件连接。

3.3.2　非结构化平面文件(XML 文件)加载

XML 是可扩展标记语言，标准通用标记语言的子集，是一种用于标记电子文件，使其具有结构性的标记语言。XML 是各种应用程序之间进行数据传输的最常用的工具。

智速云大数据分析平台无法直接连接 XML 文件，需要借助于 TERR 工具(兼容开源 R 的高性能统计引擎)安装 XML 解析包，并编写数据函数脚本以连接 XML 文件。

要连接某一 XML 文件，步骤如下。

1. 添加 XML 解析包

(1) 选择"工具"→"TERR 工具"→"程序包管理"选项卡。

(2) 单击"加载",在"可用程序包"的搜索框中输入"xml",选择"XML",单击"安装",如图 3-11 所示。

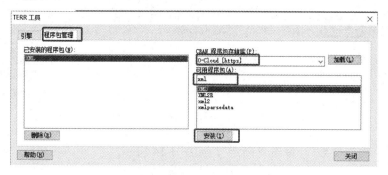

图 3-11 XML 安装

(3) "安装"按钮由灰变亮,则代表安装完成,单击"关闭"按钮,完成 XML 解析包的添加。

2. 创建数据函数加载 XML 文件

(1) 选择"工具"→"注册数据函数",出现图 3-12 所示的对话框。

(2) 创建数据函数"XML 文件加载",并设置脚本内容如下:

```
#加载 XML 文件所需要的包
library("XML")
#给函数输入文件名
result <- xmlParse(file="D:/test.xml")
#将输入的 XML 文件转换为数据框
xmldataframe <- xmlToDataFrame("D:/test.xml")
#输出
outputTablel <- xmldataframe
```

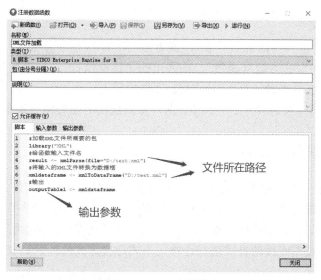

图 3-12 XML 文件脚本

(3) 选择"输出参数"→"添加",设置"输出参数",如图 3-13 所示。

图 3-13　输出参数

(4) 设置"输出参数",单击"确定",如图 3-14 所示。

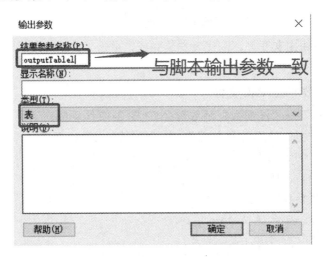

图 3-14　输出参数设置

(5) 设置完成后,单击"注册数据函数"对话框中的"保存"或"另存为",将数据函数保存到库项目中。

3. 连接 XML 文件

(1) 选择"文件"→"添加数据表",或者点击工具栏上的 ▦ 进行数据加载。

(2) 点击"添加"→"数据函数",在弹出的"数据函数-选择函数"对话框中,选择使用的数据函数,点击"确定",完成 XML 文件的导入。

(3) 平台会自动导入 XML 文件中的数据,并以默认的图表格式显示。

3.3.3　结构化数据库文件加载

智速云大数据分析平台除可连接一般的 Excel 文件、TXT 文件等结构化平面文件外,还可以连接存储在服务器上的 Oracle、MySQL 等各种结构化数据库文件。使用平台连接结构化数据库,其步骤较连接普通文件稍复杂,可以直接连接到数据库的数据库文件也通过数据源连接、数据连接的方式进行连接。不同连接方式的区别如表 3-3 所示。

表 3-3　数据库连接方式

智速云大数据分析平台	数据连接	数据源连接
	在库中共享	在库中共享
	在库中共享	嵌入在连接中
	嵌入分析中	在库中共享
	嵌入分析中	嵌入在连接中

1. 数据源连接

连接数据源可以由管理员使用管理数据连接工具提前进行设置，并在库中共享，但是如果对基础数据库的登录凭据具有访问权限，也可以在数据连接的上下文内设置为"嵌入在连接中"。

1) 添加数据源

设置连接数据源所需的信息将随数据库类型的不同而有所变化，但是通常包括服务器名称、端口号、数据库名称和凭据信息。具体的步骤如下：

(1) 在菜单栏选择"工具"→"管理数据连接"选项，弹出"管理数据连接"对话框。

(2) 选择"添加新"→"数据源"选项，从列表中选择数据源类型。如添加 MySQL 数据源，则选择"Oracle MySQL"，如图 3-15 所示。

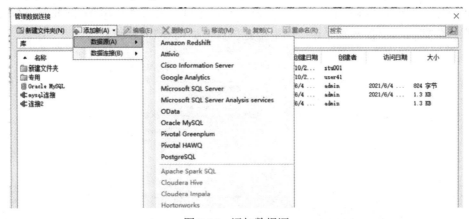

图 3-15　添加数据源

(3) 根据所选的数据源类型，填写相应信息，单击"连接"连接至数据源。成功连接数据源后，选择要连接的"数据库"，单击"确定"。如添加 Oracle MySQL 数据源，输入"用户名""密码"后选择要连接的"数据库"，然后点击"确定"，如图 3-16 所示。

图 3-16　Oracle MySQL 连接

(4) 在"数据源设置"对话框中添加"说明"可选填，如图 3-17 所示。

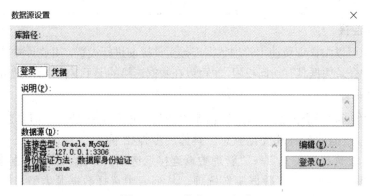

图 3-17　"说明"可选项

(5) 点击"保存"将显示"另存为库项目"对话框，输入"名称"Oracle MySQL2，单击"保存"即将新建数据源保存在库中指定位置，如图 3-18 所示。

图 3-18　将添加数据源另存为库项目

2) 修改数据源

如果要修改库中的数据源，则需要执行如下步骤：

(1) 选择"工具"→"管理数据连接"。

(2) 选择要编辑的数据源，然后单击"编辑"将显示"数据源设置"对话框。

(3) 进行更改并保存数据源。

2. 数据连接

分析大量数据并且需要将基础数据保存在数据库(in-db)中而不是置于平台的内部数据引擎中时，可以使用数据连接。也可以选择从数据连接导入数据表。

1) 添加数据连接

通常情况下，添加数据连接有两种方式，即连接中嵌入数据源和库中共享数据连接。

(1) 采用连接中嵌入数据源的方式添加数据连接，其步骤如下：

① 在菜单栏单击"工具"→"管理数据连接"选项，打开"管理数据连接"对话框。

② 选择"添加新"中的"数据连接"选项，从列表中选择"库中数据源的连接"选项，如图 3-19 所示。

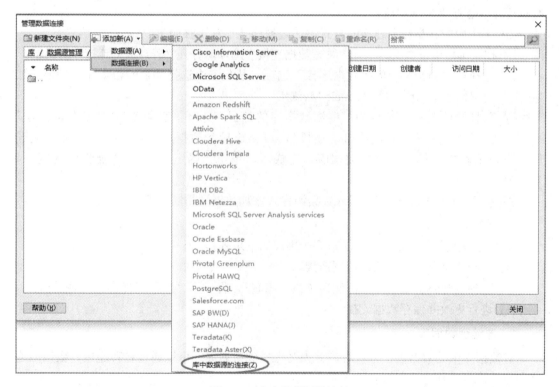

图 3-19　库中数据源的连接

③ 在"选择数据源"对话框中选择合适的数据源，选择完成后，点击"确定"。

④ 在打开的"数据源登录"窗口中，根据所选的数据连接类型，填写相应信息，连接至数据源，选择数据库并点击"确定"，打开"连接中的视图"对话框。

⑤ 在"数据库中可用的表"列表中，双击要在大数据实训平台中使用的表，如图 3-20 所示。

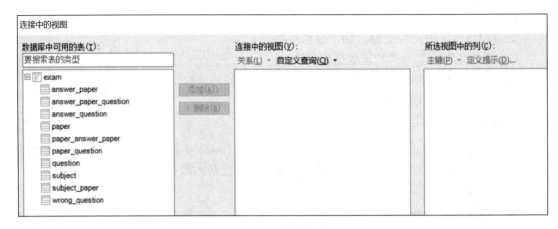

图 3-20　选择数据表

⑥ 完成后，单击"确定"，弹出"数据连接设置"对话框。所添加的数据表会显示在"数据表视图"列表中。

⑦ 可在"连接说明"框内输入连接说明，方便其他用户了解使用。单击"保存"将数据连接保存在库中指定位置。

(2) 采用库中共享数据连接的方式添加数据连接，其步骤如下：

① 在菜单栏单击"工具"→"管理数据连接"选项，打开"管理数据连接"对话框。

② 选择"添加新"中的"数据连接"选项，从列表中选择需要的数据库。如要添加 MySQL 的数据连接，则选择"Oracle MySQL"。

③ 在打开的连接对话框中，根据数据库的信息，选择"服务器""身份验证方法""用户名"和"密码"等，单击"连接"，成功连接到数据库后，即可在下方"数据库"下拉列表中选择要连接的数据库，完成后，单击"确定"，打开"连接中的视图"对话框。

④ 后续步骤与数据连接中嵌入数据源方式添加数据源相同。

2) 修改数据连接

如果要修改库中的数据连接，则需要执行如下步骤：

(1) 选择"工具"→"管理数据连接"。

(2) 选择要编辑的数据连接，然后单击"编辑"，将显示"数据连接设置"对话框。

(3) 进行更改并保存数据连接。

3. 连接到数据库

对数据库中的数据进行分析时，首先需连接到数据库，可以通过私有连接、数据源连接和数据连接三种方式连接到数据库。

1) 私有连接连接到数据库

可以在平台中直接连接到数据库，此种方式的连接为私有连接，其他用户不可查看和使用，请参照以下步骤操作：

(1) 单击"文件"→"添加数据表"选项，弹出"添加数据表"对话框。

(2) 单击"添加"，如图 3-21 所示，连接至"连接至..."下需要连接的数据库。

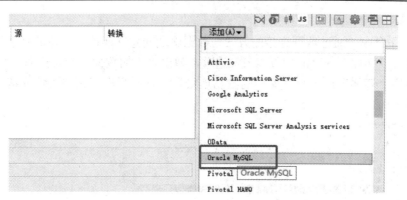

图 3-21　添加 Oracle MySQL 数据库

(3) 在弹出的数据库连接对话框中，输入"用户名""密码"等信息，再单击"连接(C)"后在"数据库"中选择要分析的数据库，选定后，单击"确定"。

(4) 在弹出的"连接中的视图"中选择库中的表，可以根据情况设置表之间的关系，完成后单击"确定"，返回到"添加数据表"对话框，如图 3-22 所示。

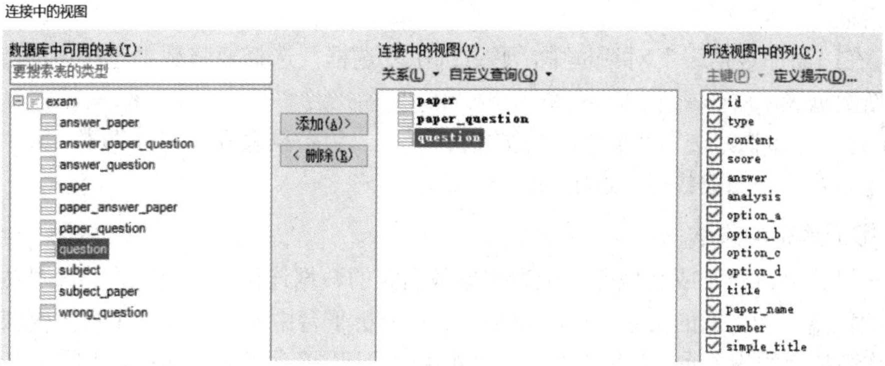

图 3-22　在连接中的视图界面选择库中可用的表

(5) 在"添加数据表"对话框中，通过选中复选框，选择要将数据连接中的哪些视图添加为新数据表。

(6) 选择"加载方法"以及"导入数据表"还是"将数据表保留在外"(数据库中分析)，也可指定是否按需加载数据。选定后单击"确定"。

2) 数据源连接到数据库

可以在平台中，通过库中共享的数据源的方式与数据库之间建立连接，此种方式库中共享的数据源其他用户也可使用，具体的步骤如下：

(1) 单击"文件"→"添加数据表"选项，弹出"添加数据表"对话框。

(2) 单击"添加"连接至"库中的数据源"选项，弹出"选择数据源"对话框。

(3) 在库中选择要使用的数据源，并单击"确定"。在弹出的"数据源登录"对话框中输入"用户名"和"密码"，单击"连接"。

(4) 在"连接中的视图"对话框中，在"数据库中可用的表"中选择要分析的表添加到"连接中的视图"，并在"选择视图中的列"中选择需要的列，选择完成后单击"确定"。

(5) 返回"添加数据表"对话框，单击"确定"，完成连接到数据库操作。

3) 数据连接连接到数据库

可以在平台中，通过数据连接的方式与数据库之间建立连接，具体的步骤如下：

(1) 单击"文件"→"添加数据表"选项，弹出"添加数据表"对话框。

(2) 单击"添加"连接至"库中的数据连接"选项，弹出"选择数据连接"对话框，如图 3-23 所示。

图 3-23　选择数据连接

(3) 在"选择数据连接"对话框中选择需要的连接，点击"确定"，在弹出的"数据连接登录"对话框中输入连接数据库所需的用户名和密码，点击"确定"，返回到"添加数据表"对话框。

(4) 在"添加数据表"对话框中，通过选中复选框，选择要将数据连接中的哪些视图添加为新数据表。

(5) 选择"加载方法"以及"导入数据表"还是"将数据表保留在外"(数据库中分析)，也可指定是否按需加载数据。选定后点击"确定"。

4. 数据库结构关系

用于设置来自关系或其他非多维数据集数据源的数据连接时，可以在一个数据连接中添加原始数据库表之间的关系，从而确保它们在分析平台中连接至同一个视图(或数据表)。

操作数据库结构关系，首先需要打开"连接中的视图"对话框，而打开"连接中的视图"对话框有如下两种常用的方式，即库中共享连接和分析中的嵌入连接，分别介绍如下：

(1) 库中的共享连接方式，请执行以下操作：

① 选择"工具"→"管理数据连接"。

② 单击需要的连接，然后单击"编辑"，输入连接所需的用户名和密码，点击"连接"。

③ 在"数据连接设置"对话框的"常规"选项卡中，单击"编辑"，打开"连接中的视图"。

(2) 分析中的嵌入连接方式，请执行以下操作：

① 选择需要编辑的嵌入连接，选择"菜单栏"→"编辑"→"数据连接属性"。

② 在连接列表中，选择包含使用的数据表的连接。

③ 单击"设置..."。

④ 在"数据连接设置"对话框中选择"嵌入分析""常规"选项卡，单击"编辑..."，打开"连接中的视图"。

下面分别从添加结构关系、编辑结构关系、删除结构关系三个方面分别介绍数据库结构关系的操作。

1) 添加结构关系

添加数据库表之间的结构关系可以确保它们在分析平台中连接至同一个视图(或数据

表),具体的步骤如下:

(1) 打开"连接中的视图"对话框,在"数据库中可用的表"中选择有关联的表,点击"添加",添加到"连接中的视图"。如图 3-24 中所示的 question 库中包含 paper、paper_quesion、question,且三个表之间存在关联关系。

图 3-24　选择有关联的表

(2) 在"连接中的视图"中选择其中一个表,然后点击"关系(L)"→"编辑关系",打开"编辑关系"对话框,从"外键表"和"主键表"下拉列表中,选择要连接的两个数据表,从"列"下拉列表中选择包含标识符的列(可以通过选中"第二个列对"和"第三个列对"复选框来分别指定第二对标识符和第三对标识符),从"连接方法"中选择多表中的连接方式。设置完成后,点击"确定"按钮,如图 3-25 所示。

图 3-25　编辑关系

注意:若外键表中有多个外键与多个主键表关联,则需要重复步骤(1)、(2)添加新的关系,效果如图 3-26 所示。

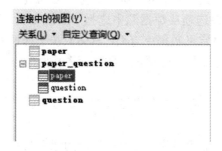

图 3-26　多个外键与多个主键表关联

2) 编辑结构关系

只能编辑在平台中定义的结构关系(显示为蓝色),而不能编辑由数据库管理员设置的结构关系。

编辑结构关系的步骤如下:

(1) 打开"连接中的视图"对话框。

(2) 在"连接中的视图"列表中,找到关系中属于外键表的表。单击它旁边的可展开树视图图标。

(3) 在展开的视图中选择表。单击"关系"→"编辑关系...",打开"编辑关系"对话框。

(4) 在"编辑关系"对话框中进行所需更改,然后单击"确定"。完成后关系将会更新。

3) 删除结构关系

只能删除在平台中定义的结构关系(显示为蓝色),而不能删除由数据库管理员设置的结构关系。但是,通过清除"连接中的视图"列表中的相关表的复选框,可以始终将数据库表添加到连接视图中,而不包含相关联的表。

删除结构关系的步骤如下:

(1) 打开"连接中的视图"对话框。

(2) 在"连接中的视图"列表中,找到关系中属于外键表的表。单击它旁边的可展开树视图图标,如图 3-27 所示。

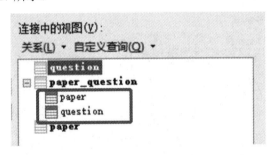

图 3-27　展开树视图

(3) 在展开的视图中选择表。单击左侧"删除",将删除两个表之间的关系。

注意, 由于关系中可能包含其他关系,因此删除一个表中的关系可能也会影响"连接中的视图"列表内其他视图中所产生的列数量。

5. 自定义查询

使用与关系数据库或其他非多维数据集数据源建立的数据连接时,可以在"连接中的视图"对话框中,使用相关选项从数据源中选择一个或多个表。在该视图中,还可以通过相关选项,创建自己的自定义数据库查询,具体取决于您拥有的许可证。自定义查询会生成一个自定义表,进而可按照与处理其他数据库表相同的方式,用来在所选连接中设置视图。

自定义查询和生成的表将存储为数据连接的一部分,即作为分析文件的一部分或作为库中的共享数据连接。

自定义查询只能由单一语句组成,不支持将语句连接在一起。创建自定义查询时,只能使用平台支持的数据类型。

要创建自定义查询,必须拥有"连接中的自定义查询"许可证。其他用户都不能执行您创建的自定义查询,除非满足以下两个条件:

(1) 必须将自定义查询作为分析的一部分或作为数据连接的一部分保存到库中。

(2) 必须是"自定义查询作者"组的成员,这意味着您有权代表其他用户创建自定义查询。

假设需要查询每场考试的具体的题型,使用的查询语句为

select pa.name,　qu.* from paper pa　, question qu　, paper_question pq WHERE pa.id = pq.paper_id and qu.id = pq.question_id

需要的步骤如下:

(1) 使用"工具"→"管理数据连接"或"文件"→"添加数据表..."创建一个到关系数据库的新数据连接,然后选择必要的内容,直到显示"连接中的视图"对话框。

(2) 在"连接中的视图"对话框中,选择"自定义查询"→"新建自定义查询..."。

(3) 在"自定义查询"对话框中键入"查询名称",在"查询"框中输入所选数据库的查询语句,如图 3-28 所示。

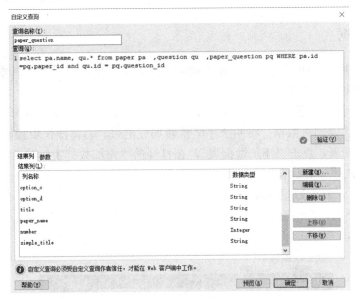

图 3-28　输入查询语句

(4) 单击"验证",在"结果列"中展示查询出的所有的列。

(5) 浏览结果列,确保列出所需的所有结果列,并确保它们具有正确的数据类型。若有错误,可单击右侧"编辑"对错误的列进行修改。

(6) 单击"确定",返回到"连接中的视图"对话框,在"连接中的视图"中显示新添加的自定义查询列表。

(7) 单击"确定",返回到"添加数据表"对话框,单击"确定",进行数据的分析。

3.3.4　非结构化数据库文件(MongoDB)加载

MongoDB 是一个基于分布式文件存储的数据库,用 C++语言编写。旨在为 web 应用

提供可扩展的高性能数据存储解决方案。

MongoDB 是一个介于关系数据库和非关系数据库之间的产品，是非关系数据库当中功能最丰富、最像关系数据库的。

在智速云大数据分析平台中，需使用 DataDirect MongoDB 驱动程序创建 ODBC 数据源的方式加载 MongoDB，实现步骤如下：

(1) 单击"文件"→"添加数据表"，在打开的"添加数据表"对话框中，选择"添加"→"其他"→"数据库"。

(2) 在打开的"打开数据库"对话框中，选择"CData MongoDB Source"，然后单击"确定"。

注意："CData MongoDB Source"需执行"CDataODBCDriverforMongoDB.exe"文件安装驱动。

3.4　数　据　维　护

3.4.1　刷新数据

在智速云大数据分析平台中，在导入数据后，如果操作不当出现误删数据，可以对数据进行重新加载以恢复数据。

例如，在对小队评分情况进行分析时，导入"小队评分情况表"后，误删了 8 小队和 9 小队的数据，需要刷新数据，将两个小队重新加载出来，具体操作步骤如下：

(1) 导入数据表，点击"添加数据表"，在打开的"添加数据表"对话框中，选择"添加"，导入"小队评分情况表"。

(2) 点击 ▦ ，新建数据图表。

(3) 选中"小队评分情况表"中的 2 队，右击，选择"标记的行"，点击删除，如图 3-29 所示。

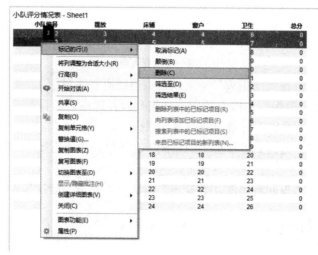

图 3-29　小队评分情况表

(4) 在弹出的"删除标记的行"对话框中点击"确定"。

(5) 单击菜单栏上的"文件"→"重新加载数据源",刷新数据。

3.4.2　替换数据

在智速云大数据分析平台中,在导入数据后可以对导入的数据进行修改。

例如,在对小队评分情况进行分析时,小队评分情况表中的 2 小队需更改编号为 88 小队,具体操作步骤如下:

(1) 导入数据表,点击"添加数据表",在打开的"添加数据表"对话框中,选择"添加",导入"小队评分情况表"。

(2) 点击 ▦ ,新建数据图表。

(3) 选中"小队评分情况表"中的 3 队数据,右击,选择"替换值",如图 3-30 所示。

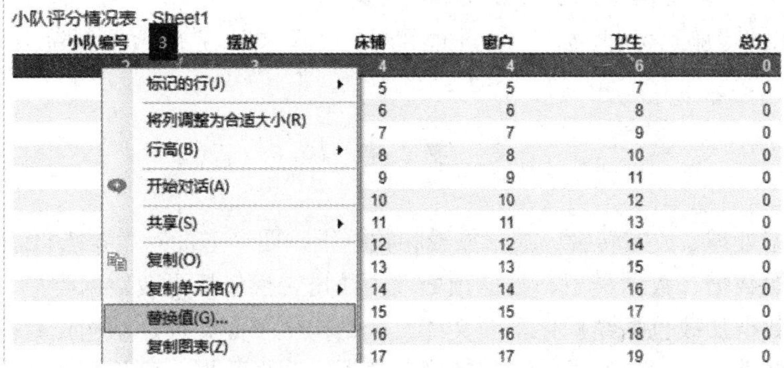

图 3-30　替换值

(4) 在弹出的"将值替换为"对话框中填写"88"小队,继续在下方选择"仅限此匹配项"后,点击"应用"。若勾选"列中的所有匹配项"则表中所有的数据替换为"88",如图 3-31 所示。

图 3-31　替换值更换

3.4.3　删除数据

在智速云大数据分析平台中,在导入数据后可以对导入的数据选择性删除。

例如,在对小队评分情况进行分析时,2 队和 3 队外出执勤,无法参与优秀小队评比,在"小队评分情况表"导入后需将 2 队和 3 队数据删除,具体操作步骤如下:

(1) 导入数据表，点击"添加数据表"，在打开的"添加数据表"对话框中，选择"添加"，导入"小队评分情况表"。

(2) 点击 ▦，新建数据图表。

(3) 选中"小队评分情况表"中的 2 队 3 队，右击，选择"标记的行"，点击"删除"，如图 3-32 所示。

图 3-32　删除数据

(4) 在弹出的"删除标记的行"对话框中点击"确定"。完成数据删除。

本 章 小 结

本章从数据处理、数据转换、数据加载和数据维护四个方面对数据 ETL 进行讲解。数据处理包括获取数据、数据类型、数据预处理；数据转换包括更改数据类型、数据转置、数据逆转置；数据加载包括结构化平面文件、非结构化平面文件、结构化数据库文件、非结构化数据库文件的加载；数据维护包括刷新数据、替换数据、删除数据等方式。通过本章的学习，可以了解智速云大数据分析平台的数据处理、转换、加载操作，加深对数据 ETL 的理解。

习　　题

一、选择题

1. 以下哪项不是智速云大数据分析平台所支持的平面文件(　　)。

　　A. TXT　　　　　　B. CSV　　　　　　C. EXCEL　　　　　D. XML

2. 各种应用程序之间进行数据传输的最常用的工具是(　　)。

　　A. XML　　　　　　B. PUT　　　　　　C. LINK　　　　　　D. HTTP

3. 打开"注册数据函数"在哪个菜单下(　　)。

　　A. 编辑　　　　　　B. 插入　　　　　　C. 工具　　　　　　D. 视图

4. 在库中编辑数据源，以下哪个选项正确(　　)。

　　A. "工具"→"管理数据连接"　　　　　B. "文件"→"管理数据连接"

　　C. "插入"→"管理数据连接"　　　　　D. "视图"→"管理数据连接"

5. 自定义查询只能由单一语句组成，不支持将语句连接在一起，中间用(　　)隔开。

　　A. ;　　　　　　　　B. ,　　　　　　　　C. 、　　　　　　　　D. ?

二、判断题(正确打"√"，错误打"×")

1. 逆转置：将数据表从短/宽格式更改到高/窄格式。　　　　　　　　　(　　)
2. 转置：将数据表从高/窄格式更改到短/宽格式。　　　　　　　　　　(　　)
3. 使用数据连接的方式创建分析时，不必考虑数据源、数据连接的访问用户。(　　)
4. 创建自定义查询时，只能使用平台支持的数据类型。　　　　　　　　(　　)
5. MongoDB 是一个基于分布式文件存储的数据库。　　　　　　　　　(　　)

三、多选题

1. 数据库文件的加载方式有(　　　)。
   A. 数据连接　　　　　B. JDBC　　　　　C. ODBC　　　　　D. OLE DB
2. 对数据库中的数据进行分析时，需连接到数据库，可以通过(　　　)三种方式连接到数据库。
   A. 私有连接　　　　　B. 数据源　　　　　C. 数据连接　　　　　D. 基础连接
3. 数据连接包括哪些数据库(　　　)。
   A. 关系型　　　　　B. 非关系型　　　　　C. HBase　　　　　D. HADOOP
4. 如果想要导入数据表，可以采用以下方式(　　　)。
   A. 点击最上方导航栏的"文件"按钮，点击"添加数据表"
   B. 点击 按钮
   C. 点击 按钮
   D. 点击 按钮
5. 智速云大数据分析平台支持的各种数据源类型包括(　　　)。
   A. Microsoft Excel 文件　　　　　　　B. SQL 数据库
   C. 逗号分隔文本文件　　　　　　　　　D. 多维数据集(多维)数据库

四、分析题

1. 简述连接 Excel 文件的操作步骤。
2. 如何在智速云大数据分析平台中直接打开 SAS 数据文件(*.sas7bdat)？
3. 简述对于数据连接操作的理解。
4. 简述对于数据库结构关系的理解。
5. 其他用户都能够执行自己创建的自定义查询需要满足的两个条件是什么？

第4章　初级可视化图表创建

　　数据是现实世界的一个快照，会传递给我们大量的信息。一个数据可以包含时间、地点、人物、事件、起因等因素，将数据可视化能有效地吸引人们的注意力。有的信息如果通过单纯的数字和文字来表示，可能需要花费数分钟甚至几小时都无法传达，但通过颜色、布局、标记和其他元素融合的图表却能够在几秒钟内把这些信息传达给我们。如我们在看一个折线图、饼状图或条形图的时候，更容易发现事物的变化趋势，更能准确向用户展示和传达出数据中所包含(隐藏)的信息。

　　智速云大数据分析平台通过简单的拖放就可以生成各种类型的图形表，与其他软件相比，节约了大量人力和时间成本，尤其是定期重复的工作。本章将通过实例详细介绍如何使用智速云大数据分析平台生成一些简单的图形，如条形图、饼图、交叉表、折线图、散点图、图形表等。

4.1　基　本　表

　　基本表由行、列、单元格三个部分组成，是日常生活中最常用的展现方式，可用于显示文字、数字、图片等。基本表与 Excel 表有许多相似之处，不同之处在于基本表可以通过特定的筛选器对数据进行筛选，便于客户快速、准确、直观地查看所需的信息。让客户快速、直观地掌握、查看所要了解的详细信息，进而对数据进行分析，作出正确的决策。

1. 创建基本表操作步骤

　　创建一个包含文字、图片的基本表，请按以下步骤进行操作：

　　(1) 添加数据表。单击工具栏上的"添加数据表"按钮 📇，在"添加数据表"对话框中选择"添加"→"文件"，选择"table.xls"数据表，完成数据导入。

　　(2) 添加新的页面。单击"工具栏"上的"表" 📊 按钮，创建基本表。

　　(3) 打开"属性"对话框。在基本表上单击右键选择"属性"，打开"属性"对话框。

　　(4) 选择显示形式。在"属性"对话框中，选择"列"，在"选定的列"中选择"图片"，在"呈现器"菜单的下拉列表中选择"URL 中的图像"，则基本表中的图片将以图片的形式显示；若选择"文本"，则基本表中的图片列以文字的形式显示；若选择"链接"，则图片列以 URL 链接的形式显示，单击便可链接到对应的图片，如图 4-1 所示。

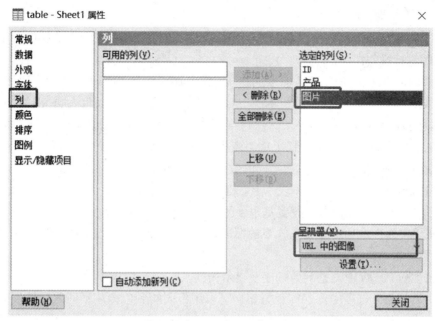

图 4-1　修改列属性

(5) 通过进一步优化来确定表格的行列数。修改"外观"中的"数据行高(行数)"或"冻结列数"来设置外观效果，如图 4-2 所示。

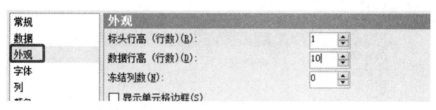

图 4-2　修改外观属性

(6) 优化后的效果如图 4-3 所示。

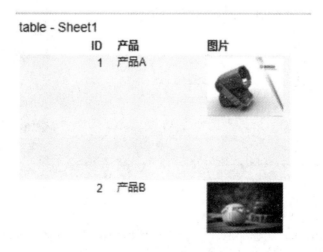

图 4-3　基本表效果图

2. 创建基本表示例

以汽车销售行业分析为例，要创建一个显示与汽车销售相关的所有数据的基本表，请按以下步骤进行操作：

(1) 添加数据表。单击工具栏上的 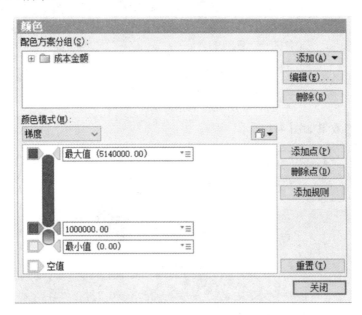 按钮，在"添加数据表"对话框中选择"添加"→"文件"，选择"城市.xls""品牌.xls""销售合同.xls""销售人员.xls""预算.xls""展厅信息.xls""bou2_4p.shp"，一次性导入与汽车销售行业分析相关的所有数据表。

(2) 创建基本表。单击工具栏上的"表"按钮，即可创建"基本表"。在基本表页面，可通过右侧的"数据表"切换不同的数据表查看其对应的基本表。

(3) 进行属性设置。在"基本表"上右键单击选择"属性"或点击基本表右上角的"属性"按钮 ⚙️，进入属性设置，设置基本表的外观、颜色、排序方式等。

① 在"常规"选项中设置基本表的标题，${AutoTitle}表示取数据表的名称，也可写为固定名称，如"销售合同"。

② 在"列"选项中调整列的顺序及显示的列。

③ 在"颜色"选项中添加配色方案，可以用不同的颜色标注不同的预警值。设置成本金额＜0 时，使用红色预警。具体步骤：选择"销售合同"表，在表上单击右键选择"属性"→"颜色"选项卡，打开"颜色"对话框，选择"添加"→"成本金额"，在右下方选择"添加点"，在最小值和最大值间设置一个或多个分界点，以使用不同的颜色显示不同范围的值，如图 4-4 所示。

图 4-4　设置/修改颜色属性

(4) 优化后的效果如图 4-5 所示。

(5) 进一步优化主题。单击工具栏上的"可视化主题"按钮 ◣▾，选择"编辑自定义主题"，设置可视化主题，使基本表更加美观，如图 4-6 所示。

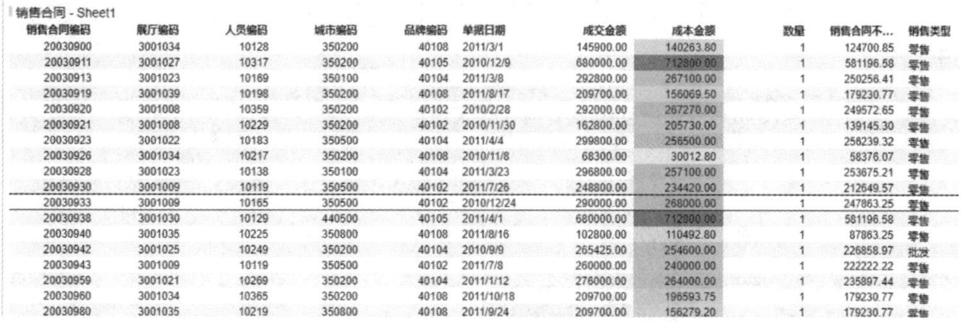

图 4-5　优化后效果图

图 4-6　基本表效果图

4.2　条　形　图

条形图又称条状图、柱状图、柱形图，是一种对一系列分类数据进行概要说明的图形，是最常使用的图表类型之一，它通过垂直或水平的条形来展示维度字段的分布情况，每个条形栏均代表某一特定类别。条形图也可通过自动合并分类连续数据。

现有某公司的销售数据，分别对各销售大区不同年份的销售金额、2009 年和 2010 年各个大区的销售占比情况、当前显示的销售金额占总销售金额的比例情况进行分析。用这三个案例来介绍并排条形图、堆叠条形图和 100%堆叠条形图的使用。

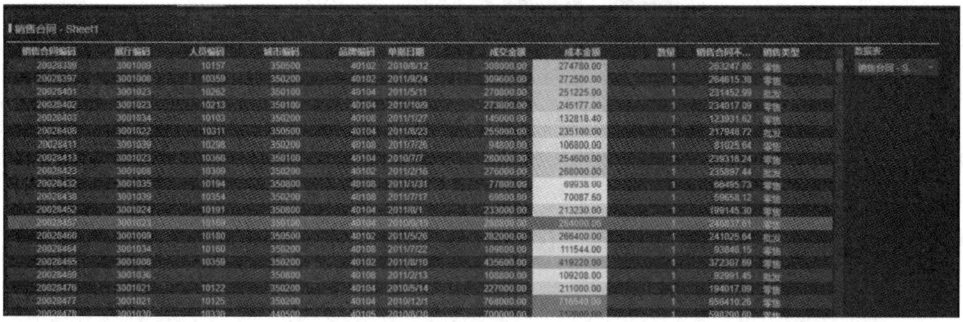

在进行分析前，先完成数据表导入。点击"工具栏"上的"添加数据表" ，在打开的"添加数据表"对话框中，选择"添加"，导入"条形图.xls"数据表。

1. 堆叠条形图示例(1)

现对各销售大区的销售金额进行时间的分类分析，并显示每个大区单个项目与整体之间的关系。使用堆叠条形图完成该分析，具体操作步骤如下：

(1) 导入数据表后，点击工具栏上的"条形图"按钮 ，新建条形图。

(2) 点击新建的条形图右上角的"属性"按钮 ，在属性对话框中选择"外观"菜单，设置"布局"为"堆叠条形图"。

(3) 选择"颜色"菜单，"列"选择"年"，"颜色模式"选择"唯一值"，区分不同年份的销售金额。

(4) 选择"标签"菜单中的"显示标签"为"全部"，显示详细的销售金额。

(5) 单击"关闭"按钮，完成操作。每个条形图表示了每个大区不同年份的销售总额，如图 4-7 所示。

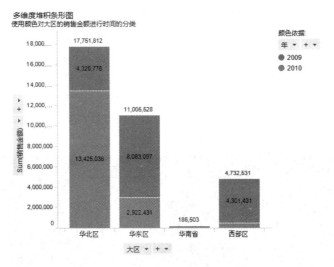

图 4-7　每个大区不同年份的销售总额效果图

2. 堆叠条形图示例(2)

使用颜色对大区的销售金额进行时间的分类后，进而使用 100%堆叠条形图分析 2009 年和 2010 年各个大区的销售占比情况。请按以下步骤进行操作：

(1) 创建新的条形图。

(2) 单击条形图右上角的"属性"按钮 ⚙ ，在属性对话框中选择"颜色"菜单，"列"选择"年"，"颜色模式"选择"唯一值"，以区分不同年份的销售金额。

(3) 选择"外观"菜单，"布局"选择"100%堆叠条形图"。

(4) 选择"标签"菜单中的"显示标签"为"全部"，设置"标签类型"为"百分比"。

(5) 点击"关闭"按钮，完成属性设置。每个条形图表示了每个大区不同年份的销售额的占比情况，如图 4-8 所示。

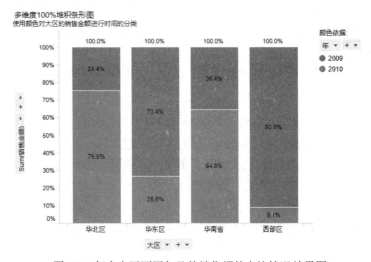

图 4-8　每个大区不同年份的销售额的占比情况效果图

3. 堆叠条形图示例(3)

使用堆叠条形图分析当前显示的销售金额占总销售金额的比例情况。通过阴影显示没有筛选的全集，这样可以查看筛选与未筛选部分的占比情况。具体操作步骤如下：

(1) 创建新的条形图。

(2) 新建时间层级。选择菜单栏中的"插入"→"层级"，将"可用列"中的年、月添加到"层级"，并设置"层次结构名称"为"时间"，点击"确定"按钮，如图 4-9 所示。

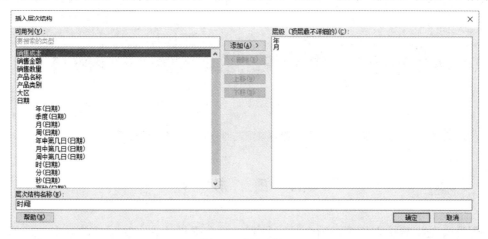

图 4-9　插入层级

(3) 在条形图的"类别轴"中选择"时间(月)"，并将"类别轴"滑块拖到最后，显示每月的销售情况，如图 4-10 所示。

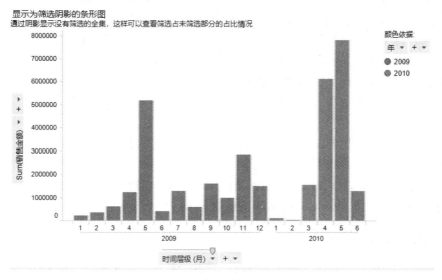

图 4-10　更改类别轴显示月销售额效果图

(4) 单击条形图右上角的"属性"按钮 ⚙，在属性对话框中选择"颜色"菜单，"列"选择"年"，"颜色模式"选择"唯一值"，区分不同年份的销售金额。

(5) 选择"外观"菜单，勾选"显示可表明未筛选数据的阴影"，可查看当前显示的销售金额占总销售金额的比例。

(6) 单击"关闭"按钮，完成操作。也可通过单击工具栏上的筛选器按钮 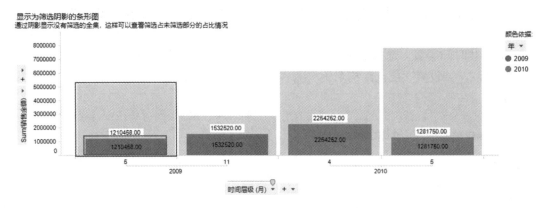，打开筛选器界面，通过筛选数据操作可查看未筛选部分和筛选部分的数据变化情况，如图 4-11 所示。

图 4-11　查看筛选与未筛选部分的占比情况效果图

4.3　图　形　表

图形表是将传统表与图形结合的一种表。旨在提供让人一目了然的众多信息的汇总图表。

在智速云大数据分析平台中，可以将图形与表的数据结合在图表中通过添加动态项目的列(迷你图、计算值、图标、项目符号)来展示数据。具体介绍如下：

迷你图：一个较小且简单的线状图，通常用于显示某些变量的趋势或变化。

计算值：源于某种聚合表达式的值，与交叉表中显示的数据类似。它们可显示在图形表的上下文中，或单独显示在文本区域中。

图标：一个较小且简单的图像，通常用于显示某些变量的趋势或变化。

项目符号：由水平线和竖线组成，可分别为水平线和竖线指定数值，用于显示某些变量的趋势或变化。

现以对某公司各大销售品牌为例进行分类分析，并对其价格进行计算。使用图形表完成该分析，具体操作步骤如下：

(1) 单击工具栏上的 🔲(添加数据表图标)，在"添加数据表"对话框中选择"添加"→"文件"，选择"销售表.xls"，导入相关的数据表。

(2) 单击工具栏上的图形表按钮 🔳，创建图形表。

(3) 创建迷你图。

① 单击图形表右上角的"属性"按钮，设置"数据"菜单中的"数据表"为"销售表"，或单击图形表右侧的"数据表"，将当前操作的表设置为"销售表"。

② 选择"轴"菜单，设置"行"为"类别名称"，或点击图形表垂直轴，将垂直轴设置为"类别名称"。设置完成后，点击"关闭"按钮关闭属性对话框。

(4) 设置迷你图属性

① 单击图形表右上角的"属性"按钮，选择"设置(迷你图)"，打开"迷你图 设置-

迷你图"对话框,选择"格式化",设置 Sum(销售金额)的"类别"为"编号",设置销售金额的显示形式(如小数位显示的位数、负数显示的形式等),如图 4-12 所示。

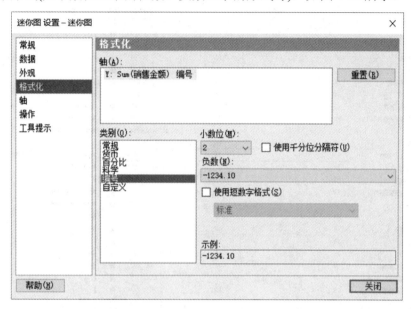

图 4-12   设置/修改迷你图的格式化属性

② 选择"轴",设置迷你图的"X 轴"为"月",Y 轴为"sum(销售金额)",Y 轴刻度为"多刻度"。

③ 选择"外观",勾选起点和终点,并设置"Y 轴值宽度"为"45","线条宽度"为1,"线条颜色"为"黄色",修改迷你图样式。点击"关闭"按钮,完成迷你图的设置。

(5) 添加计算的值。

① 添加"计算的值"列。在图形表"属性"对话框中选择"轴",点击右侧"添加",选择"计算的值",打开"计算的值设置"对话框。

② 在"计算的值设置"对话框中,选择"值"菜单,设置"使用以下项计算值"中的下拉菜单的值"销售金额"。

③ 在"值"菜单中单击"添加规则"按钮,打开"添加规则"对话框,设置"规则类型"为"小于","值"为"平均值","颜色"为"红色",显示名称为添加的规则名称。单击"确定"按钮完成图形表计算的列的设置。

(6) 添加图标。

① 在图形表的"属性"对话框中,选择"轴"菜单,单击"添加"按钮选择添加"图标",在打开的"图标 设置-图标"对话框中设置"使用以下项计算图标"下拉菜单的值为"Sum(销售金额)"。

② 在"图标 设置-图标"对话框中单击"添加规则",设置"规则类型"为"大于","值"为"最小值","颜色"为"红色",形状为"五角星",显示名称是添加的规则名称。

(7) 添加项目符号图。在图形表"属性"对话框中,选择"轴"菜单,单击"添加"按钮选择添加"项目符号图",属性值默认,单击"关闭"按钮,完成图形表的设置。

(8) 图形表中设置了"迷你图"列,添加了"计算的值"列、"图标"列和"项目符号图”列。可以根据需要拖动调整图形表的列宽，迷你图的效果如图 4-13 所示。

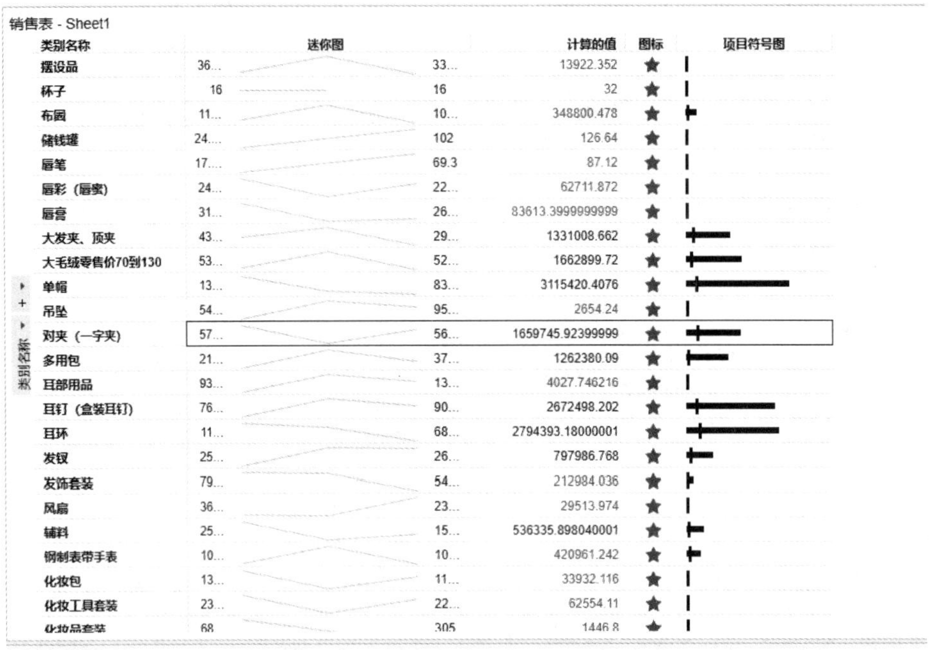

销售表 - Sheet1

类别名称	迷你图		计算的值	图标	项目符号图
摆设品	36...	33...	13922.352	★	
杯子	16	16	32	★	
布圆	11...	10...	348800.478	★	
储钱罐	24...	102	126.64	★	
唇笔	17...	69.3	87.12	★	
唇彩（唇蜜）	24...	22...	62711.872	★	
唇膏	31...	26...	83613.3999999999	★	
大发夹、顶夹	43...	29...	1331008.662	★	
大毛绒零售价70到130	53...	52...	1662899.72	★	
单帽	13...	83...	3115420.4076	★	
吊坠	54...	95...	2654.24	★	
对夹（一字夹）	57...	56...	1659745.92399999	★	
多用包	21...	37...	1262380.09	★	
耳部用品	93...	13...	4027.746216	★	
耳钉（盒装耳钉）	76...	90...	2672498.202	★	
耳环	11...	68...	2794393.18000001	★	
发钗	25...	26...	797986.768	★	
发饰套装	79...	54...	212984.036	★	
风扇	36...	23...	29513.974	★	
辅料	25...	15...	536335.898040001	★	
钢制表带手表	10...	10...	420961.242	★	
化妆包	13...	11...	33932.116	★	
化妆工具套装	23...	22...	62554.11	★	
化妆品套装	68	305	1446.8	★	

图 4-13　迷你图效果图

4.4　折　线　图

折线图是用直线线段将各数据点连接起来，以折线方式显示数据的变化趋势的图形，是一种使用率很高的图形。折线图可以显示随时间而变化的连续数据，因此非常适用于显示在相等时间间隔下数据的趋势。通常被用于时间段内的数据变化及变化趋势数据的展示。在折线图中，类别数据沿水平轴均匀分布，所有值数据沿垂直轴均匀分布。与条形图相比，折线图不仅可以表示数量的多少，而且可以直观地反映同一事物随时间序列发展变化的趋势。

1. 用折线图分析时间段内的销售金额

现对某公司 2008 年 6 月到 2008 年 11 月的销售金额进行趋势分析，采用折线图实现该分析，通过调动滑块查看销售趋势，具体步骤如下：

(1) 单击工具栏上的“添加数据表”按钮，在“添加数据表”对话框中选择“添加”→“文件”，选择“折线图.xls”，导入相关的数据表。

(2) 单击工具栏上的“折线图”按钮，新建折线图。更改折线图右上角的“数据表”为“折线图”。

(3) 更改“折线图”中“X 轴”为“日期”，“Y 轴”为”销售金额”。

(4) 在折线图的“X 轴”的标签上单击右键选择“显示缩放滑块”，打开“缩放滑块”对话框。移动缩放滑块，在 2008-6 到 2008-11 之间。

(5) 点击折线图右上角“属性”按钮或在折线图上单击右键选择“属性”，然后选择“外观”菜单，勾选“显示标记”，单击“关闭”按钮。完成属性设置后，效果如图 4-14 所示。

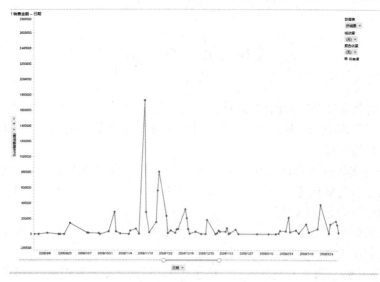

图 4-14　优化后效果图

2. 用折线图分析不同产品的销售金额

以图 4-14 为例，可加入以产品类别为维度的格栅面板，可查看不同产品的销售趋势，该图可作为销售趋势的考核与评价的依据，具体操作步骤如下：

(1) 导入 "折线图.xls" 数据表。点击工具栏上的折线图按钮 📈，新建折线图。更改折线图右上角的 "数据表" 为 "折线图"。

(2) 单击折线图右上角的 "属性" 按钮，打开 "属性" 对话框，选择 "格栅" 菜单，设置 "面板" 的 "拆分依据" 为 "产品类别"，勾选 "手动布局"，并设置 "最大行数" 为 3，"最大列数" 为 4。

(3) 选择 "颜色" 菜单中的 "列" 为 "产品类别"，使用颜色区别产品类别。

(4) 选择 "Y 轴" 菜单中的 "列" 为 Sum(销售金额)，并勾选 "多刻度"。

(5) 单击 "关闭" 按钮。完成属性设置后，效果如图 4-15 所示。

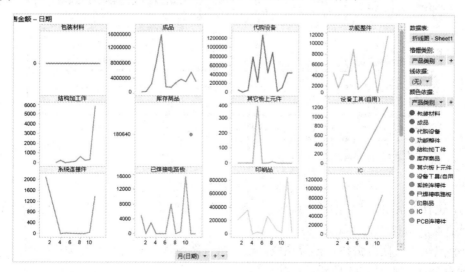

图 4-15　各月份的销售金额分析效果图

4.5 组 合 图

　　组合图是将条形图和折线图的功能相结合的图表。组合图可使用条形或线条来显示数据。当比较不同类别中的值时，在同一张图中结合条形和线条会更直观，因为组合图可以清楚地显示类别的高低。

　　组合图是将出现的质量问题和质量改进项目按照重要程度依次排列而得到的一种图表，可以用来分析质量问题，也可用来寻找影响质量问题的主要因素。此外，还可以用于分析 80%销售收入是来自哪些产品。

　　质量问题的影响因素服从二八法则，而绝大多数因素的影响都是可以忽略的。分析寻找影响质量问题的主要因素的具体步骤如下：

　　(1) 单击工具栏上的"添加数据表"按钮 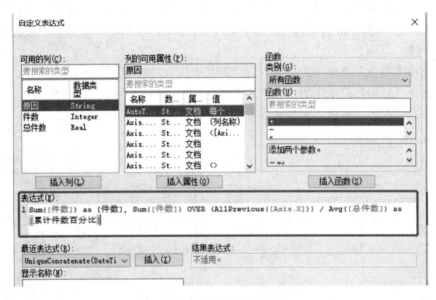，导入"帕累托图.xls"数据表。

　　(2) 单击工具栏中的"组合图"按钮 ，新建组合图。单击新建组合图右上角的"属性"按钮，打开"属性"对话框。

　　(3) 选择"X 轴"菜单中的"列"为"原因"。

　　(4) 选择"Y 轴"菜单，右击"列"选择"自定义表达式"，设置"表达式(E)"为"Sum([件数]) as [件数]，Sum([件数]) OVER (AllPrevious([Axis.X])) / Avg([总件数]) as [累计件数百分比]"，如图 4-16 所示。

图 4-16　修改 Y 轴属性

　　(5) 选择"系列"菜单中的"系列的分类方式"为"列名称"，设置"件数"为"条形"，"累计件数百分比"为"线条"。

　　(6) 点击"关闭"按钮，设置完成。通过组合图可以直观地查看每种原因的件数占总件数的百分比，如图 4-17 所示。

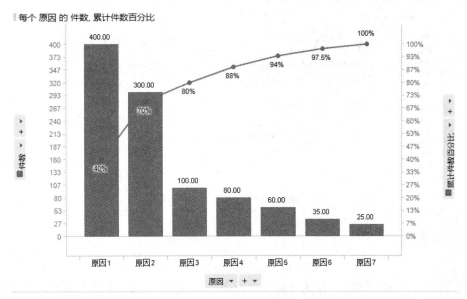

图 4-17 每种原因的件数占总件数的百分比效果图

4.6 饼 图

饼图是一个圆被分成多份、用不同颜色表示不同数据的图形。每个数据的大小决定了其在整个圆所占弧度的大小。饼图适用于单个数据系列间各数据的比较，可以显示数据系列中每一项占该系列数值总和的比例关系。

饼图在数据分析中无处不在，然而多数统计学家却对饼图持否定态度。相对于饼图，他们更推荐使用条形图或折线图，因为相对于面积，人们对长度的认识更精确。

使用饼图进行可视化分析时，有如下注意事项：分块越少越好，最好不多于 4 块，且每块必须足够大；确保各分块占比的总计是 100%；避免在分块中使用过多标签。

以下介绍两个使用饼图的例子。

1. 用饼图分析品牌销售占比

查看某企业不同品牌的销售金额的大小以及不同品牌的销售占比情况，可采用饼图进行分析展示，具体操作步骤如下：

(1) 单击工具栏上的"添加数据表"按钮 ，打开"添加数据表"对话框，导入"饼图.xls"数据表，点击"确定"按钮。

(2) 单击工具栏上的按钮 ，新建饼图。单击饼图右上角的"属性"按钮，打开"属性"对话框，选择"数据"菜单中"数据表"为"饼图"。

(3) 选择"颜色"菜单中的"列"为"品牌名称"，设置"颜色模式"为"类别"，以便区分不同品牌的占比情况。

(4) 选择"大小"菜单中的"扇区大小依据"为"Sum(销售金额)"，设置聚合函数为"Sum(求和)"，右击"饼图大小依据"选择"删除"，设置值为"无"，如图 4-18 所示。

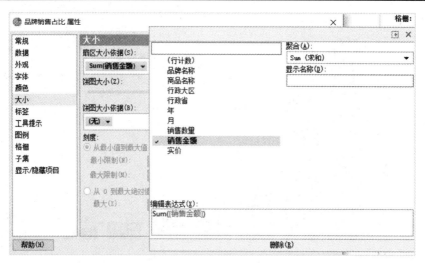

图 4-18　修改品牌销售占比属性

(5) 选择"标签"菜单，勾选"扇区百分比"，并设置"标签位置"为"内部饼图"。点击"关闭"按钮，效果如图 4-19 所示。

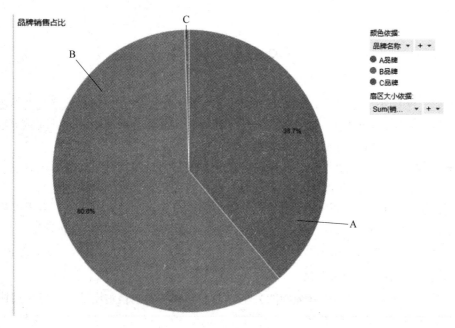

图 4-19　品牌销售占比效果图

2. 用饼图分析不同区域、不同品牌销售占比

使用饼图可以实现不同区域、不同品牌的销售金额的大小，以及不同区域不同品牌的销售占比情况，具体操作步骤如下：

(1) 导入"饼图.xls"数据表。点击工具栏上的按钮 🥧，新建饼图。

(2) 点击饼图右上角的"属性"按钮，打开"属性"对话框，选择"数据"菜单中的"数据表"为"饼图"。

(3) 选择"颜色"菜单中的"列"为"品牌名称"，设置"颜色模式"为"类别"。

(4) 选择"大小"菜单中的"扇区大小依据"为"销售金额"，设置聚合函数为"Sum(求和)"，选择"饼图大小依据"为"销售金额"，设置聚合函数为"Sum(求和)"。

(5) 选择"标签"菜单，勾选"扇区百分比"，并设置"标签位置"为"内部饼图"。

(6) 选择"格栅"菜单"面板"中的"拆分依据"为"行政大区"。

(7) 点击"关闭"按钮，效果如图 4-20 所示。

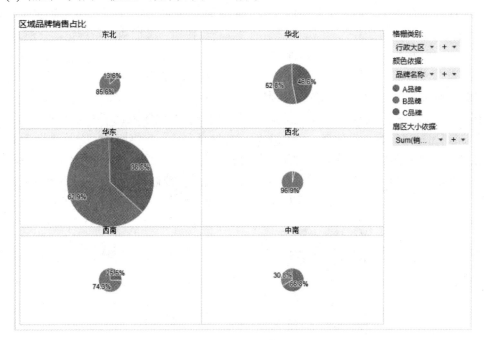

图 4-20　不同区域、不同品牌销售占比效果图

4.7　散　点　图

散点图是用两组数据构成多个坐标点，考察坐标点的分布，判断两个变量之间是否存在某种关联或总结坐标点的分布模式的图形。散点图通常用于比较数据的分布、聚合。

1. 散点图制作注意事项

在智速云大数据分析平台中，散点图的制作要注意以下两点：

(1) 散点图的横轴、纵轴要选择指标，尽量不要选择维度，否则分析意义不大，散点图主要是为了体现两个指标之间的关系(即相关性)。

(2) 散点图可以很好地显示少量属性间的关系，多个属性间的关系并不能很直观地显示，建议用平行坐标图。

2. 散点图的应用场景

散点图主要用在集中度分析、贡献分析和相关性分析三种场景。

1) 集中度分析

使用散点图可以实现集中度分析，迅速找到大数据分布和分簇的规律和分切点，具体步骤如下：

(1) 导入"散点图 1.xls""散点图 2.xls""散点图 3.xls"数据表。

(2) 单击工具栏上的"散点图"按钮 📊，创建散点图。点击散点图右侧的"数据表"选择"散点图 3"数据表。

(3) 单击菜单栏中的"视图"→"标签"，打开标签视图，在散点图左侧显示。

(4) 在标签视图中，右击"散点图 3"，选择"新标记集合"，打开"新标记集合"对话框，设置名称为"销售质量"，单击标记后的"新建"按钮，添加两个新标记，分别为"好"与"不好"，点击"确定"按钮，添加完成。

(5) 点击"确定"按钮，设置完成。在散点图中点击左侧的 Y 轴，并设置为"销售数量"，点击底部 X 轴并设置为"销售金额"。

(6) 在标签视图中选择"好"，选取散点图中销量较好的区域，单击标签视图中的"将标记附加到已标记的行"按钮 👉，选中的散点被保存到"好"标记中。分别选取散点图中其他的点加入"不好"标记中，未被选中的点默认保存在"已取消标记"中。

(7) 在散点图右侧设置"颜色依据"为"销售质量"，被标记为"好"的点显示蓝色，被标记为"不好"的点显示为绿色，没有标记的点显示为红色。完整效果图如图 4-21 所示。

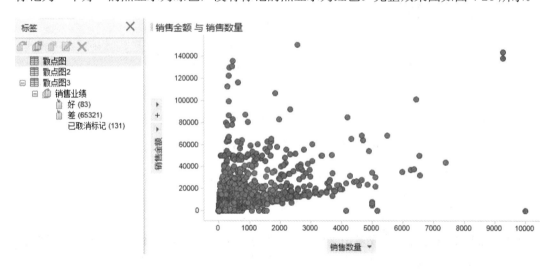

图 4-21　集中度分析效果图

2) 贡献分析

通过散点图可以实现贡献分析，对大数据的分布利用四象限进行分析(适合分析贡献度等数据)。例如分析表格"散点图 1"在销售金额高的情况下利润是否高。步骤如下：

(1) 单击工具栏上的"散点图"按钮 📊，创建散点图。单击散点图右上角的"属性"按钮，打开"属性"对话框，选择"数据"菜单中的"数据表"为"散点图 1"。选择"X轴"菜单中的"列"为"销售金额"。

(2) 选择"Y 轴"菜单，右击"列"选择"自定义表达式"，设置"表达式(E)"为"([销售金额] − [销售成本])/[销售金额]"，如图 4-22 所示。设置"显示名称"为"毛利率"，点击"确定"按钮。

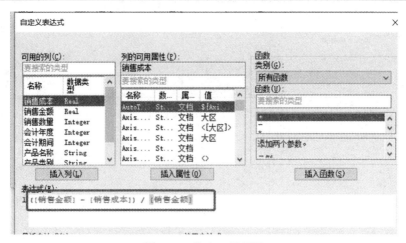

图 4-22　修改 Y 轴属性

(3) 选择"形状"菜单，将"形状"设置为"按列值的形状"，设置"形状定义"中的"列"为"产品类别"。

(4) 选择"标记方式"菜单中的"针对每项显示一个标志"为"行号"。

(5) 选择"格式化"菜单，设置"轴"中的"销售金额"为"常规"，"毛利率"为"百分比"。

(6) 选择"直线和曲线"菜单，勾选"可见线条和曲线"中的"竖线"和"横线"。

(7) 若没有需要的直线和曲线，可单击右侧的"添加"按钮，添加多条拟合曲线。

(8) 选择"大小"菜单，通过调整"标记大小"调整散点图上点的大小。

(9) 单击工具栏上的筛选按钮 ▽ ，在右侧出现筛选器选项卡，在"散点图 1-sheet1"中最小面的"大区"位置，将"华东区"前面的对勾去掉，如图 4-23 所示。

图 4-23　选择筛选

最后显示效果，如图 4-24 所示。

3) 相关性分析

现有一企业要实现相关性分析，想通过对数据进行直线拟合，观察数据的相关性，随着服装总销量的增加，杂货的总销量也逐步增高。两者正比增长，适合直线拟合分析，也可使用散点图进行分析，详细步骤如下：

(1) 单击工具栏上的"散点图"按钮，创建散点图。单击右侧的"数据表"选择"散点图 1"。

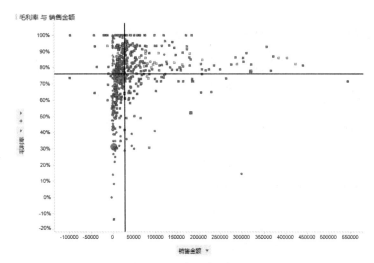

图 4-24　贡献分析效果图

(2) 点击散点图右上角的"属性"按钮，打开"属性"对话框，选择"X 轴"菜单中的"列"为"服装"，设置聚合函数为"Sum(求和)"。

(3) 选择"Y 轴"菜单中的"列"为"杂货"，设置聚合函数为"Sum(求和)"。

(4) 选择"颜色"菜单中的"列"为"商场编号"，设置聚合函数为"Sum(求和)"。

(5) 选择"直线和曲线"菜单，将"可见线条和曲线"处原有的对勾去掉，点击右侧添加"直线拟合"，弹出"直线拟合"对话框，选择"自动"，点击"确定"按钮。

(6) 选中新添加的直线拟合，在前面打对勾，找到下方的"标签和工具提示"，打开对话框，将"显示下列的值"处的对勾全部打上，点击"确定"按钮。

(7) 关闭"属性"对话框，在右侧的"标记依据"处选择商场编号，最终效果如图 4-25 所示。

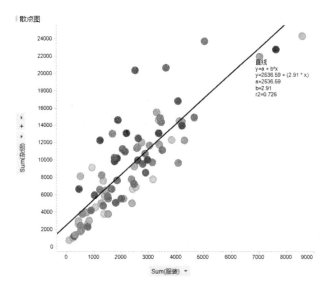

图 4-25　直线拟合效果图

本 章 小 结

　　本章通过对基本表、条形图、图形表、折线图、组合图、饼图、散点图等基本图表的介绍，阐述了智速云大数据分析平台的初级可视化图的建设。通过本章的学习，读者可以对智速云大数据分析平台的图表创建大数据分析的可视化功能有初步了解，对于不同环境下的图表创建还需要加强练习。

习　　题

一、选择题

1. 要想对数据进行一个着色预警处理，应该导入(　　)形式的数据表。
　　A. 交叉表　　　　　B. 图像表　　　　　C. 表　　　　　　D. 条形图

2. 如果表中的内容有几列是不想要的数据，应该选择属性的(　　)栏进行修改。
　　A. 数据　　　　　　B. 外观　　　　　　C. 排序　　　　　D. 显示/隐藏项目

3. 在折线图中，如果想要改变针对每项显示一条直线的依据，应该选择属性的(　　)栏进行修改。
　　A. 数据　　　　　　B. 外观　　　　　　C. 绘线依据　　　D. 标签

4. 如果不想让图表的标题显示，应该选择属性的(　　)栏进行修改。
　　A. 常规　　　　　　B. 外观　　　　　　C. 字体　　　　　D. 图例

7. 在条形图中，如果想要将图表的数据进行分块处理，应该选择属性的(　　)栏进行修改。
　　A. 类别轴　　　　　B. 值轴　　　　　　C. 格栅　　　　　D. 标签

二、判断题(正确打"√"，错误打"×")

1. 如果想要控制表的各列的顺序，应该点击属性的"排序"栏。　　　　　　　　(　　)
2. 如果不想让图表的标题显示，应该点击属性的"外观"栏。　　　　　　　　(　　)
3. 交叉表是一种常用的分类汇总表格，交叉表查询也是数据库的一个特点。　(　　)
4. 图形表是将传统表与图形结合的一种表。　　　　　　　　　　　　　　　(　　)
5. 条形图是一种对一系列分类数据进行概要说明的方式，其中，可通过手动合并分类连续数据。　　　　　　　　　　　　　　　　　　　　　　　　　　　　　　　(　　)
6. 折线图非常适合显示随时间推移的趋势。它强调了时间的流逝和变化量(而不是变化率)。　　　　　　　　　　　　　　　　　　　　　　　　　　　　　　　　(　　)
7. 折线图可以显示随时间而变化的连续数据，因此非常适用于显示在相等时间间隔下数据的趋势。　　　　　　　　　　　　　　　　　　　　　　　　　　　　　　(　　)

三、多选题

1. 表是由(　　)组成的。

　　A. 行　　　　　　　B. 列　　　　　　　C. 线　　　　　　　D. 单元格

2. 条形图的布局有(　　)。

　　A. 并排条形图　　　　　　　　　B. 堆叠条形图

　　C. 100%堆叠条形图　　　　　　　D. 迷你条形图

3. 在条形图中,如果想要选中一条数据的时候显示为其他颜色,不旋转就显示一样的颜色,应该怎样操作(　　)。

　　A. 点击条形图属性,点击"外观"

　　B. 点击条形图属性,点击"颜色"

　　C. 勾选"对标记项使用单独的颜色"

　　D. 选择"列"的值,点击"添加点"

4. 在折线图中,如果想要查看某件物品的销售趋势,可以通过(　　)方式查看。

　　A. 滑块　　　　　B. 格栅　　　　　C. 线相似性　　　　D. K 均值群集

5. 组合图是将(　　)两种图形的功能相结合的图表。

　　A. 条形图　　　　B. 饼图　　　　　C. 折线图　　　　D. 箱线图

四、分析题

1. 交叉表的含义与作用是什么?

2. 列举几种不同形式的图表的使用条件与优势。

3. 制作散点图需要注意哪几点?

第5章　智速云大数据分析平台的基础操作

5.1　图表基本属性

智速云大数据分析平台中，图表的基本属性包括标题、标记、亮显效果、拖放、列/轴选择器、拖放、图例、网格线、图表切换、缩放滑块、显示/隐藏控件等。

我们以平台提供的"销售表.xls"的数据，进行整体的操作并分析讲解。在作分析前，需先完成数据表的导入，具体操作步骤如下：

单击工具栏上的"添加数据表"按钮 ，在"添加数据表"对话框中选择"添加"→"文件"，选择"销售表.xls"，点击"确定"，完成数据表的导入。

5.1.1　标题

标题用于为当前图表命名。

智速云大数据分析平台创建图表时，标题默认使用 ${AutoTitle} 命名，图表标题将随图表配置方式的不同而变化。

修改图表标题可使用两种不同的方法：双击图表的标题栏，输入新标题；在"属性"对话框的"常规"菜单中，设置"标题"。

如修改饼图的标题为"客户排名"，操作步骤如下：

(1) 点击工具栏上的"饼图"按钮 ，创建饼图。

(2) 在图表中单击右键，在弹出的快捷菜单中选择"属性"，或点击饼图右上角的"属性"按钮 ，打开属性对话框，选择"常规"菜单，设置"标题"为"客户排名"，单击"关闭"。

5.1.2　标记

标记用于区分表或数据表中的类。可以通过选择标记来筛选数据。对已标记的行可以在图表中标记为不同颜色，也可以淡化所有未标记的数据行。

标记的应用主要分为以下四个方面：可用于区分数据分类；可用于筛选数据；可用于关联图表；可在地图中标记图层。

基于这四个应用层面，我们根据不同应用，在平台中进行相关的操作，最终展示相关的数据结果。

分别创建饼图、散点图与数据表。使用标记，选择饼图中的不同品牌，查看所选品牌的销售金额分布情况以及品牌的详细数据。具体操作步骤如下：

(1) 饼图标记的添加。点击工具栏的"饼图"按钮 ，创建饼图。在新建的饼图右上角点击"属性"按钮 ，打开属性对话框，选择"数据"菜单，点击"使用标记限制数据"后的"新建"按钮，新建"数据标记"。并在"标记"下拉框中选择"数据标记"。点击"关闭"，设置完成，如图 5-1 所示。

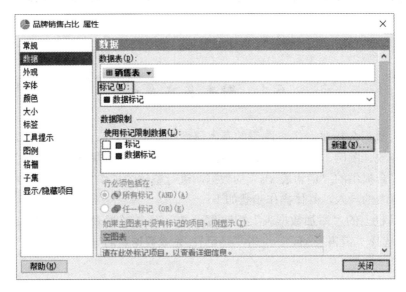

图 5-1　设置数据标记

(2) 散点图标记的添加。

① 点击工具栏的"散点图"按钮 ，创建散点图。在新建的散点图右上角点击"属性"按钮 ，打开属性对话框，选择"数据"菜单，在"使用标记限制数据"中勾选"数据标记"，设置"如果主图表中没有标记的项目，则显示"为"全部数据"，如图 5-2 所示。

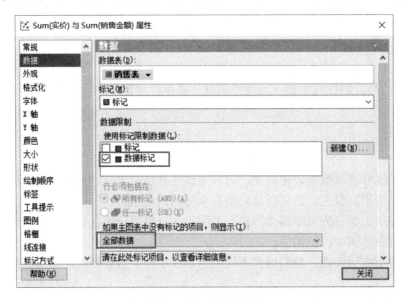

图 5-2　添加散点图标记

② 选择"颜色"菜单中"列"为"商品名称"，设置"颜色模式"为"类别"。

③ 选择"标记方式"菜单中"针对每项显示一个标志"为"商品名称"。点击"关闭"，设置完成。

(3) 数据表标记的添加。点击工具栏的"表"按钮　，创建数据表。在新建的数据表右上角点击"属性"按钮　，打开属性对话框，选择"数据"菜单，在"使用标记限制数据"中勾选"数据标记"，设置"如果主图表中没有标记的项目，则显示"为"全部数据"。点击"关闭"，设置完成。

(4) 通过标记选择饼图中 A 品牌，可查看散点图中 A 品牌的销售总额与数据表中 A 品牌的详细数据，如图 5-3 所示。

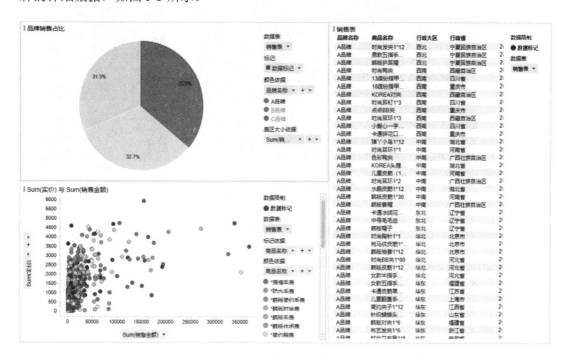

图 5-3　散点图中 A 品牌的销售总额与数据表中 A 品牌的详细数据

5.1.3　亮显效果

亮显效果的定义：图表中将鼠标指针移至某一项目时，所在区域会显示关于图表的一些信息。这些选项是可选的，也可以根据需要添加显示其他数据或表达式的信息。

亮显效果可用于显示图表的详细信息。

通过亮显效果可以实现当鼠标指到数据表中的某具体位置时，明显展示并显示一部分数据信息，具体操作步骤如下：

(1) 点击工具栏的"条形图"按钮　，创建条形图。

(2) 将鼠标指针移动到任一品牌的条形图上，该条形图会明显展示并显示部分数据信息，如图 5-4 所示。

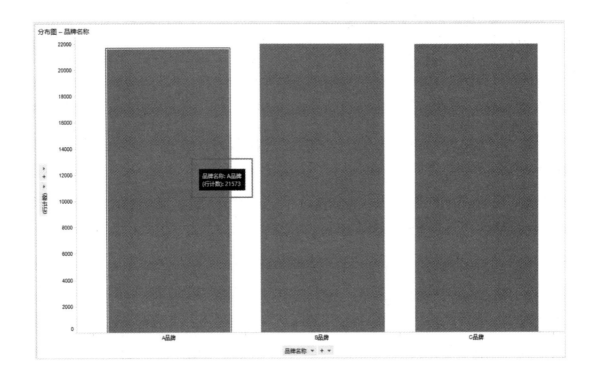

图 5-4　条形图亮显效果

5.1.4　列/轴选择器

可以使用列/轴选择器选择在图表各个轴上显示的内容，列/轴选择器随智速云大数据分析平台新建图表时创建，分别位于以下两个不同的位置：

(1) 位于图表的轴上或列上，如图 5-5 所示。

图 5-5　图表中的列/轴选择器

(2) 位于对话框中，如图 5-6 所示。

图 5-6　对话框中的列/轴选择器

5.1.3 小节中的图 5-4 条形图的左侧即为"列选择器"，图 5-7 为"轴选择器"。

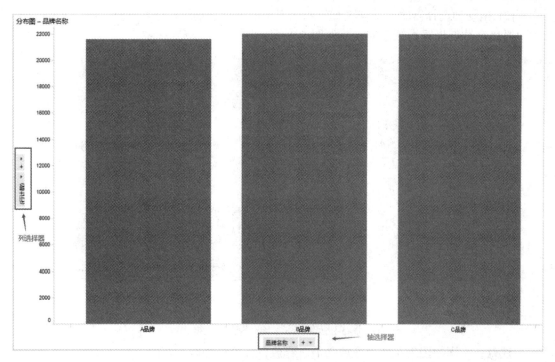

图 5-7　条形图中的列/轴选择器

注意：轴选择器也称为"类别轴选择器"或"X 轴选择器"；列选择器也称为"值轴选择器"或"Y 轴选择器"。

5.1.5　拖放

智速云大数据分析平台的拖放功能可通过多种操作来设置图表。可以从数据面板中拖动列，也可以从筛选器面板中拖动筛选器，甚至可以拖动列选择器并将它们放在图表轴上，或放在图表中间的目标上。这些拖放操作可以控制着色、格栅、大小或形状等。也可以使用拖放功能改变页面上的图表布局。所有操作均可撤销，无需担心对原图表造成任何破坏。拖放功能是图表创建的一种快捷方式，可通过拖放轴选择器、列选择器或筛选器中的属性到图表上选择释放目标完成图表设置。

例如拖放轴选择器或列选择器并将其移动到图表的中心，即会显示释放目标，该行为与拖动筛选器的属性相同，只是原始轴或列选择器将被删除(除非在拖动时按住 Ctrl 键)，如图 5-8 所示。

图 5-8　释放目标

以在条形图中使用拖放功能为例，将"品牌名称"设置为颜色依据。具体操作步骤如下：

(1) 点击工具栏的"条形图"按钮▆，创建条形图。

(2) 拖动轴选择器的"品牌名称"到图表中心，显示释放目标，选择"颜色" 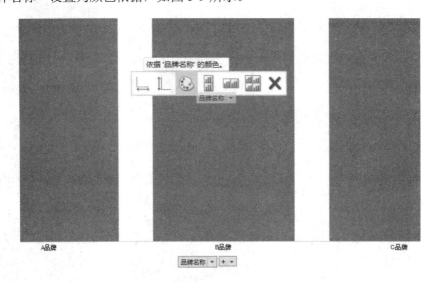，即将"品牌名称"设置为颜色依据，如图 5-9 所示。

图 5-9　设置品牌名称为颜色依据

注意： 不同的图表在使用拖放功能时释放目标中的功能不相同。

效果图如图 5-10 所示。

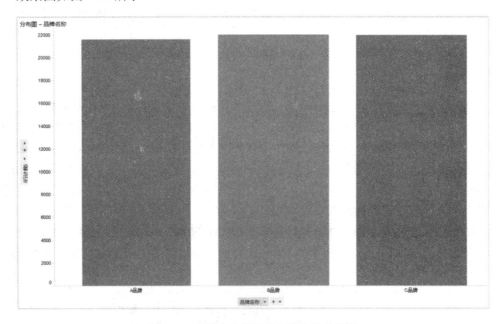

图 5-10　品牌名称设置为颜色依据效果图

5.1.6　图例

图例是集中于图表一侧的图例项所代表内容与指标的说明，有助于更好地认识图表。在绘制图表时作为必不可少的阅读指南。

图例可以被显示或隐藏。分别有两种不同的方法：

(1) 在标题栏右侧单击"图例"按钮 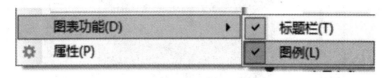 。

(2) 右键单击图表并从弹出式菜单中选择"图表功能"→"图例"，如图 5-11 所示。

图 5-11　弹出式菜单中设置图例

(3) 在"属性"对话框中的"图例"页面可以显示或隐藏图例，如图 5-12 所示。

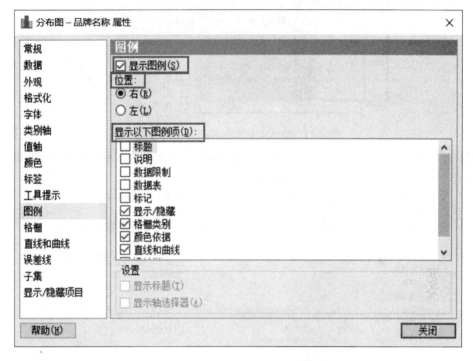

图 5-12　图表属性中设置图例

如图 5-12 所示，可以自由地确定是否显示图例，确认图例的位置是在左边还是右边，以及图表所要展示的图例项：标题、说明、标记、颜色依据等。只需根据数据分析的业务要求勾选对应的图例项即可。

注意：不同的图表，图例项也不同。

5.1.7　网格线

在图表中添加易于查看和计算数据的线条，此线条称为网格线。网格线是坐标轴上刻度线的延伸，并穿过图表区。网格线适用于仅包含传统轴的图表，例如散点图、折线图和条形图等。

显示或隐藏网格线有两种不同的方法：

(1) 在图表的水平轴上右键单击标签，并从弹出式菜单中选择"显示网格线"，绘制水平网格线。在图表的垂直轴上右键单击标签并从弹出式菜单中选择"显示网格线",绘制垂直网格线,如图 5-13 所示。

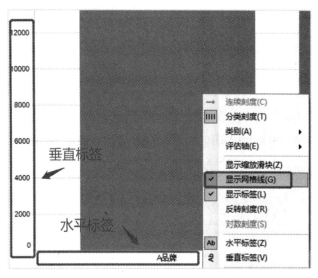

图 5-13　弹出式菜单中显示/隐藏网格线

(2) 在"属性"对话框的"值轴"或"类别轴"中,勾选"显示网格线",则可以分别绘制水平网格线和垂直网格线,如图 5-14 所示。

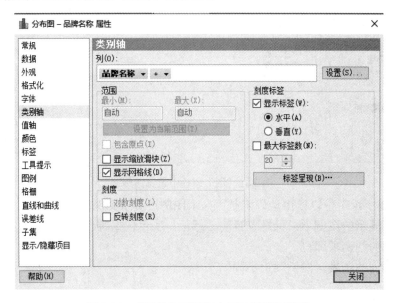

图 5-14　"属性"对话框中显示/隐藏网格线

5.1.8　图表切换

智速云大数据分析平台在导入数据表后,会默认创建一个最适合当前数据的图表进行可视化显示,可通过切换图表功能切换不同的图表进行展示,智速云大数据分析平台中显示了 16 种可以快速创建的图表,如图 5-15 所示。

图 5-15　16 种可以快速创建的图表

使用快速切换图表功能，可以将饼图切换为条形图。具体操作步骤如下：

(1) 点击工具栏上的"饼图"按钮 ，新建饼图。

(2) 在饼图中单击右键，选择"切换图表至"→"条形图"，如图 5-16 所示。

图 5-16　由饼图切换到条形图

5.1.9　缩放滑块

缩放滑块可用于查看图表中的详细信息(仅当将鼠标指针悬停在标题栏区域中时,标题栏中的图标才会显示)。

显示缩放滑块有三种不同的方法:

(1) 在图表的水平轴上右键单击标签,并在弹出式菜单中选择"显示缩放滑块",即可显示水平滑块。在图表的垂直轴上右键单击标签,并在弹出式菜单中选择"显示缩放滑块",即可显示垂直滑块,如图 5-17 所示。

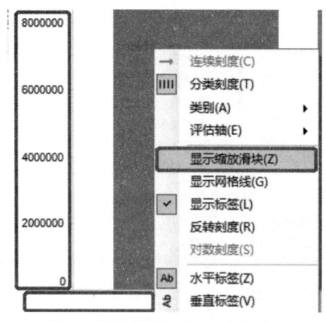

图 5-17　弹出式菜单中设置"显示缩放滑块"

(2) 在"属性"对话框的"值轴"或"类别轴"中,勾选"显示缩放滑块",则可以分别显示水平滑块和垂直滑块,如图 5-18 所示。

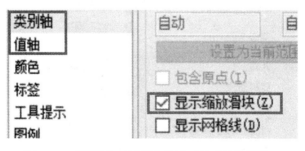

图 5-18　"属性"对话框中设置"显示缩放滑块"

(3) 在"显示/隐藏控件"中勾选"类别轴缩放滑块"或"值轴缩放滑块"。(详细步骤请参照"5.1.10　显示/隐藏控件"。)

图 5-19 显示了 2012 年 1 月到 2013 年 12 月某股票的价格。该图下方是控点位于端位置的缩放滑块,它显示了 X 轴的整个范围。

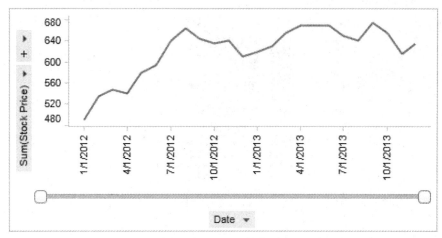

图 5-19　显示 X 轴的整个范围的折线图

通过调整 2012 年 11 月到 2013 年 5 月缩放滑块的控点,可看出时间跨度更短的情况下股价发生的变化，如图 5-20 所示。

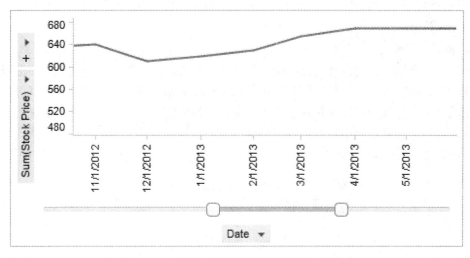

图 5-20　时间跨度更短情况下股价发生的变化

5.1.10　显示/隐藏控件

通过显示/隐藏控件功能，可以快速显示/隐藏"标题栏""图例""类别轴选择器""值轴选择器""刻度标签""类别轴缩放滑块""值轴缩放滑块"等控件。

使用显示/隐藏控件功能的方式为：单击图表标题栏中的"显示/隐藏控件"按钮 ▤ (仅当鼠标指针悬停在标题栏区域中时，标题栏中的图标才会显示)，在弹出的页签中勾选需要的控件或去除不需要的控件，即可显示/隐藏相应的控件。

以在条形图中显示"类别轴缩放滑块"为例，操作步骤如下：

(1) 点击工具栏的"条形图"按钮 ▉，创建条形图。

(2) 在图表的标题栏上，单击"显示/隐藏控件"按钮 ▤，在弹出的页签中勾选"类别轴缩放滑块"，如图 5-21 所示。

图 5-21　显示类别轴缩放滑块

5.2 筛 选 器

筛选器用于缩小图表中显示数据的范围。可通过调整筛选器，使数据根据筛选项或筛选范围显示结果。

1. 筛选器分类

筛选器共有四类：范围筛选器、项目筛选器、复选框筛选器以及单选按钮筛选器。

(1) 范围筛选器：用于选择值的范围，如图 5-22 所示。左侧及右侧的拖动框可用于更改范围的上下限，代表着图中仅保留所选范围内包含值的行。滑块上方的标签说明了已设置的确切范围，也可以双击这些标签然后键入值。范围筛选器主要用于对数字格式数据的筛选，例如年、月、日。

图 5-22　范围筛选器

(2) 项目筛选器：用于选择单个项目，可轻松地在邻近的项目之间移动，如图 5-23 所示。通过将滑块拖动到新位置或单击滑块边缘的箭头，可以选择特定值。也可以使用键盘，其中的左箭头或右箭头键可以将滑块向左或向右移动一步，Home 键可将滑块设置为显示"(全部)"，End 键可将其设置为显示"(无)"。通过双击滑块上方的标签，可以键入要设置的值，滑块将吸附到该值处。

图 5-23　项目筛选器

(3) 复选框筛选器：可以选中或清除一个或多个维度来确定数据显示的值。如果筛选器筛选项为灰色，表示其已由其他筛选器筛选。复选框筛选器主要用于对类别数据的筛选，如对销售部门、产品类别、产品名称等数据的筛选，如图 5-24 所示。

图 5-24　复选框筛选器

（4）单选按钮筛选器：单选按钮互相排斥，一次仅可设置筛选器中的一个选项。通常会显示"（全部）"选项，允许选择所有的值。还会显示"（无）"选项，从而将所有值筛选掉，不显示任何值。如果存在空值，则会有名为"（空）"的单选按钮，选择此单项按钮将筛选到空值。如果筛选器筛选项为灰色，表示其已由其他筛选器筛选。单选按钮筛选器如图 5-25 所示。

图 5-25　单选按钮筛选器

2. 筛选器使用操作

以上简单描述了筛选器的分类以及相关的功能。下面通过使用筛选器筛选不同的年份与月份，查看每个时间点的客户回款及职工回款情况，操作步骤如下：

操作前先导入数据表及管理关系。点击"添加数据表"按钮 ▦，在打开的"添加数据表"对话框中，选择"添加"，导入"年月日历""客户回款""职员回款"数据表。点击"管理关系"，在"管理关系"对话框中，点击"新建"，建立数据表的关系。

（1）点击工具栏上的"表"按钮 ▦，新建数据表。

（2）在新建的数据表中点击右上角的"属性"按钮 ⚙，打开"属性"对话框，在"数据"菜单中选择"数据表"为"职员回款"。

（3）再次新建数据表，设置属性中的"数据表"为"客户回款"。

（4）点击工具栏上的"文本区域"按钮 ▣，创建文本区域。

（5）在文本区域中点击右上角的"编辑文本区域"按钮 ✎，打开"编辑文本区域"对话框，点击"插入筛选器"按钮 ▽，打开"插入筛选器"对话框，选择"年月日历"中的"年"，点击"确定"，如图 5-26 所示。

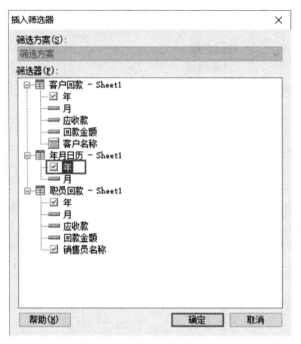

图 5-26　插入年筛选器

(6) 在同一文本区域的空白处单击鼠标，点击"插入筛选器"按钮 <img> ，打开"插入筛选器"对话框，选择"年月日历"中的"月"。点击"确定"。

(7) 创建完成。点击文本区域中"保存"按钮 <img> ，完成文本区域的编辑，显示如图 5-27 所示的职员回款和客户回款情况。

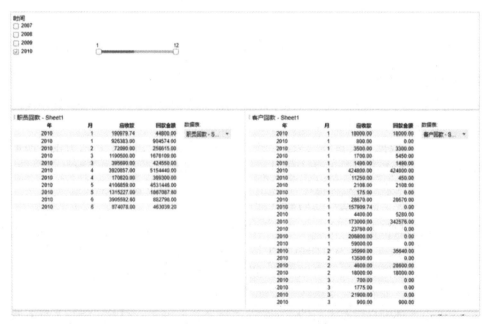

图 5-27　根据不同的年份和月份查看客户回款及职员回款情况

5.3　标　　签

标签是对数据进行标记区分的工具，主要用于标记筛选数据，通过创建新列，对行数据进行分类。

标签将附加到标记的行。每行仅可包含各个标签集合中的一个标签，但文档可同时包含多个标签集合。标签集合基本上是包含一组不同标签的列。每个标签集合将由数据表中的新列表示，与任何其他列一样，可用于筛选数据。仅可将标签附加到单个数据表中的行，但相同标签集合和标签名称可用于多个数据表。

标签与列表类似，但标签特定于当前分析，而通过列表，从一个会话到下一个会话，始终使用同一列表集合。将标签和列表的功能合并会非常有用，可以从标签集合创建列表、从列表创建标签集合。这意味着列表是将知识从一个分析传输到另一个分析的方式，而标签是在分析中使用列表的方式。

通过标签可以区分销售情况的好坏，操作步骤如下：

(1) 点击工具栏上的"添加数据表"按钮 ，打开"添加数据表"对话框，选择"添加"，导入"销售表.xls"，点击"确定"，完成导入。

(2) 点击工具栏上的"散点图"按钮 ，创建散点图。设置"Y 轴"为"销售数量"。

(3) 选择菜单栏的"视图"→"标签"，如图 5-28 所示，在图表左侧打开"标签"面板。

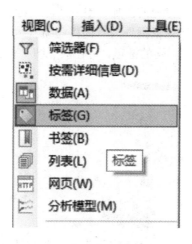

图 5-28　打开标签面板

(4) 选择"标签"面板中"新建标记集合"，打开"编辑标记集合"对话框，将"名称"命名为"销售业绩"。点击"标记"后的"新建"按钮，分别新建"好""差""正常"标记，来区分每个品牌的销售情况，然后点击"确定"按钮，如图 5-29 所示。

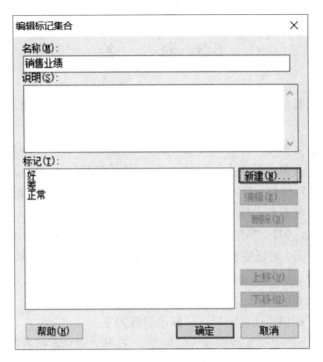

图 5-29　新建标记集合

（5）在"标签"面板中选择"好"标记，在"散点图"中选中销售好的数据点，点击"标签"面板中的"将标记附加到已标记的行"按钮 🖱，将所选中的数据点添加到"好"标记中。

（6）"差"标记与"正常"标记的添加，参照"好"标记的操作。

（7）在"图例"中设置"颜色依据"为"销售业绩"。

（8）选择"标签"面板中的不同的标记，可在散点图中查看销售情况，如图 5-30 所示。

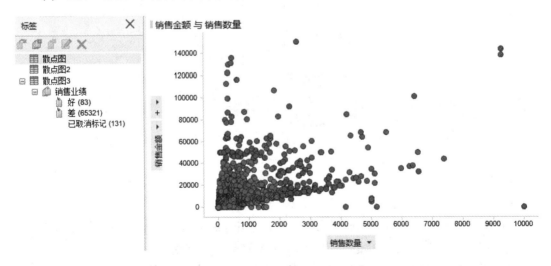

图 5-30　查看不同标签下的销售情况

5.4　书　　签

书签是分析状态的快照。将书签添加到分析能够快速定位到先前创建的数据视图。书签可以随时加以应用，还可以通过让其他用户使用您的书签或发送指向书签的链接，来与其他人共享分析结果。值得注意的是，书签既不重新创建任何已删除的图表或页面，应用书签后，也不会删除任何已添加的页面或图表。

最重要的一点是，可将书签作为链接包含在文本区域中。它能够创建引导式分析，这样分析文件的收件人可通过操作链接或单击按钮的方式在多个不同的分析视图中快速移动。

书签可以分为公有书签和私有书签。公有书签能与其他用户共享已捕捉的状态书签，私有书签只有自己能看到。

书签使用过程中，需注意以下规则：

- 如果基础数据有重要更改，可能无法应用所有书签部分。
- 如果数据已刷新，当为此数据表配置键列后，书签仅可重新应用标记。
- 书签按每个用户、每个文档保存。如果 Web 客户端配置为"模拟"，允许多个用户以匿名形式登录。这些用户都模拟单一用户档案，这样，由一个用户捕捉的任何私有书签在同一用户档案下将对所有其他用户可见。
- 书签无法捕捉使用"标记的行"→"筛选到"或"筛选掉"操作创建的筛选。

下面我们通过数据案例介绍书签的使用。添加销售业绩和销售品牌两个书签的操作步骤如下：

(1) 点击工具栏上的"添加数据表"按钮 ▦，打开"添加数据表"对话框，选择"添加"，导入"销售表"，点击"确定"，完成导入。

(2) 创建图表。点击"工具栏"上的"散点图"按钮 ▦，创建散点图。点击"条形图"按钮 ▮，创建条形图。设置散点图的"Y 轴"为"销售金额"，"X 轴"为"销售数量"。

(3) 单击菜单栏中的"视图"→"书签"，打开书签面板。

(4) 选择要定位的图表，如散点图。在"新建书签名称"文本框中输入书签的名称，单击名称字段旁边的"添加书签"按钮 ✚，添加销售业绩书签。用同样的操作再选择条形图，创建销售品牌书签。两个书签添加完毕，效果如图 5-31 所示。

图 5-31　销售业绩与销售品牌书签

　　说明：右击已经添加的书签可以更改书签属性或删除书签，例如"公共书签"或者"私有书签"，如图 5-32 所示。

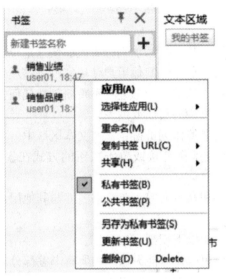

图 5-32　修改书签属性

　　(5) 通过单击书签或单击书签的右侧的箭头 ▼ 并选择"应用"，即可通过书签快速定位到先前创建的数据视图。

　　书签可捕捉以下一个或多个项：已标记的特定行、活动页面和图表，甚至已应用的特定筛选。书签还包括有关图表属性的信息，例如在轴上使用的列、作为着色依据的列等，以及已在活动页面上使用的任何自定义属性值。按照案例步骤操作，便可以根据实际的数据分析需求创建出自己想要的书签。

　　注意：在添加书签时，右键单击添加书签按钮 ✚，然后选择"选择性添加书签"选项，可以选择想要在书签中捕捉的书签部分，如图 5-33 所示。

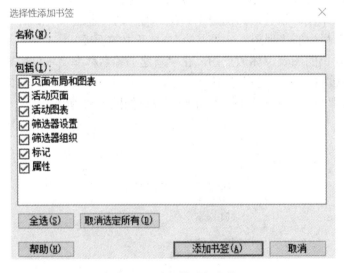

图 5-33　选择性添加书签

5.5　文　本　区　域

文本区域本身不是图表，但与条形图或散点图等图表一样，可将其放置到页面中。文本区域可以插入文本、图像、筛选器、链接、按钮等控件。不同类型控件的作用如下：

(1) 文本——通过更改字体、颜色、对齐方式等，根据喜好设置文本格式以对数据进行展示，还可以通过文本添加指向外部网页的链接。

(2) 图像——可以将 GIF、BMP、PNG 或 JPG 格式的图像导入到文本区域。

(3) 操作控件——可以向文本区域添加可执行某种操作或一系列操作的链接、按钮或图像。例如，可切换到不同页面或应用书签的操作链接。它还可以刷新数据函数计算或运行脚本。

(4) 筛选器——如果只希望在分析中显示少数几个筛选器，可以将这些筛选器添加至文本区域。这意味着筛选时无需使用筛选器面板和数据面板，而且可以关闭这些面板，节省屏幕空间。文本区域中的筛选器也可以设置为使用与页面中的其他部分所使用的不同的筛选方案。

在文本区域中添加控件之前，需先创建文本区域，创建文本区域可通过两种方式：单击工具栏上的"文本区域"按钮 ；选择菜单栏中的"插入"→"文本区域"。

创建完成后，可以通过点击文本区域右上角的"编辑文本区域"按钮 (仅当将鼠标指针悬停在文本区域右上角时，按钮图标才会显示)。在打开的"编辑文本区域"对话框中，向文本区域中添加控件或设置文本区域的格式，如图 5-34 所示。

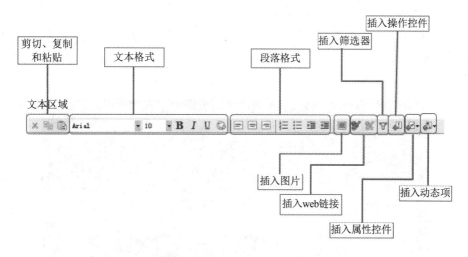

图 5-34　文本区域编辑操作

也可通过点击文本区域右上角的"编辑 HTML"按钮 ，编写 HTML 超文本标记页面，该页面支持 HTML 中所有的标签和函数。

(1) 导入数据：单击工具栏上的 ，在"添加数据表"对话框中选择"添加"→"文件"，选择"销售表.xls"，导入相关的数据表。

(2) 点击菜单栏中的文本区域按钮 添加文本区域。

5.6 页 面 与 布 局

5.6.1 封面的制作

封面是意在对所作的分析提供介绍的页面。它除包含文本区域外，还可嵌入链接，文本区域中可以输入分析目的及其他有用信息，链接可作为目录导航连接到分析的详情页。在以逐步模式创建指导性分析中使用封面，此封面在链接的序列应为首页。如果需要，封面可在每次创建新文档时自动创建。

创建封面的步骤如下：

(1) 选择"插入"→"新建页面"。(也可使用自动创建封面)。

(2) 在新添加的页面上单击右键，选择"重命名页面"，将页面名称修改为"封面"。

(3) 点击工具栏中的"文本"区域按钮 ▥，在封面页面中新建两个文本区域。

(4) 点击工具栏中的"并排"的布局方式按钮 ▥，将封面中的两个文本区域以并排的方式布局，将鼠标放到两个文本区域中间，当鼠标变为左右箭头时，拖动鼠标，将两个文本区域变为合适的占比。

(5) 编辑左侧文本区域。

① 在左侧文本区域中单击右键，选择"编辑文本区域"或选择左侧文本区域的"编辑"按钮 ▨，打开"编辑文本区域"对话框。

② 在"编辑文本区域"对话框中编写文字"汽车 4S 店销售分析"，并将文字设置为居中，可根据情况设置文字的颜色等。

③ 在"编辑文本区域"对话框中单击工具栏的"插入图像"按钮 ▥，选择合适的图像插入到文本区域。

④ 保存并关闭操作，完成左侧文本区域的编辑，效果如图 5-35 所示。

图 5-35　汽车 4S 店销售分析的封面

注意：若您为前端开发工程师，则上述操作均可结合"编辑 HTML"实现，在文本区域中单击右键，选择"编辑 HTML"打开编辑页面，编写 HTML 代码。

(6) 编辑右侧文本区域。

① 在右侧文本区域中单击右键，选择"编辑文本区域"或选择右侧文本区域的"编辑"按钮 ◇ ✎ ✿ ✕，打开"编辑文本区域"对话框。

② 在"编辑文本区域"对话框的工具栏中单击"插入操作控件"按钮 🔲，在弹出的"操作控件"对话框中，根据情况输入"显示文本""控件类型"，并在"可用操作"中选择要进行的操作，如单击按钮链接到某个页面，则选择"页面和图表"→"页面"，选择某个存在的页面，然后单击"添加"，添加到所选操作中，如图 5-36 所示。

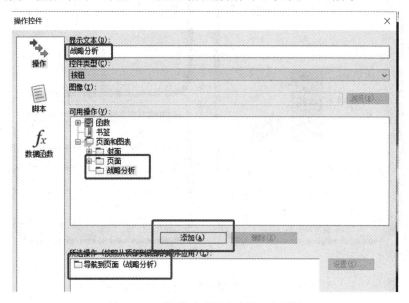

图 5-36　添加战略分析文本并添加链接

③ 完成上述操作后，单击"确定"返回"编辑文本区域"对话框，保存并退出。

5.6.2　可视化主题

智速云大数据分析平台中，预定义了浅色和深色两种可视化外观主题，但也可以根据自身偏好，自定义可视化外观。自定义可视化外观可以从浅色或深色主题着手，更改不同的可视化属性，比如颜色、字体、边框和对象间距等，以让用户界面更加美观。

图 5-37 展示了自定义可视化外观可调整的部分对象属性。

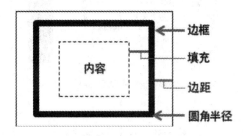

图 5-37　自定义可视化外观可调整的部分对象属性

　　对象中的实际"内容"由边框包围，边框可设置为圆角形式。在此边框区域内，可以指定填充，也就是"内容"四周的空白边距。也可以设置边框颜色、宽度和圆角半径。此外，用户界面中各对象之间的间距也可指定。

　　上述对象属性类型可应用于用户界面中的不同位置，比如图表及其标题、页面导航区域、批注以及图表区域，如图 5-38 所示。

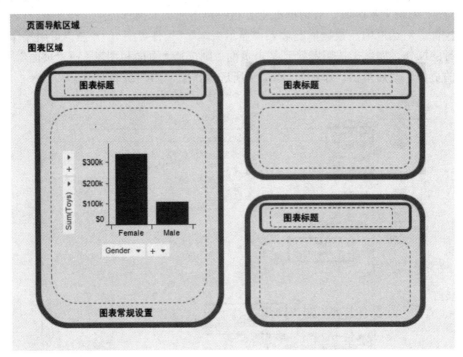

图 5-38　对象属性类型可应用于用户界面中的位置

　　下面来看一下，如何修改可视化主题和自定义可视化主题。

1) 修改可视化主题

　　单击工具栏上的"可视化主题"按钮 ◢▾，在下拉菜单中，选择"浅色""深色"或"自定义"主题，或点击菜单栏中的"视图"→"可视化主题"，选择"浅色""深色"或"自定义"主题，更改用户界面外观，如图 5-39 所示。

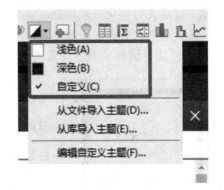

图 5-39　修改可视化主题

2) 自定义可视化主题

(1) 单击工具栏上的"可视化主题"按钮 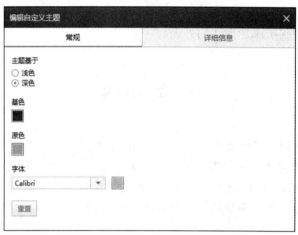 ，在下拉菜单中选择"编辑自定义主题"，或点击菜单栏中的视图"→"可视化主题"，选择"编辑自定义主题"，打开"编辑自定义主题"对话框。

(2) 在"常规"选项卡上，首先指定要用作自定义主题基础的预定义主题，即浅色或深色主题。使用"基色"可定义面板和页面导航区域中的一般背景颜色，而使用"原色"可定义筛选器滑块或活动页面指示等细节的颜色，如图 5-40 所示。

图 5-40　自定义可视化主题

(3) 在"详细信息"选项卡不同选项中，为用户界面中的特定部分设置可视化属性。如"图表常规设置"可以设置图表背景色、设置填充(也就是更改实际内容和图表边框之间的距离)以及自定义边框外观，甚至是删除边框等应用于图表总体的细节设置，如图 5-41 所示。

图 5-41　编辑自定义主题

注意：单击箭头通常会显示将设置应用于特定侧或特定边角的选项。

"详细信息"选项卡中的其他设置功能如下：

① "页面导航区域"：定义页面标题外观。

② "图表区域"：更改在其上放置图表的背景的颜色。图表和面板之间的填充有助于控制面板四周的空间。

③ "图表标题"：定义标题栏位置和外观，定义标题文本外观及其在标题栏中的位置。

④ "图表刻度"：定义是否显示刻度线。如果显示，还可设置它们的颜色。

⑤ "列选择器"：控制文本的外观。

⑥ "批注"：控制所添加批注的外观。

本 章 小 结

本章通过讲解标记、亮显效果、列/轴选择器、图例等属性介绍了智速云大数据平台的图表基本属性，同时讲解了筛选器、标签、书签、文本区域及封面和可视化主题的使用。通过本章的学习，我们对智速云大数据分析平台的工具有了初步认识，并了解了使用方式，后期学习会经常使用到本章所学的知识内容。

习 题

一、选择题

1. 标签主要用于(　　)。
　　A. 标记筛选数据　　　　　　　　　　B. 标记数据
　　C. 筛选数据　　　　　　　　　　　　D. 标记区分数据

2. 要将筛选器中的滑块设置为显示，快捷键是(　　)。
　　A. End　　　　　B. Home　　　　　C. Tab　　　　　D. Alt

3. 管理图表中属性是否显示的属性是(　　)。
　　A. 图表　　　　　B. 显示　　　　　C. 图例　　　　　D. 设置

4. "层级"在(　　)菜单下。
　　A. 插入　　　　　B. 视图　　　　　C. 文件　　　　　D. 工具

5. (　　)是两个或多个列以某种方式相关联，按照等级划分为不同的上下节制的组织结构。
　　A. 筛选器　　　　B. 标记　　　　　C. 层级　　　　　D. 书签

6. (　　)可以选中或清除一个或多个维度来确定数据显示的值。
　　A. 项目筛选器　　　　　　　　　　　B. 复选框筛选器
　　C. 范围筛选器　　　　　　　　　　　D. 筛选器

二、判断题(正确打"√"，错误打"×")

1. 层级是两个或多个列以某种方式相关联，按照等级划分为不同的上下节制的层级组织结构。　　　　　　　　　　　　　　　　　　　　　　　　　　　　　(　　)

2. 筛选器主要用于缩小图表中显示数据的范围。　　　　　　　　　　　　(　　)

3. 范围筛选器主要用于对年、月、日格式数据的筛选。　　　　　　　　　(　　)

4. 项目筛选器用于选择多个项目，轻松地在邻近的项目之间移动。　　　　(　　)

5. 如果标题栏已隐藏，可以从"图表属性"对话框的"常规"页面中让其重新显示。
　　　　　　　　　　　　　　　　　　　　　　　　　　　　　　　　(　　)

三、多选题

1. 文本区域可以插入(　　)控件。
    A. 文本　　　　　　　B. 图像　　　　　　C. 按钮　　　　　　D. 筛选器

2. "工具"菜单下的属性包括(　　)。
    A. 文本区域　　　　　B. 层级　　　　　　C. 书签　　　　　　D. 标记

3. "书签"分为(　　)。
    A. 公共书签　　　　　B. 部分书签　　　　C. 私有书签　　　　D. 个人书签

4. 如果不想让图表的标题显示，可以采用以下方式(　　)。
    A. 点击图表属性，点击"常规"选项，将"显示标题栏"取消勾选
    B. 鼠标移动到图表右上方第一个按钮，将"标题栏"取消勾选
    C. 点击图表属性，点击"图例"选项，将"显示图例"取消勾选
    D. 点击图表属性，点击"图例"选项，在"显示以下图例项"中取消"标题"的勾选

5. 如果想要将图表中的图片以链接的形式展示，可以用以下步骤(　　)。
    A. 双击图片
    B. 点击图表属性
    C. 选择"列"
    D. "选中的列"选择"图片"，"呈现器"选择"链接"

四、分析题

1. 筛选器的作用是什么？

2. 封面的含义是什么？

3. 简述创建封面的具体步骤。

4. 如何修改可视化主题和自定义可视化主题？

第6章　智速云大数据分析平台的高级操作

6.1　Over 分析函数

Over 分析函数又名开窗函数，用于计算基于组的某种聚合值，每组可返回多行。Over 分析函数可用于对某时间段进行数据划分。

Over 分析函数的语法：<method>(<method arguments>) over (<over methods>)

所有 Over 分析函数可与点标记一起使用，也可以用作普通函数调用。

Over 分析函数包含 Parent、Next、Previous、All、AllPrevious、AllNext、Intersect、ParallelPeriod 和 LastPeriods 等函数，本小节将分别介绍这些函数的使用。

1. Previous 函数

Previous 函数指将使用与当前节点位于同一级别的上一个节点，来比较当前节点与上一个节点的结果。如果没有上一个节点，即如果当前节点是当前级别的第一个节点，则结果子集将不包含任何行。

使用 Previous 函数查看上月销售环比的具体操作步骤如下：

(1) 点击"工具栏"上的"条形图"按钮 ，新建条形图。设置"表达式(E)："为"sum([销售金额]) - Sum([销售金额]) OVER (Previous([Axis.X]))"。具体步骤请参照"2. Parent 函数"。

(2) 查看月销售环比(不按产品类别)效果图(如图 6-1 所示)。

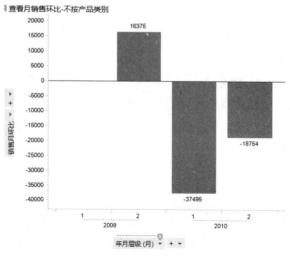

图 6-1　月销售环比(不按产品类别)效果图

(3) 设置"颜色"菜单中"列"为"产品类别","颜色模式"为"类别"。

(4) 查看月销售环比(按产品类别)效果图,如图 6-2 所示。

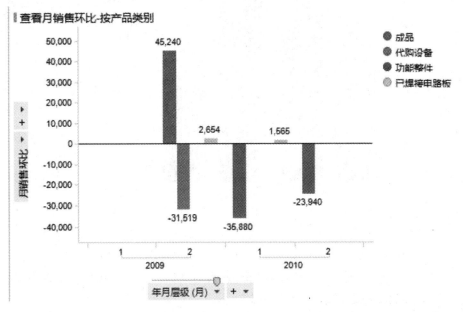

图 6-2　月销售环比(按产品类别)效果图

2. Parent 函数

Parent 函数使用当前节点的父子集执行计算。如果该节点没有父子集,则所有行都将用作子集。

使用 Parent 函数查看每年中每个月的所有销售百分比,具体操作步骤如下:

(1) 点击"添加数据表"按钮 ,在打开的"添加数据表"对话框中,选择"添加",导入数据表与销售表,点击"关闭"。

(2) 点击菜单栏"插入"选择"层级",打开"插入层次结构"对话框,将"可用列"中"年、月"添加到"层级",点击"确定"完成添加。

(3) 点击"工具栏"上的"条形图"按钮 ,新建条形图。在新建的条形图中点击右上角的"属性"按钮 ,打开属性对话框。选择"数据"菜单中"数据表"为"数据表"。

(4) 选择"外观"菜单中"布局"为"并排条形图"。

(5) 选择"类别轴"菜单,右击"列"选择"自定义表达式",设置"表达式(E):"为"<PruneHierarchy([Hierarchy.年月层级], 1)>",点击"确定"。

(6) 选择"值轴"菜单,右击"列"选择"自定义表达式",设置"表达式(E):"为"sum([销售金额]) / Sum([销售金额]) OVER (Parent([Axis.X]))",设置"显示名称"为"销售占比",点击"确定"。

(7) 选择"颜色"菜单中"列"为"列名称",设置"颜色模式"为"类别"。

(8) 选择"格式化"菜单,设置"值轴"的"类别"为"百分比",点击"关闭"。

(9) 查看每年中每个月的所有销售百分比(不按产品类别),如图 6-3 所示。

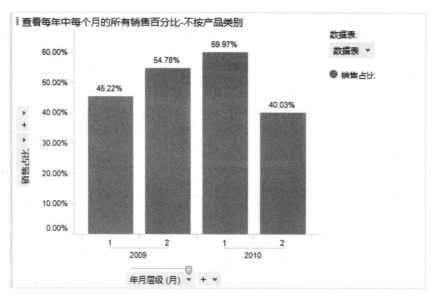

图 6-3　每年中每个月的所有销售百分比效果图(不按产品类别)

(10) 点击右上角的"属性"按钮 ⚙ ，打开属性对话框，选择"颜色"菜单中"列"为"产品类别"，设置"颜色模式"为"类别"。

(11) 查看每年中每个月的所有销售百分比效果图(按产品类别)，如图 6-4 所示。

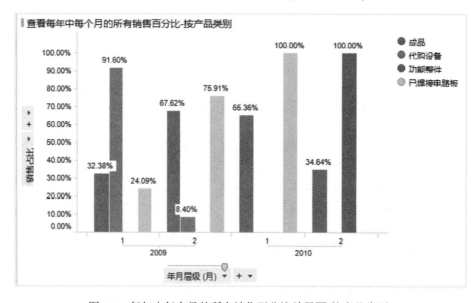

图 6-4　每年中每个月的所有销售百分比效果图(按产品类别)

3. Next 函数

Next 函数是指比较当前节点与层级中同一级别的下一个节点。如果没有下一个节点，即如果当前节点是当前级别的最后一个节点，则结果子集将不包含任何行。具体函数用法请参照"1. Previous 函数"。

使用 Next 函数查看下月销售环比。具体操作步骤参照"1. Previous 函数"。

4. Intersect 函数

Intersect 函数是指将从不同层级中的节点返回相交的行。

使用 Intersect 函数实现销售环比计算统计，具体操作步骤如下：

(1) 点击"工具栏"上的按钮 Σ，新建交叉表。在新建的交叉表中点击右上角的"属性"按钮 ⚙，打开属性对话框。

(2) 选择"轴"菜单中"水平"为"列名称"，设置"垂直"为"月"，右击"单元格值"选择"自定义表达式"，设置"表达式(E)："为"Sum([销售数量]) as [本月销售量]，sum([销售数量]) - (Sum([销售数量]) - sum([销售数量]) OVER (Previous([Axis.Rows]))) as [上月销售量]， Sum([销售金额]) as [本月销售额]，sum([销售金额]) - (Sum([销售金额]) - sum([销售金额]) OVER (Previous([Axis.Rows]))) as [上月销售额]"。点击"确定"，如图 6-5 所示。

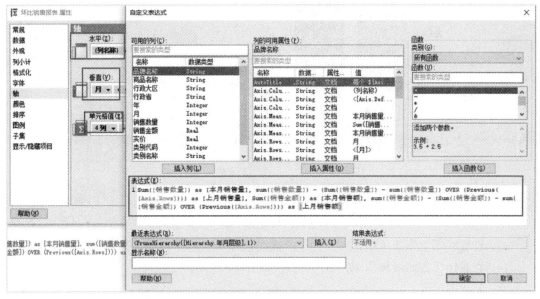

图 6-5　修改轴属性图

(3) 点击"关闭"，属性设置完成。整体效果图，如图 6-6 所示。

环比销售报表

月	本月销售量	上月销售量	本月销售额	上月销售额
1	1069364.00		27899167.25	
2	1130808.00	1069364.00	29496852.93	27899167.25
3	1153536.00	1130808.00	24895250.90	29496852.93

图 6-6　整体效果图

5. All 函数

All 函数是指将使用所有方法，已引用层级中的所有节点。在当前节点与多个层级相交的情况下使用。

使用 All 函数查看各年、各月项目投资占整个项目投资百分比，具体操作步骤如下：

(1) 新建条形图。设置"表达式(E)："为"sum([销售金额]) / Sum([销售金额]) OVER (All([Axis.X]))"。具体步骤请参照"2. Parent 函数"。

(2) 查看销售占比效果图(不按产品类别)，如图 6-7 所示。

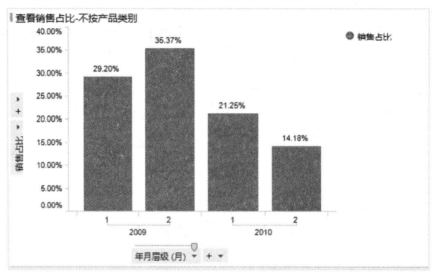

图 6-7　销售占比效果图(不按产品类别)

(3) 设置"颜色"菜单中"列"为"产品类别"，"颜色模式"为"类别"。

(4) 查看销售占比效果图(按产品类别)，如图 6-8 所示。

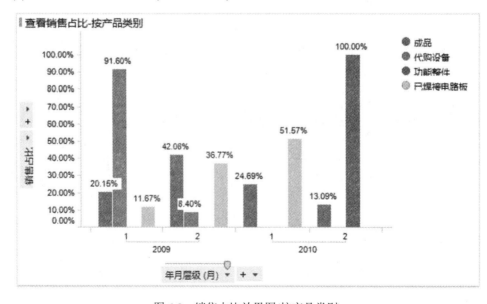

图 6-8　销售占比效果图(按产品类别)

6. AllPrevious 函数

AllPrevious 函数是指将使用所有节点，即从级别开头的节点到当前节点(包含)。

使用 AllPrevious 函数查看去年到今年的累计总数，具体操作步骤如下：

(1) 新建条形图。设置"表达式(E)："为"Sum([销售金额]) OVER (AllPrevious([Axis.X]))"。具体步骤请参照"2. Parent 函数"。

(2) 查看累计总数效果图(不按产品类别)，如图 6-9 所示。

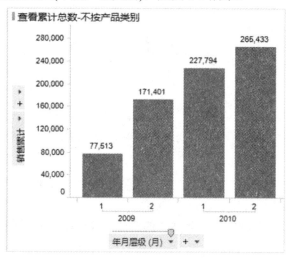

图 6-9　累计总数效果图(不按产品类别)

(3) 设置"表达式(E)："为"Sum([销售金额]) OVER (Intersect(Parent([Axis.X])，AllPrevious([Axis.X])))"。具体步骤请参照"2. Parent 函数"。

(4) 查看当前年累计总数效果图(不按产品类别)，如图 6-10 所示。

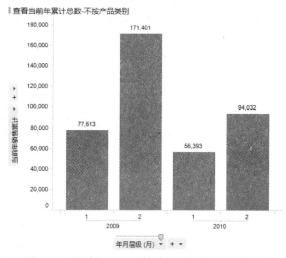

图 6-10　当前年累计总数效果图(不按产品类别)

(5) 设置"表达式(E)："为"Sum([销售金额]) OVER (AllPrevious([Axis.X]))"。具体步骤请参照"2. Parent 函数"。

(6) 查看累计总数效果图(按产品类别)，如图 6-11 所示。

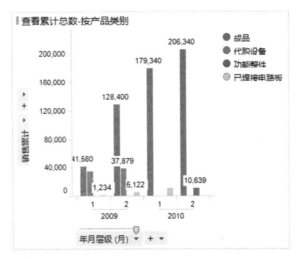

图 6-11　累计总数效果图(按产品类别)

7. AllNext 函数

AllNext 函数是指将使用所有节点，即从当前节点(包含)到级别结尾的节点。具体函数用法请参照"6. AllPrevious 函数"。

使用 AllNext 函数查看制定年份到现在的累计总数。具体操作步骤参照"6. AllPrevious 函数"。

8. ParallelPeriod 函数

ParallelPeriod 函数是指将使用上一个平行节点，该节点带有与当前节点位于同一级别的相同的值(定义为带有相同的值索引)。

使用 ParallelPeriod 函数查看月销售同比，具体操作步骤如下：

(1) 新建条形图。设置"表达式(E)："为"Sum([销售金额]) - Sum([销售金额]) OVER (ParallelPeriod([Axis.X]))"。具体步骤请参照"2. Parent 函数"。

(2) 查看月销售同比效果图(不按产品类别)，如图 6-12 所示。

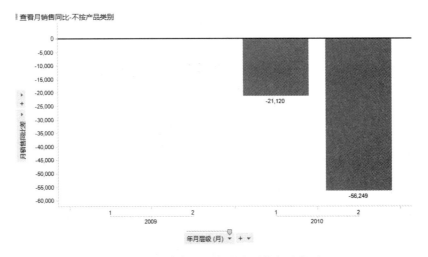

图 6-12　月销售同比效果图(不按产品类别)

(3) 设置"颜色"菜单中"列"为"产品类别","颜色模式"为"类别"。

(4) 查看月销售同比效果图(按产品类别),如图 6-13 所示。

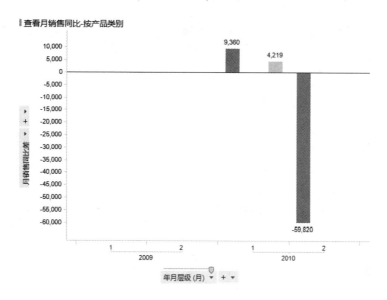

图 6-13 月销售同比效果图(按产品类别)

9. LastPeriods 函数

LastPeriods 函数是指将包含当前节点和 n-1 前面的节点(如每个节点值索引所定义)。

使用 LastPeriods 函数查看本月的移动平均数。具体操作步骤如下:

(1) 新建条形图。设置"表达式(E):"为"Sum([销售金额]) OVER (LastPeriods(3,[Axis.X])) / 3"。具体步骤请参照"2. Parent 函数"。

(2) 查看本月的移动平均数效果图(不按产品类别),如图 6-14 所示。

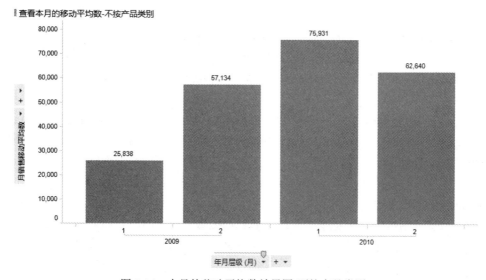

图 6-14 本月的移动平均数效果图(不按产品类别)

(3) 设置"颜色"菜单中"列"为"产品类别","颜色模式"为"类别"。

(4) 查看本月的移动平均数效果图(按产品类别),如图 6-15 所示。

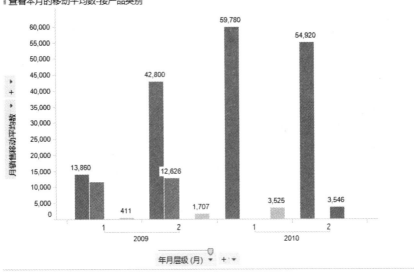

图 6-15　本月的移动平均数效果图(按产品类别)

6.2　日　期　函　数

时间日期函数是处理日期型或日期时间型数据的函数。

时间日期函数的分类:

(1) DateTimeNow:获取当前系统时间;

(2) DateAdd:添加时间间隔;

(3) DateDiff:计算时间或日期差值;

(4) DatePart:返回指定的日期、时间或日期时间部分;

(5) 返回一个日期时间。包含 DayOfYear(返回年中第几日),DayOfMonth(返回月中第几日),YearAndWeek(返回年和周),Year(返回年),Week(返回周),Second(返回秒),Quarter(返回季度)。

(6) 为时间跨度返回一个值。包含:TotalSeconds(为时间跨度返回秒数),TotalMinutes(为时间跨度返回分钟数),TotalMilliseconds(为时间跨度返回毫秒数),TotalHours(为时间跨度返回小时数),TotalDays(为时间跨度返回天数),Seconds(为时间跨度返回秒数),Minutes(为时间按跨度返回分钟),Milliseconds(为时间跨度返回毫秒),Hours(为时间跨度返回小时),Days(为时间跨度返回天)。

本小节所有函数的介绍将基于"时间和日期函数表",请按以下步骤导入数据表:点击"添加数据表……"按钮 ,在打开的"添加数据表"对话框中,选择"添加",导入时间和日期函数数据表,点击"确定"。点击工具栏上点击按钮 ,新建交叉表。点击"垂直轴"设置为"日期",点击"水平轴"设置为"列名称",右击"单元格值"选择"删除"设置值为无,如图 6-16 所示。

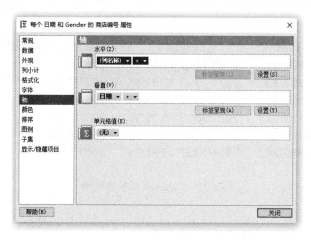

图 6-16　设置交叉表属性图

1. DateTimeNow

DateTimeNow 函数的作用是返回当前系统时间。

要获取当前系统时间，具体操作步骤如下：

(1) 右击"单元格值"选择"自定义表达式"，设置"表达式(E)："为"UniqueConcatenate (DateTimeNow()) as 当前时间"，点击"确定"。效果如图 6-17 所示。

日期	当前时间
2005/7/21	2021/10/27 10:06:53
2005/7/23	2021/10/27 10:06:53
2005/7/24	2021/10/27 10:06:53
2005/7/25	2021/10/27 10:06:53

图 6-17　DateTimeNow 函数效果图

2. DateAdd

DateAdd(Arg1，Arg2，(Arg3))函数的作用是：

(1) 向日期、时间或日期时间添加间隔。该方法可添加时间跨度，用来表示指定日期或时间部分的整数。

(2) 如果要添加时间跨度，则需要两个参数：一个是日期时间列，另一个是时间跨度列。

(3) 如果要向日期或时间部分添加整数值，则使用三个参数：Arg1 是指要添加时间部分的字符串。Arg2 是要添加时间部分的数字。Arg3 是日期、时间或日期时间列。

函数的语法格式，例如：

(1) DateAdd([Date Column]，[TimeSpan Column]);

(2) DateAdd('year'，2，[Date Column]);

(3) DateAdd('month'，1，[Date Column]);

在"时间和日期函数表"中添加时间间隔，操作步骤如下：

右击"单元格值"选择"自定义表达式"，设置"表达式(E)："为"UniqueConcatenate (DateAdd("Year"，2，[日期])) as [添加年的时间间隔]"，点击"确定"。效果如图 6-18 所示。

日期	当前时间	添加年的时间间隔
2005/7/21	2021/10/27 10:31:36	2007/7/21
2005/7/23	2021/10/27 10:31:36	2007/7/23
2005/7/24	2021/10/27 10:31:36	2007/7/24
2005/7/25	2021/10/27 10:31:36	2007/7/25
2005/7/26	2021/10/27 10:31:36	2007/7/26
2005/7/28	2021/10/27 10:31:36	2007/7/28

图 6-18　DateAdd 函数效果图

3. DateDiff

DateDiff(Arg1，Arg2，(Arg3))函数的作用：

(1) 计算两个日期、时间或日期时间列之间的差。结果以时间跨度或表示指定时间部分(例如天数)的整数显示。

(2) 如果使用了两个参数(开始日期列和停止日期列)，则结果将是显示总体差的时间跨度值。

(3) 如果使用了三个参数，则第一个参数应是要比较的部分，第二个参数是开始日期列，第三个参数是停止日期列。运算的结果为整数值。

函数的语法格式，例如：

(1) DateDiff([Order Date]，[Delivery Date])；

(2) DateDiff('day'，[Order Date]，[Delivery Date])；

在"时间和日期函数表"中计算时间或日期差值，操作步骤如下：

右击"单元格值"选择"自定义表达式"，设置"表达式(E)："为"UniqueConcatenate (DateDiff("Day"，[日期], [当前时间])) as [计算时间差]"，点击"确定"。效果如图 6-19 所示。

日期	当前时间	添加年的时间间隔	计算时间差
2005/7/21	2021/10/27 10:47:06	2007/7/21	4348.00
2005/7/23	2021/10/27 10:47:06	2007/7/23	4346.00
2005/7/24	2021/10/27 10:47:06	2007/7/24	4345.00

图 6-19　DateDiff 函数效果图

4. DatePart

DatePart(Arg1，Arg2)的作用是指返回指定的日期、时间或日期时间部分。Arg1 是说明要获取的日期部分的字符串，Arg2 是日期、时间或日期时间列。

函数的语法格式：

DatePart('year'，[Date Column])

要返回"时间和日期函数表"中指定的日期、时间或日期时间部分，操作步骤如下：

右击"单元格值"选择"自定义表达式"，设置"表达式(E)："为"UniqueConcatenate (DatePart("Year"，[日期])) as [返回指定日期的时间部分]"，点击"确定"。效果如图 6-20

所示。

日期	当前时间	添加年的时间间隔	计算时间差	返回指定日期的时间部分
2005/7/21	2021/10/27 13:02:18	2007/7/21	4348.00	2005
2005/7/23	2021/10/27 13:02:18	2007/7/23	4346.00	2005
2005/7/24	2021/10/27 13:02:18	2007/7/24	4345.00	2005

图 6-20　DatePart 函数效果图

5. 返回一个日期时间

1) DayOfYear(Arg1)

DayOfYear(Arg1)函数的作用是为日期或日期时间列，提取年中第几日。返回介于 1 和 366 之间的整数。

函数的语法格式：

DayOfYear([Date Column])

在"时间和日期函数表"中返回年中第几日，操作步骤如下：

右击"单元格值"选择"自定义表达式"，设置"表达式(E)："为"UniqueConcatenate (DayOfYear([日期])) as [提取日期年中的第几日]"，点击"确定"。效果如图 6-21 所示。

日期	当前时间	添加年的时间间隔	计算时间差	返回指定日期的时间部分	提取日期年中的第几日
2005/7/21	2021/10/27 13:17:09	2007/7/21	4348.00	2005	202
2005/7/23	2021/10/27 13:17:09	2007/7/23	4346.00	2005	204
2005/7/24	2021/10/27 13:17:09	2007/7/24	4345.00	2005	205
2005/7/25	2021/10/27 13:17:09	2007/7/25	4344.00	2005	206
2005/7/26	2021/10/27 13:17:09	2007/7/26	4343.00	2005	207

图 6-21　DayOfYear 函数效果图

2) DayOfMonth(Arg1)

DayOfMonth(Arg1)函数作用是从日期或日期时间列中提取月中第几日。结果是介于 1 和 31 之间的整数。

函数的语法格式：

DayOfMonth([Date Column])

在"时间和日期函数表"中返回月中第几日，操作步骤如下：

右击"单元格值"选择"自定义表达式"，设置"表达式(E)："为"UniqueConcatenate (DayOfMonth([日期])) as [提取日期月中的第几日]"，点击"确定"。效果如图 6-22 所示。

日期	当前时间	添加年的时间间隔	计算时间差	返回指定日期的时间部分	提取日期年中的第几日	提取日期月中的第几日
2005/7/21	2021/10/27 13:17:09	2007/7/21	4348.00	2005	202	21
2005/7/23	2021/10/27 13:17:09	2007/7/23	4346.00	2005	204	23
2005/7/24	2021/10/27 13:17:09	2007/7/24	4345.00	2005	205	24
2005/7/25	2021/10/27 13:17:09	2007/7/25	4344.00	2005	206	25
2005/7/26	2021/10/27 13:17:09	2007/7/26	4343.00	2005	207	26
2005/7/28	2021/10/27 13:17:09	2007/7/28	4341.00	2005	209	28

图 6-22　DayOfMonth 函数效果图

3) YearAndWeek(Arg1)

YearAndWeek(Arg1)的作用是从日期或日期时间列中提取年和周。返回整数(年 ＊ 100 +

周数)。例如,对于日期 2005-10-13,将返回 200541。

函数的语法格式:

YearAndWeek([Date Column])

在"时间和日期函数表"中返回年和周,操作步骤如下:

右击"单元格值"选择"自定义表达式",设置"表达式(E):"为"UniqueConcatenate (YearAndWeek([日期])) as [提取日期中年和周]",点击"确定",如图 6-23 所示。

提取日期中年和周
200530
200530
200530
200531
200531

图 6-23　YearAndWeek 函数效果图

4) Year(Arg1)

Year(Arg1)的作用是从日期或日期时间列中提取年。结果为整数类型。

函数的语法格式:

Year([Date Column])

返回"时间和日期函数表"中的年,具体操作步骤如下:

右击"单元格值"选择"自定义表达式",设置"表达式(E):"为"UniqueConcatenate (Year([日期])) as [提取日期中的年]",点击"确定"。效果如图 6-24 所示。

提取日期中的年
2005
2005
2005
2005
2005
2005

图 6-24　Year 函数效果图

5) Week(Arg1)

Week(Arg1)的作用是从日期或日期时间列提取周,以介于 1 和 54 之间的整数表示,其中年中的第一周取决于区域设置

函数的语法格式:

Year([Date Column])

在"时间和日期函数表"中返回周,具体操作步骤如下:

右击"单元格值"选择"自定义表达式",设置"表达式(E):"为"UniqueConcatenate (Week([日期])) as [提取日期中的周]",点击"确定"。效果如图 6-25 所示。

提取日期中的周
30
30
30
31
31
31
31

图 6-25　Week 函数效果图

6）Second(Arg1)

Second(Arg1)的作用是从日期时间或时间列中提取秒。返回介于 0 和 59 之间的整数。

函数的语法格式：

Second([Time Column])

请参照本小节完成"时间和日期函数表"中返回秒的操作。

7）Quarter(Arg1)

Quarter(Arg1)的作用是从日期或日期时间列中提取季度。新列的基础数据为介于 1 和 4 之间的整数，但区域设置会确定格式化输出。

函数的语法格式：

Quarter([Date Column])

请参照本小节完成"时间和日期函数表"中返回季度的操作。

6. 为时间跨度返回一个值

1）Days(Arg1)

Days(Arg1)函数的作用是为时间跨度返回天数，该值为 –10 675 199 到 10 675 199 之间的整数。该函数与 TotalDays(Arg1)函数功能相近，TotalDays(Arg1)函数以小数的形式返回天数。

函数的语法格式：

Days([TimeSpan Column])

现要获取当前系统时间与"时间和日期函数表"中"日期"列所表示的时间相差的天数，操作步骤如下：

右击"单元格值"选择"自定义表达式"，设置"表达式(E)："为"UniqueConcatenate (Days(DateTimeNow() - [日期])) as [返回天数]"，点击"确定"。效果如图 6-26 所示。

返回天数
5942
5940
5939
5938
5937

图 6-26　Days 函数效果图

2) Hours(Arg1)

Hours(Arg1)函数的作用是为时间跨度返回小时数，该值为 0 到 23 之间的整数。该函数与 TotalHours(Arg1))函数功能相近，TotalHours(Arg1))函数以小数的形式返回小时数。

函数的语法格式：

Hours ([TimeSpan Column])

请参照本小节函数"1) Days(Arg1)"操作步骤，完成获取当前系统时间与"时间和日期函数表"中"日期"列所表示的时间相差的小时数。

3) Minutes(Arg1)

Minutes(Arg1)函数的作用是为时间跨度返回分钟数，该值为 0 到 59 之间的整数。该函数与 TotalMinutes(Arg1)函数功能相近，TotalMinutes(Arg1)函数以小数的形式返回分钟数。

函数的语法格式：

Minutes ([TimeSpan Column])

请参照本小节函数"1) Days(Arg1)"操作步骤，完成获取当前系统时间与"时间和日期函数表"中"日期"列所表示的时间相差的分钟数。

4) Seconds(Arg1)

Seconds(Arg1)函数的作用是为时间跨度返回秒数，该值为 0 到 59 之间的整数。该函数与 TotalSeconds()函数功能相近，TotalSeconds()函数以小数的形式返回秒数。

函数的语法格式：

Seconds([TimeSpan Column])

请参照本小节函数"1) Days(Arg1)"操作步骤，完成获取当前系统时间与"时间和日期函数表"中"日期"列所表示的时间相差的秒数。

5) Milliseconds(Arg1)

Milliseconds(Arg1)函数的作用是为时间跨度返回毫秒数，该值为 0.0 到 999.0 之间的实数值。该函数与 TotalMilliseconds(Arg1)函数功能相近，TotalMilliseconds(Arg1)函数以小数的形式返回毫秒数。

函数的语法格式：

Milliseconds ([TimeSpan Column])

请参照本小节函数"1) Days(Arg1)"操作步骤，完成获取当前系统时间与"时间和日期函数表"中"日期"列所表示的时间相差的毫秒数。

6.3 统 计 函 数

统计数据表函数，用于对数据区域进行统计分析。

常见的统计函数有：

(1) MeanDeviation：计算平均差值；

(2) MedianAbsoluteDeviation：计算绝对中位差值；

(3) P10、P90：统计函数；

(4) Range：计算列中最大值和最小值之间的间距；

(5) Avg：返回参数的平均值；

(6) Sum：计算值的和；

(7) Count：计算参数列中的非空值数；

(8) UniqueCount：计算参数列中唯一非空值的数量；

(9) Min：计算最小值；

(10) Max：计算最大值。

本小节所有函数的介绍将基于"统计函数"，请按以下步骤导入数据表：点击"添加数据表"按钮 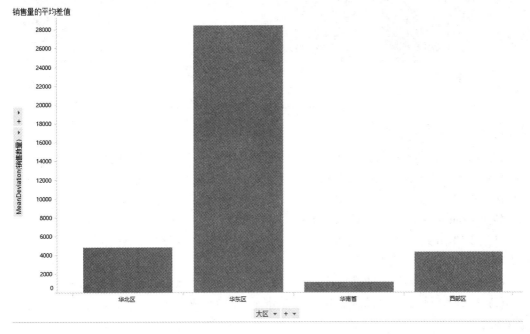，在打开的"添加数据表"对话框中，选择"添加"，导入销售表与销售合同表，点击"确定"。

1. MeanDeviation

MeanDeviation 函数的作用是计算平均差值。

函数的语法格式：

MeanDeviation([Column])

使用 MeanDeviation 函数计算销售表中的每个大区的平均差值，步骤如下：

(1) 点击按钮 插入条形图，数据表选择为销售表。

(2) 右击 X 轴坐标改为大区，右击 Y 轴坐标选择"自定义表达式"。

(3) 在弹出的"自定义表达式"对话框中设置"表达式(E)："为"MeanDeviation([销售数量])"。点击"关闭"完成设置，如图 6-27 所示。

图 6-27　MeanDeviation 函数效果图

2. MedianAbsoluteDeviation

MedianAbsoluteDeviation 函数的作用是表示绝对中位差值，如果指定了一个参数，则结果为所有行的绝对中位差值。如果指定了多个参数，则结果为每个行的绝对中位差值。

函数的语法格式：

MedianAbsoluteDeviation([Column])

使用 MedianAbsoluteDeviation 函数计算销售表中的每个大区的绝对中位差值，步骤如下：

(1) 点击按钮■■插入条形图，数据表选择为销售表。

(2) 右击 X 轴坐标改为大区，右击 Y 轴坐标选择"自定义表达式"，在弹出的"自定义表达式"中设置"表达式(E)："为"MedianAbsoluteDeviation([销售数量])"。点击"关闭"完成设置，如图 6-28 所示。

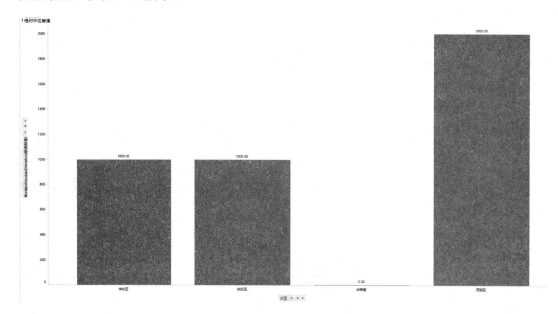

图 6-28　MedianAbsoluteDeviation 函数效果图

3. P10、P90

P10 函数的作用是指设定某个值，在该值处，10% 的数据值等于或小于该值。

P90 函数的作用是指设定某个值，在该值处，90% 的数据值等于或小于该值。

函数的语法格式：

P10([Column]) as [P10]，P90([Column]) as [P90]

使用 P10、P90 函数计算销售合同中小于等于 10%成交金额的品牌和等于小于 90%成交金额的数据，步骤如下：

(1) 点击"工具栏"上的"交叉表"按钮 Σ，插入交叉表，数据表选择为销售合同表。

(2) 右击垂直轴改为"品牌名称"，右击水平轴改为"列名称"，右击单元格值选择"自定义表达式"。

(3) 在弹出的"自定义表达式"中设置"表达式(E)："为"P10([成交金额]) as [P10]，P90([成交金额]) as [P90]"，点击"关闭"，效果如图 6-29 所示。

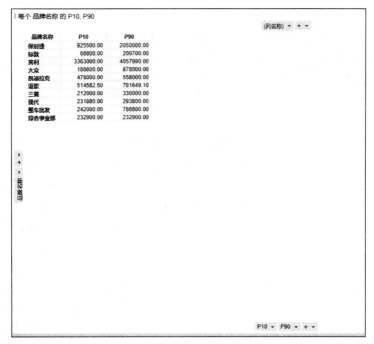

图 6-29　P10、P90 函数效果图

4. Range

Range 函数的作用是表示列中最大值和最小值之间的间距。

函数的语法格式：

Range([Column])

使用 Range 函数计算销售表中各产品几个月内的最大销售差量，步骤如下：

(1) 点击"工具栏"上的"条形图"按钮 📊 ，插入"条形图"，数据表选择为"销售表"。

(2) 右击 X 轴坐标改为大区，右击 Y 轴坐标选择"自定义表达式"。在弹出的"自定义表达式"中设置"表达式(E)："为"Range([销售数量]) as [最大销售差值]"，效果图如图 6-30 所示。

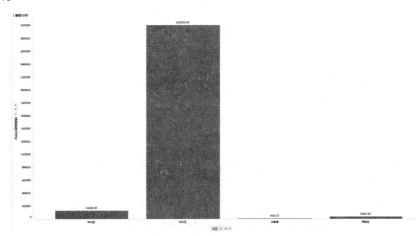

图 6-30　Range 函数效果图

5. Avg

Avg 函数的作用是返回参数的平均值(算术平均值),参数和结果是实数类型。如果指定了一个参数,则结果为所有行的平均值。如果指定了多个参数,则结果为每个行的平均值。Null 参数被忽略并且不能平均。

函数的语法格式:

Avg([Column])

使用 Avg 函数计算销售表中各产品几个月内的平均值,步骤如下:

(1) 点击"工具栏"上的"条形图"按钮 ,插入"条形图","数据表"选择为"销售表"。

(2) 右击 X 轴坐标改为大区,右击 Y 轴坐标选择"自定义表达式"。在弹出的"自定义表达式"中设置"表达式(E):"Avg([销售成本]) as [每个月的成本平均值]",如图 6-31 所示。

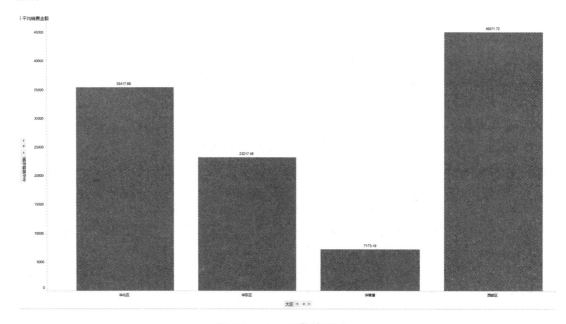

图 6-31　Avg 函数效果图

6. Sum

Sum 函数的作用是计算值的和,如果指定了一个参数,则结果为整个列的和。如果指定了多个参数,则结果为每个行的和。

函数的语法格式:

Sum ([Column])

使用 Sum 函数计算销售表中各大区销售成本之和,步骤如下:

(1) 点击"工具栏"上的"条形图"按钮 ,插入条形图,数据表选择为"销售表"。

(2) 右击 X 轴坐标改为大区,右击 Y 轴坐标选择"自定义表达式"。在弹出的"自定义表达式"中设置"表达式(E):"为"Sum([销售成本]) as [大区销售成本]",如图 6-32 所示。

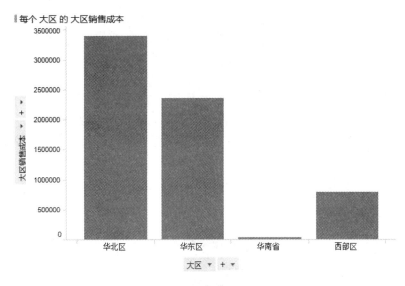

图 6-32　Sum 函数效果图

7. Count

Count 函数的作用是计算参数列中的非空值数，在未指定参数时，计算总行数。

函数的语法格式：

Count([Column])

使用 Count 函数计算销售表中各大区出现的产品总数，步骤如下：

(1) 点击"工具栏"上的"条形图"按钮 ⬛，插入条形图，数据表选择为"销售表"。

(2) 右击 X 轴坐标改为大区，右击 Y 轴坐标选择"自定义表达式"。在弹出的"自定义表达式"中设置"表达式(E)："为"Count([产品名称]) as [产品次数]"，如图 6-33 所示。

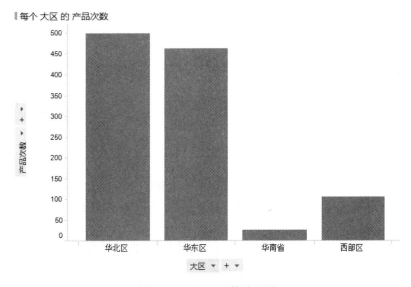

图 6-33　Count 函数效果图

8. UniqueCount

UniqueCount 函数的作用是计算参数列中唯一非空值的数量。

函数的语法格式：

UniqueCount([Column])

使用 UniqueCount 函数计算销售表中各大区出现的产品总数(重复不计入)，步骤如下：

(1) 点击"工具栏"上的"条形图"按钮 ![]，插入条形图，数据表选择为"销售表"。

(2) 右击 X 轴坐标改为大区，右击 Y 轴坐标选择"自定义表达式"。在弹出的"自定义表达式"中设置"表达式(E)："为"UniqueCount([产品名称])"，设置"显示名称"为"产品次数，不重复"，点击"确定"，如图 6-34 所示。

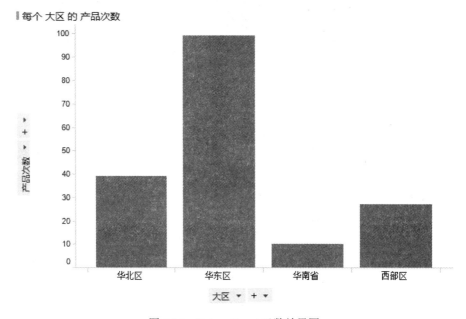

图 6-34　UniqueCount 函数效果图

9. Median

Median 函数的作用是计算参数的中位数，如果指定了一个参数，则结果为所有行的中值。如果指定了多个参数，则结果为每个行的中值。某一分布的中位数是指，对此分布进行排序后出现在列表中间的值。如果值的数目为偶数，中位数就是两个中间值的平均值。

函数的语法格式：

Median([Column])

使用 Median 函数计算销售表中各大区中销售金额的中位数，步骤如下：

(1) 点击"工具栏"上的"条形图"按钮 ![]，插入条形图，数据表选择为"销售表"。

(2) 右击 X 轴坐标改为大区，右击 Y 轴坐标选择"自定义表达式"。在弹出的"自定义表达式"中设置"表达式(E)："为"Median([销售金额]) as [销售金额中位数]"，如图 6-35 所示。

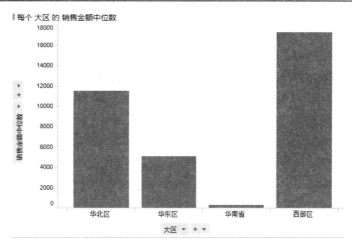

图 6-35　Median 函数效果图

10. Min

Min 函数的作用是计算参数的最小值，如果指定了一个参数，则结果为整个列的最小值。如果指定了多个参数，则结果为每个行的最小值。参数和结果是实数类型。Null 参数被忽略。

函数的语法格式：

Min([Column])

使用 Min 函数计算销售表中各大区中销售金额的最小值，步骤如下：

(1) 点击"工具栏"上的"条形图"按钮 ，插入条形图，数据表选择为"销售表"。

(2) 右击 X 轴坐标改为大区，右击 Y 轴坐标选择"自定义表达式"。在弹出的"自定义表达式"中设置"表达式(E)："为"Min([销售金额]) as [销售金额的最小值]"，如图 6-36 所示。

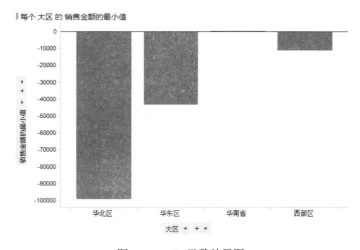

图 6-36　Min 函数效果图

11. Max

Max 函数的作用是计算参数的最大值，如果指定了一个参数，则结果为整个列的最大值。如果指定了多个参数，则结果为每个行的最大值。参数和结果是实数类型。Null 参数被忽略。

函数的语法格式：

Max([Column])

使用 Max 函数计算销售表中各大区销售金额的最大值，步骤如下：

(1) 点击"工具栏"上的"条形图"按钮 ，插入条形图，数据表选择为"销售表"。

(2) 右击 X 轴坐标改为大区，右击 Y 轴坐标选择"自定义表达式"。在弹出的"自定义表达式"中设置"表达式(E)："为"Max([销售金额]) as [销售金额的最大值]"，如图 6-37 所示。

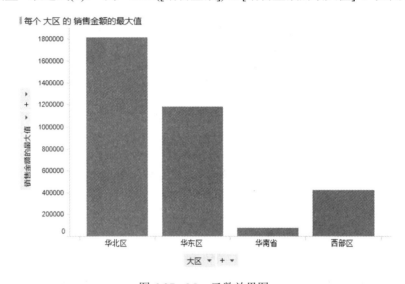

图 6-37　Max 函数效果图

6.4　字符串函数

字符串函数：也叫字符串处理函数，指的是编程语言中用来进行字符串处理的函数。

常见的字符串函数有：

(1) Left：返回字符串的第某个字符。

(2) Find：返回字符串在某第一次出现位置以 1 为底的索引。

(3) Right：返回字符串的最后一个某字符。

(4) Concatenate：将所有参数连接(附加)成一个字符串。

(5) Repeat：重复某字符串指定次数。

(6) Lower：返回转换成小写。

(7) Upper：返回转换成大写。

(8) Mid：返回字符串中以索引某开头且长度为某个字符的子字符串。

(9) Len：返回字符串的长度。

(10) Substitute：使用某数替换字符串中的某数。

(11) Trim：删除字符串的开头和结尾的空白字符。

(12) UniqueConcatenate：连接转换为字符串的唯一值。

本小节所有函数的介绍将基于“字符串函数”，请按以下步骤导入数据表：点击“工具栏”上的“添加数据表”按钮，在打开的“添加数据表”对话框中，选择“添加”，导入销售表，点击“确定”。点击“工具栏”上的“表”按钮，插入图表。

1. Left

Left 函数的作用是返回字符串 Arg1 的第一个 Arg2 字符。Arg1 的结果为字符串类型。Arg2 为实数类型，但只使用整数部分。如果 Arg2 大于 Arg1 的长度，则将返回整个字符串。如果 Arg2 为负数，则将返回错误。

函数的语法格式：

Left([Column]，*)

使用 Left 函数将图表中的“产品名称”取前四个字段，具体操作步骤如下：

(1) 右击菜单栏“插入”选择“计算列”，在弹出的“插入计算的列”中设置“表达式(E)：”为“Left([产品名称]，4) as [产品]”。

(2) 重新加载图表，如图 6-38 所示。

2. Find

Find 函数的作用是返回字符串 Arg1 在 Arg2 第一次出现位置以 1 为底的索引。如果未找到，则将返回 0。该搜索区分大小写。参数为字符串类型，结果为整数类型。如果 Arg1 是空字符串，则将返回 0。

函数的语法格式：

Find("*", [Column])

使用 Find 函数将图表中的“产品名称”中含有“风扇”的第几个字符串返回到“Find”列，具体操作步骤如下：

(1) 右击菜单栏“插入”选择“计算列”，在弹出的“插入计算的列”中设置“表达式(E)：”为“Find("风扇", [产品名称])”，设置“显示名称”为“Find”，点击“确定”。

(2) 重新加载图表，如图 6-39 所示。

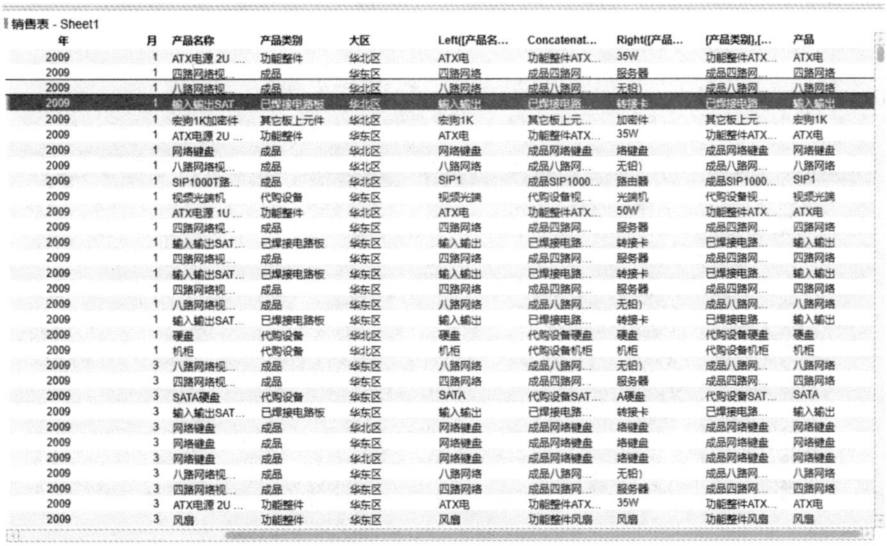
销售表 - Sheet1

年	月	产品名称	产品类别	大区	Left([产品名...	Concatenat...	Right([产品...	[产品类别],[...	产品
2009	1	ATX电源 2U ...	功能整件	华北区	ATX电	功能整件ATX...	35W	功能整件ATX...	ATX电
2009	1	四路网络视...	成品	华东区	四路网络	成品四路网...	服务器	成品四路网...	四路网络
2009	1	八路网络视...	成品	华北区	八路网络	成品八路网...	无铅)	成品八路网...	八路网络
2009	1	输入输出SAT...	已焊接电路板	华北区	输入输出	已焊接电路...	转接卡	已焊接电路...	输入输出
2009	1	宏狗1K加密件	其它板上元件	华北区	宏狗1K	其它板上元...	加密件	其它板上元...	宏狗1K
2009	1	ATX电源 2U ...	功能整件	华东区	ATX电	功能整件ATX...	35W	功能整件ATX...	ATX电
2009	1	网络键盘	成品	华北区	网络键盘	成品网络键盘	络键盘	成品网络键盘	网络键盘
2009	1	八路网络视...	成品	华北区	八路网络	成品八路网...	无铅)	成品八路网...	八路网络
2009	1	SIP1000T路...	成品	华北区	SIP1	成品SIP1000...	路由器	成品SIP1000...	SIP1
2009	1	视频光端机	代购设备	华东区	视频光端	代购设备视...	光端机	代购设备视...	视频光端
2009	1	ATX电源 1U ...	功能整件	华北区	ATX电	功能整件ATX...	50W	功能整件ATX...	ATX电
2009	1	四路网络视...	成品	华东区	四路网络	成品四路网...	服务器	成品四路网...	四路网络
2009	1	输入输出SAT...	已焊接电路板	华东区	输入输出	已焊接电路...	转接卡	已焊接电路...	输入输出
2009	1	四路网络视...	成品	华东区	四路网络	成品四路网...	服务器	成品四路网...	四路网络
2009	1	输入输出SAT...	已焊接电路板	华东区	输入输出	已焊接电路...	转接卡	已焊接电路...	输入输出
2009	1	四路网络视...	成品	华东区	四路网络	成品四路网...	服务器	成品四路网...	四路网络
2009	1	八路网络视...	成品	华东区	八路网络	成品八路网...	无铅)	成品八路网...	八路网络
2009	1	输入输出SAT...	已焊接电路板	华东区	输入输出	已焊接电路...	转接卡	已焊接电路...	输入输出
2009	1	硬盘	代购设备	华北区	硬盘	代购设备硬盘	硬盘	代购设备硬盘	硬盘
2009	1	机柜	代购设备	华北区	机柜	代购设备机柜	机柜	代购设备机柜	机柜
2009	3	八路网络视...	成品	华东区	八路网络	成品八路网...	无铅)	成品八路网...	八路网络
2009	3	四路网络视...	成品	华东区	四路网络	成品四路网...	服务器	成品四路网...	四路网络
2009	3	SATA硬盘	代购设备	华东区	SATA	代购设备SAT...	A硬盘	代购设备SAT...	SATA
2009	3	输入输出SAT...	已焊接电路板	华东区	输入输出	已焊接电路...	转接卡	已焊接电路...	输入输出
2009	3	网络键盘	成品	华北区	网络键盘	成品网络键盘	络键盘	成品网络键盘	网络键盘
2009	3	网络键盘	成品	华东区	网络键盘	成品网络键盘	络键盘	成品网络键盘	网络键盘
2009	3	网络键盘	成品	华北区	网络键盘	成品网络键盘	络键盘	成品网络键盘	网络键盘
2009	3	八路网络视...	成品	华东区	八路网络	成品八路网...	无铅)	成品八路网...	八路网络
2009	3	四路网络视...	成品	华东区	四路网络	成品四路网...	服务器	成品四路网...	四路网络
2009	3	ATX电源 2U ...	功能整件	华东区	ATX电	功能整件ATX...	35W	功能整件ATX...	ATX电
2009	3	风扇	功能整件	华东区	风扇	功能整件风扇	风扇	功能整件风扇	风扇

图 6-38　Left 函数效果图

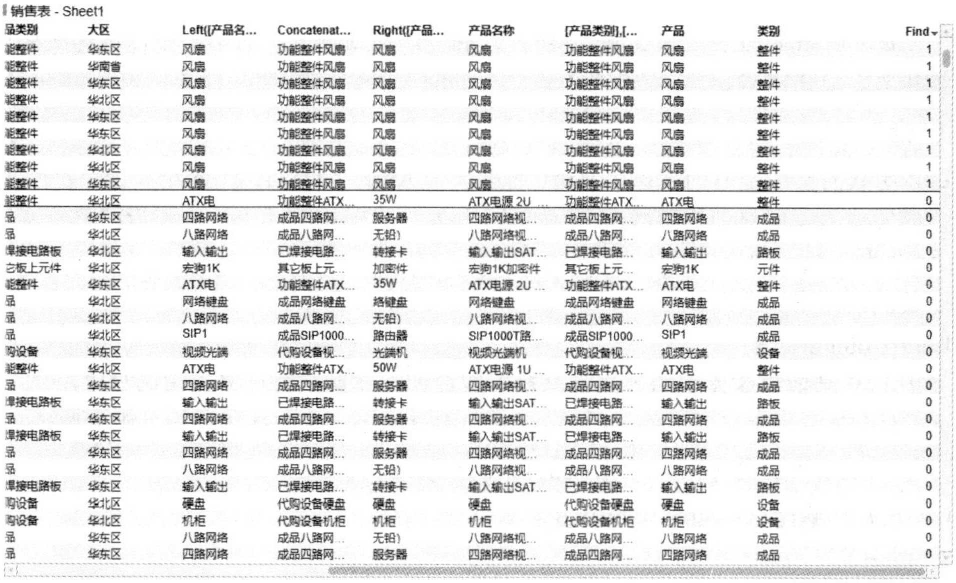

销售表 - Sheet1

品类别	大区	Left([产品名...	Concatenat...	Right([产品...	产品名称	[产品类别],[...	产品	类别	Find
能整件	华东区	风扇	功能整件风扇	风扇	风扇	功能整件风扇	风扇	整件	1
能整件	华南省	风扇	功能整件风扇	风扇	风扇	功能整件风扇	风扇	整件	1
能整件	华东区	风扇	功能整件风扇	风扇	风扇	功能整件风扇	风扇	整件	1
能整件	华北区	风扇	功能整件风扇	风扇	风扇	功能整件风扇	风扇	整件	1
能整件	华东区	风扇	功能整件风扇	风扇	风扇	功能整件风扇	风扇	整件	1
能整件	华东区	风扇	功能整件风扇	风扇	风扇	功能整件风扇	风扇	整件	1
能整件	华北区	风扇	功能整件风扇	风扇	风扇	功能整件风扇	风扇	整件	1
能整件	华北区	风扇	功能整件风扇	风扇	风扇	功能整件风扇	风扇	整件	1
能整件	华东区	风扇	功能整件风扇	风扇	风扇	功能整件风扇	风扇	整件	1
能整件	华北区	ATX电	功能整件ATX...	35W	ATX电源 2U ...	功能整件ATX...	ATX电	整件	0
品	华东区	四路网络	成品四路网...	服务器	四路网络视...	成品四路网...	四路网络	成品	0
品	华北区	八路网络	成品八路网...	无铅)	八路网络视...	成品八路网...	八路网络	成品	0
焊接电路板	华北区	输入输出	已焊接电路...	转接卡	输入输出SAT...	已焊接电路...	输入输出	路板	0
它板上元件	华北区	宏狗1K	其它板上元...	加密件	宏狗1K加密件	其它板上元...	宏狗1K	元件	0
能整件	华东区	ATX电	功能整件ATX...	35W	ATX电源 2U ...	功能整件ATX...	ATX电	整件	0
品	华北区	网络键盘	成品网络键盘	络键盘	网络键盘	成品网络键盘	网络键盘	成品	0
品	华北区	八路网络	成品八路网...	无铅)	八路网络视...	成品八路网...	八路网络	成品	0
品	华北区	SIP1	成品SIP1000...	路由器	SIP1000T路...	成品SIP1000...	SIP1	成品	0
购设备	华东区	视频光端	代购设备视...	光端机	视频光端机	代购设备视...	视频光端	设备	0
能整件	华北区	ATX电	功能整件ATX...	50W	ATX电源 1U ...	功能整件ATX...	ATX电	整件	0
品	华东区	四路网络	成品四路网...	服务器	四路网络视...	成品四路网...	四路网络	成品	0
焊接电路板	华东区	输入输出	已焊接电路...	转接卡	输入输出SAT...	已焊接电路...	输入输出	路板	0
品	华东区	四路网络	成品四路网...	服务器	四路网络视...	成品四路网...	四路网络	成品	0
焊接电路板	华东区	输入输出	已焊接电路...	转接卡	输入输出SAT...	已焊接电路...	输入输出	路板	0
品	华东区	四路网络	成品四路网...	服务器	四路网络视...	成品四路网...	四路网络	成品	0
品	华东区	八路网络	成品八路网...	无铅)	八路网络视...	成品八路网...	八路网络	成品	0
焊接电路板	华东区	输入输出	已焊接电路...	转接卡	输入输出SAT...	已焊接电路...	输入输出	路板	0
购设备	华北区	硬盘	代购设备硬盘	硬盘	硬盘	代购设备硬盘	硬盘	设备	0
购设备	华北区	机柜	代购设备机柜	机柜	机柜	代购设备机柜	机柜	设备	0
品	华东区	八路网络	成品八路网...	无铅)	八路网络视...	成品八路网...	八路网络	成品	0
品	华东区	四路网络	成品四路网...	服务器	四路网络视...	成品四路网...	四路网络	成品	0

图 6-39　Find 函数效果图

3. Right

Right 函数的作用是返回字符串 Arg1 的最后一个 Arg2 字符。Arg1 的结果为字符串类型。Arg2 为实数类型，但只使用整数部分。如果 Arg2 大于 Arg1 的长度，则将返回整个字符串。如果 Arg2 为负数，则将返回错误。

函数的语法格式：

Right([Column]，“*”)

使用 Right 函数将图表中的“产品类别”从右边取前两个字段，具体操作步骤如下：

(1) 右击菜单栏“插入”选择“计算列”，在弹出的“插入计算的列”中设置“表达式(E):”为“Right([产品类别]，2) as [类别]”。

(2) 重新加载图表，如图 6-40 所示。

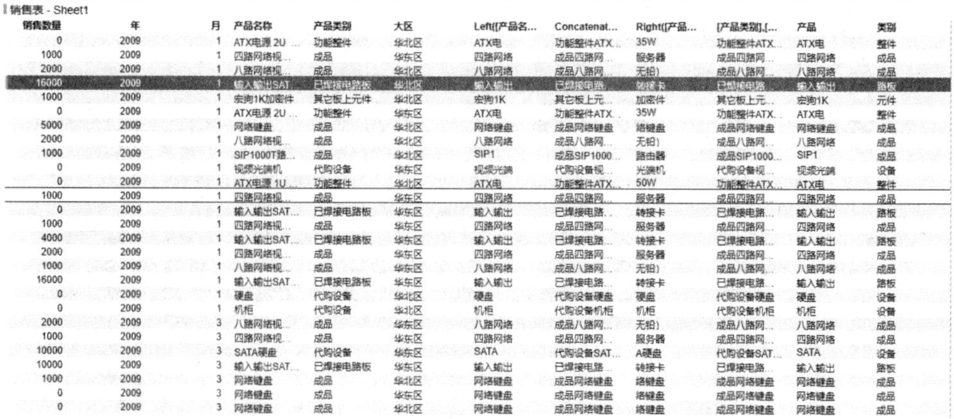

销售表 - Sheet1

销售数量	年	月	产品名称	产品类别	大区	Left([产品名...	Concatenat...	Right([产品...	[产品类别],[...	产品	类别
0	2009	1	ATX电源 2U ...	功能整件	华北区	ATX电	功能整件ATX...	35W	功能整件ATX...	ATX电	整件
1000	2009	1	四路网络视...	成品	华东区	四路网络	成品四路网...	服务器	成品四路网...	四路网络	成品
2000	2009	1	八路网络视...	成品	华北区	八路网络	成品八路网...	无铅)	成品八路网...	八路网络	成品
16000	2009	1	输入输出SAT	已焊接电路板	华北区	输入输出	已焊接电路...	转接卡	已焊接电路...	输入输出	路板
1000	2009	1	宏狗1K加密件	其它板上元件	华北区	宏狗1K	其它板上元...	加密件	其它板上元...	宏狗1K	元件
0	2009	1	ATX电源 2U ...	功能整件	华东区	ATX电	功能整件ATX...	35W	功能整件ATX...	ATX电	整件
5000	2009	1	网络键盘	成品	华北区	网络键盘	成品网络键盘	络键盘	成品网络键盘	网络键盘	成品
2000	2009	1	八路网络视...	成品	华北区	八路网络	成品八路网...	无铅)	成品八路网...	八路网络	成品
1000	2009	1	SIP1000T路...	成品	华北区	SIP1	成品SIP1000...	路由器	成品SIP1000...	SIP1	成品
0	2009	1	视频光端机	代购设备	华东区	视频光端	代购设备视...	光端机	代购设备视...	视频光端	设备
0	2009	1	ATX电源 1U ...	功能整件	华北区	ATX电	功能整件ATX...	50W	功能整件ATX...	ATX电	整件
1000	2009	1	四路网络视...	成品	华东区	四路网络	成品四路网...	服务器	成品四路网...	四路网络	成品
0	2009	1	输入输出SAT...	已焊接电路板	华东区	输入输出	已焊接电路...	转接卡	已焊接电路...	输入输出	路板
1000	2009	1	四路网络视...	成品	华东区	四路网络	成品四路网...	服务器	成品四路网...	四路网络	成品
4000	2009	1	输入输出SAT...	已焊接电路板	华东区	输入输出	已焊接电路...	转接卡	已焊接电路...	输入输出	路板
2000	2009	1	四路网络视...	成品	华东区	四路网络	成品四路网...	服务器	成品四路网...	四路网络	成品
1000	2009	1	八路网络视...	成品	华东区	八路网络	成品八路网...	无铅)	成品八路网...	八路网络	成品
16000	2009	1	输入输出SAT...	已焊接电路板	华东区	输入输出	已焊接电路...	转接卡	已焊接电路...	输入输出	路板
0	2009	1	硬盘	代购设备	华北区	硬盘	代购设备硬盘	硬盘	代购设备硬盘	硬盘	设备
0	2009	1	机柜	代购设备	华北区	机柜	代购设备机柜	机柜	代购设备机柜	机柜	设备
2000	2009	3	八路网络视...	成品	华东区	八路网络	成品八路网...	无铅)	成品八路网...	八路网络	成品
1000	2009	3	四路网络视...	成品	华东区	四路网络	成品四路网...	服务器	成品四路网...	四路网络	成品
10000	2009	3	SATA硬盘	代购设备	华东区	SATA	代购设备SAT...	A硬盘	代购设备SAT...	SATA	设备
10000	2009	3	输入输出SAT...	已焊接电路板	华东区	输入输出	已焊接电路...	转接卡	已焊接电路...	输入输出	路板
1000	2009	3	网络键盘	成品	华北区	网络键盘	成品网络键盘	络键盘	成品网络键盘	网络键盘	成品
0	2009	3	网络键盘	成品	华东区	网络键盘	成品网络键盘	络键盘	成品网络键盘	网络键盘	成品
0	2009	3	网络键盘	成品	华北区	网络键盘	成品网络键盘	络键盘	成品网络键盘	网络键盘	成品

图 6-40　Right 函数效果图

4. Concatenate

Concatenate 函数的作用是将所有参数连接(附加)成一个字符串。如果指定了一个参数，则结果为所有行的连接。如果指定了多个参数，则连接每个行。参数可以为任意类型，但将被转换为字符串，结果为字符串类型。Null 参数被忽略。

函数的语法格式：

Concatenate([Column]，[Column])

使用 Concatenate 函数将图表中的"产品类别"，"产品名称"进行连接，具体操作步骤如下：

(1) 右击菜单栏"插入"选择"计算列"，在弹出的"插入计算的列"中设置"表达式 (E)："为"Concatenate([产品类别]，[产品名称])"，设置"显示名称"为"Concatenate"，点击"确定"。

(2) 重新加载图表，如图 6-41 所示。

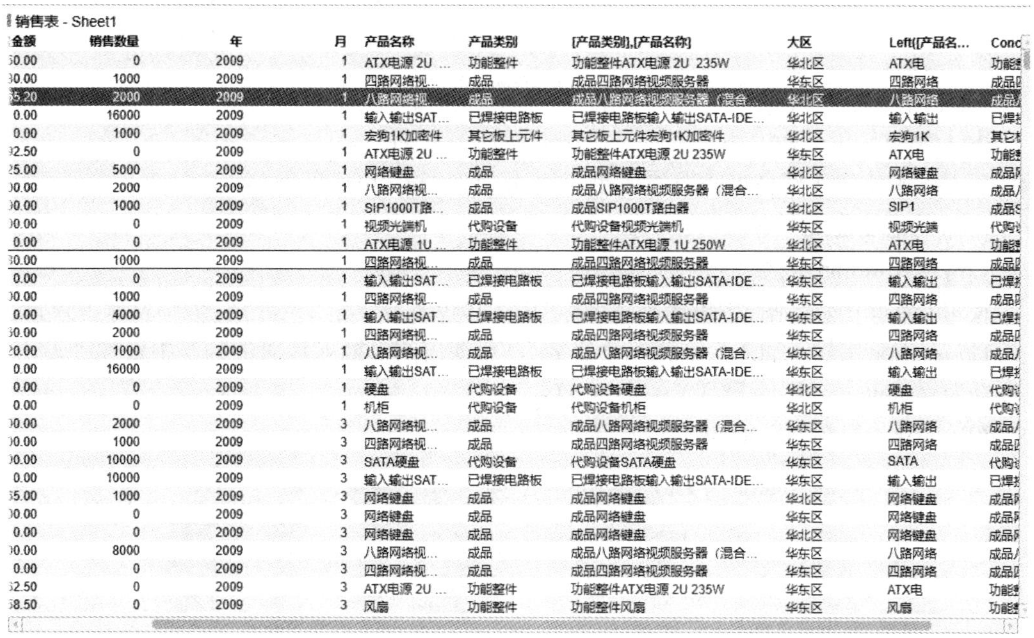

图 6-41　Concatenate 函数效果图

5. Repeat

Repeat 函数的作用是将重复某字符串指定次数。

函数的语法格式：

Repeat([Column]，"*")

使用 Repeat 函数将图表中的"大区"，重复 2 次为 Repeat 列，具体操作步骤如下：

(1) 右击菜单栏"插入"选择"计算列"，在弹出的"插入计算的列"中设置"表达式 (E)："为"Repeat([大区]，2) as [Repeat]"。

(2) 重新加载图表，如图 6-42 所示。

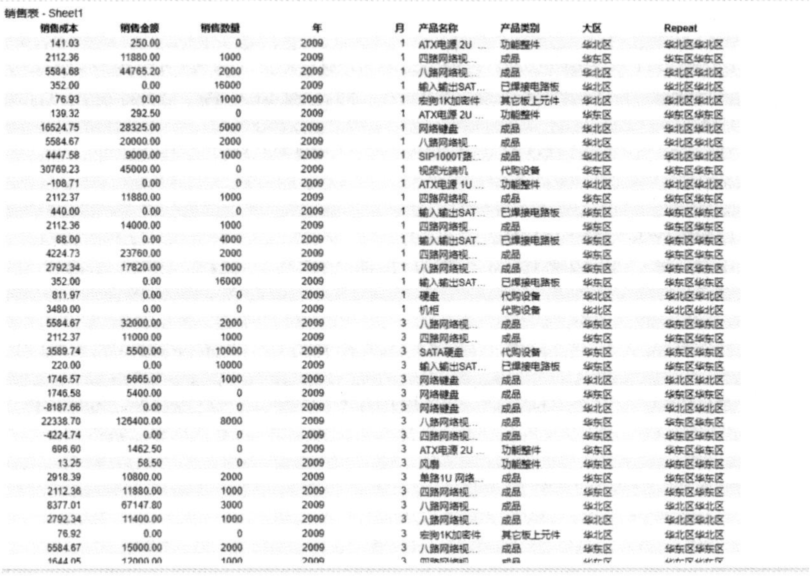

图 6-42　Repeat 函数效果图

6. Lower

Lower 函数的作用是返回转换成小写的 Arg1。Arg1 和结果为字符串类型。

函数的语法格式：

Lower([Column])

使用 Lower 函数将图表中的"产品名称"中大写转换为小写 Lower 列，具体操作步骤如下：

(1) 右击菜单栏"插入"选择"计算列"，在弹出的"插入计算的列"中设置"表达式(E)："为"Lower([产品名称])") as [Lower]"。

(2) 重新加载图表，如图 6-43 所示。

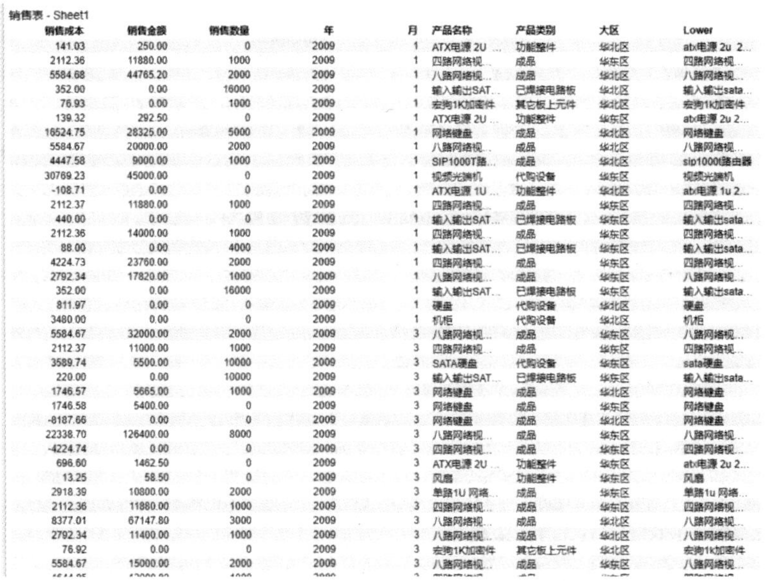

图 6-43　Lower 函数效果图

7. Upper

Upper 函数的作用是返回转换成大写的 Arg1。Arg1 和结果为字符串类型。

函数的语法格式：

:Upper([Column])

使用 Upper 函数将图表中的"产品名称"中小写转换为大写 Upper 列，具体操作步骤如下：

(1) 右击菜单栏"插入"选择"计算列"，在弹出的"插入计算的列"中设置"表达式 (E)："为"Upper([Lower]) as [Upper]"。

(2) 重新加载图表，如图 6-44 所示。

销售表 - Sheet1								
销售成本	销售金额	销售数量	年	月	产品名称	产品类别	大区	Lower	Upper
141.03	250.00	0	2009	1	ATX电源 2U...	功能整件	华北区	atx电源 2u 2...	ATX电源 2U...
2112.36	11880.00	1000	2009	1	四路网络视...	成品	华北区	四路网络视...	四路网络视...
5584.68	44765.20	2000	2009	1	八路网络视...	成品	华北区	八路网络视...	八路网络视...
352.00	0.00	16000	2009	1	输入输出SAT...	已焊接电路板	华北区	输入输出sata...	输入输出SAT...
76.93	0.00	1000	2009	1	宏狗1K加密件	其它板上元件	华北区	宏狗1K加密件	宏狗1K加密件
139.32	292.50	0	2009	1	ATX电源 2U...	功能整件	华东区	atx电源 2u 2...	ATX电源 2U...
16524.75	28325.00	5000	2009	1	网络键盘	成品	华北区	网络键盘	网络键盘
5584.67	20000.00	2000	2009	1	八路网络视...	成品	华北区	八路网络视...	八路网络视...
4447.58	9000.00	1000	2009	1	SIP1000T路...	成品	华东区	sip1000t路由器	SIP1000T路...
30769.23	45000.00	0	2009	1	视频光端机	代购设备	华东区	视频光端机	视频光端机
-108.71	0.00	0	2009	1	ATX电源 1U...	功能整件	华东区	atx电源 1u 2...	ATX电源 1U...
2112.37	11880.00	0	2009	1	四路网络视...	成品	华东区	四路网络视...	四路网络视...
440.00	0.00	0	2009	1	输入输出SAT...	已焊接电路板	华东区	输入输出sata...	输入输出SAT...
2112.36	14000.00	1000	2009	1	四路网络视...	成品	华东区	四路网络视...	四路网络视...
88.00	0.00	4000	2009	1	输入输出SAT...	已焊接电路板	华东区	输入输出sata...	输入输出SAT...
4224.73	23760.00	2000	2009	1	四路网络视...	成品	华东区	四路网络视...	四路网络视...
2792.34	17820.00	0	2009	1	八路网络视...	成品	华东区	八路网络视...	八路网络视...
352.00	0.00	16000	2009	1	输入输出SAT...	已焊接电路板	华东区	输入输出sata...	输入输出SAT...
811.97	0.00	0	2009	1	硬盘	代购设备	华北区	硬盘	硬盘
3480.00	0.00	0	2009	1	机柜	代购设备	华北区	机柜	机柜
5584.67	32000.00	2000	2009	3	八路网络视...	成品	华东区	八路网络视...	八路网络视...
2112.37	11000.00	1000	2009	3	四路网络视...	成品	华东区	四路网络视...	四路网络视...
3589.74	5500.00	10000	2009	3	SATA硬盘	代购设备	华东区	sata硬盘	SATA硬盘
220.00	0.00	10000	2009	3	输入输出SAT...	已焊接电路板	华东区	输入输出sata...	输入输出SAT...
1746.57	5665.00	1000	2009	3	网络键盘	成品	华东区	网络键盘	网络键盘
1746.58	5400.00	0	2009	3	网络键盘	成品	华北区	网络键盘	网络键盘
-8187.66	0.00	0	2009	3	网络键盘	成品	华北区	网络键盘	网络键盘
22338.70	126400.00	8000	2009	3	八路网络视...	成品	华东区	八路网络视...	八路网络视...
-4224.74	0.00	0	2009	3	四路网络视...	成品	华东区	四路网络视...	四路网络视...
696.60	1462.50	0	2009	3	ATX电源 2U...	功能整件	华东区	atx电源 2u 2...	ATX电源 2U...
13.25	58.50	0	2009	3	风扇	功能整件	华东区	风扇	风扇
2918.39	10800.00	2000	2009	3	单路1U 网络...	成品	华东区	单路1u 网络...	单路1U 网络...
2112.36	11880.00	1000	2009	3	四路网络视...	成品	华北区	四路网络视...	四路网络视...
8377.01	67147.80	3000	2009	3	八路网络视...	成品	华北区	八路网络视...	八路网络视...
2792.34	11400.00	1000	2009	3	八路网络视...	成品	华北区	八路网络视...	八路网络视...
76.92	0.00	0	2009	3	宏狗1K加密件	其它板上元件	华北区	宏狗1k加密件	宏狗1K加密件
5584.67	15000.00	2000	2009	3	八路网络视...	成品	华东区	八路网络视...	八路网络视...
1644.65	12000.00	1000	2009	3	四路网络视...	成品	华东区	四路网络视...	四路网络视...

图 6-44 Upper 函数效果图

8. Mid

Mid 函数的作用是返回 Arg1 中以索引 Arg2 开头且长度为 Arg3 个字符的子字符串。Arg1 和结果为字符串类型。Arg2 和 Arg3 为实数类型，但只使用整数部分。如果 Arg2 大于 Len(Arg1)，则将返回空字符串。另外，如果 Arg2 + Arg3 大于 Len(Arg1)，Arg3 将调整为 1 + Len(Arg1) - Arg2。如果 Arg2 或 Arg3 为负数，或者 Arg2 为零，则将返回错误。

函数的语法格式：

Mid([Column]，"*"，"*")

使用 Mid 函数将图表中"产品名称"中第 2 个开头且长度为 2 的数据另存为"Mid"列，具体操作步骤如下：

(1) 右击菜单栏"插入"选择"计算列"，在弹出的"插入计算的列"中设置"表达式 (E)："为"Mid([产品名称], 2, 2)") as [Mid]"。

(2) 重新加载图表，如图 6-45 所示。

销售表 - Sheet1

销售成本	销售金额	销售数量	年	月	产品名称	产品类别	大区	Lower	Upper	Mid
141.03	250.00	0	2009	1	ATX电源 2U	功能整件	华北区	atx电源 2u 2…	ATX电源 2U…	TX
2112.36	11880.00	1000	2009	1	四路网络视…	成品	华东区	四路网络视…	四路网络视…	路网
5584.68	44765.20	2000	2009	1	八路网络视…	成品	华北区	八路网络视…	八路网络视…	路网
352.00	0.00	16000	2009	1	输入输出SAT…	已焊接电路板	华北区	输入输出sata…	输入输出SAT…	入输
76.93	0.00	1000	2009	1	宏狗1K加密件	其它板上元件	华东区	宏狗1k加密件	宏狗1K加密件	狗1
139.32	292.50	0	2009	1	ATX电源 2U	功能整件	华东区	atx电源 2u 2…	ATX电源 2U…	TX
18524.75	28325.00	5000	2009	1	网络键盘	成品	华北区	网络键盘	网络键盘	络键
5584.67	20000.00	2000	2009	1	八路网络视…	成品	华北区	八路网络视…	八路网络视…	路网
4447.58	9000.00	1000	2009	1	SIP1000T路…	成品	华东区	sip1000t路由器	SIP1000T路…	IP
30769.23	45000.00	0	2009	1	视频光端机	代购设备	华东区	视频光端机	视频光端机	频光
-108.71	0.00	0	2009	1	ATX电源 1U	功能整件	华东区	atx电源 1u 2…	ATX电源 1U…	TX
2112.37	11880.00	1000	2009	1	四路网络视…	成品	华东区	四路网络视…	四路网络视…	路网
440.00	0.00	2000	2009	1	输入输出sata…	已焊接电路板	华东区	输入输出sata…	输入输出SAT…	入输
2112.36	14000.00	1000	2009	1	四路网络视…	成品	华东区	四路网络视…	四路网络视…	路网
88.00	0.00	4000	2009	1	输入输出SAT…	已焊接电路板	华东区	输入输出sata…	输入输出SAT…	入输
4224.73	23760.00	2000	2009	1	四路网络视…	成品	华东区	四路网络视…	四路网络视…	路网
2792.34	17820.00	1000	2009	1	八路网络视…	成品	华东区	八路网络视…	八路网络视…	路网
352.00	0.00	16000	2009	1	输入输出SAT	已焊接电路板	华东区	输入输出SAT…	输入输出SAT…	入输
811.97	0.00	0	2009	1	硬盘	代购设备	华北区	硬盘	硬盘	盘
3480.00	0.00	0	2009	1	机柜	代购设备	华北区	机柜	机柜	柜
5584.67	32000.00	2000	2009	3	八路网络视…	成品	华北区	八路网络视…	八路网络视…	路网
2112.37	11000.00	1000	2009	3	四路网络视…	成品	华东区	四路网络视…	四路网络视…	路网
3589.74	5500.00	10000	2009	3	SATA硬盘	代购设备	华东区	sata硬盘	SATA硬盘	AT
220.00	0.00	10000	2009	3	输入输出SAT…	已焊接电路板	华东区	输入输出sata…	输入输出SAT…	入输
1746.57	5665.00	1000	2009	3	网络键盘	成品	华东区	网络键盘	网络键盘	络键
1746.58	5400.00	0	2009	3	网络键盘	成品	华东区	网络键盘	网络键盘	络键
-8187.66	0.00	0	2009	3	网络键盘	成品	华东区	网络键盘	网络键盘	络键
22338.70	126400.00	8000	2009	3	八路网络视…	成品	华东区	八路网络视…	八路网络视…	路网
-4224.74	0.00	0	2009	3	四路网络视…	成品	华东区	四路网络视…	四路网络视…	路网
696.60	1462.50	0	2009	3	ATX电源 2U	功能整件	华东区	atx电源 2u 2…	ATX电源 2U…	TX
13.25	58.50	0	2009	3	风扇	功能整件	华东区	风扇	风扇	扇
2918.39	10800.00	2000	2009	3	单路1U 网络…	成品	华东区	单路1u 网络…	单路1U 网络…	路1
2112.36	11880.00	1000	2009	3	四路网络视…	成品	华北区	四路网络视…	四路网络视…	路网
8377.01	67147.80	3000	2009	3	八路网络视…	成品	华东区	八路网络视…	八路网络视…	路网
2792.34	11400.00	1000	2009	3	八路网络视…	成品	华东区	八路网络视…	八路网络视…	路网
76.92	0.00	0	2009	3	宏狗1K加密件	其它板上元件	华东区	宏狗1k加密件	宏狗1K加密件	狗1
5584.67	15000.00	2000	2009	3	八路网络视…	成品	华东区	八路网络视…	八路网络视…	路网
1644.05	12000.00	1000	2009	3	四路网络视…	成品	华东区	四路网络视…	四路网络视…	路网

图 6-45　Mid 函数效果图

9. Len

Len 函数的作用是返回 Arg1 的长度。Arg1 为字符串类型，结果为整数类型。

函数的语法格式：

Len([Column])

使用 Len 函数将图表中"产品名称"长度返回为"Len"列，具体操作步骤如下：

(1) 右击菜单栏"插入"选择"计算列"，在弹出的"插入计算的列"中设置"表达式 (E)："为"Len([产品名称]) as [Len]"。

(2) 重新加载图表，如图 6-46 所示。

销售表 - Sheet1

销售成本	销售金额	销售数量	年	月	产品名称	产品类别	大区	Lower	Upper	Mid	Len
141.03	250.00	0	2009	1	ATX电源 2U	功能整件	华北区	atx电源 2u 2…	ATX电源 2U…	TX	14
2112.36	11880.00	1000	2009	1	四路网络视…	成品	华东区	四路网络视…	四路网络视…	路网	9
5584.68	44765.20	2000	2009	1	八路网络视…	成品	华北区	八路网络视…	八路网络视…	路网	16
352.00	0.00	16000	2009	1	输入输出SAT…	已焊接电路板	华北区	输入输出sata…	输入输出SAT…	入输	15
76.93	0.00	1000	2009	1	宏狗1K加密件	其它板上元件	华东区	宏狗1k加密件	宏狗1K加密件	狗1	7
139.32	292.50	0	2009	1	ATX电源 2U	功能整件	华东区	atx电源 2u 2…	ATX电源 2U…	TX	13
18524.75	28325.00	5000	2009	1	网络键盘	成品	华北区	网络键盘	网络键盘	络键	4
5584.67	20000.00	2000	2009	1	八路网络视…	成品	华北区	八路网络视…	八路网络视…	路网	16
4447.58	9000.00	1000	2009	1	SIP1000T路…	成品	华东区	sip1000t路由器	SIP1000T路…	IP	11
30769.23	45000.00	0	2009	1	视频光端机	代购设备	华东区	视频光端机	视频光端机	频光	5
-108.71	0.00	0	2009	1	ATX电源 1U	功能整件	华东区	atx电源 1u 2…	ATX电源 1U…	TX	13
2112.37	11880.00	1000	2009	1	四路网络视…	成品	华东区	四路网络视…	四路网络视…	路网	9
440.00	0.00	2000	2009	1	输入输出sata…	已焊接电路板	华东区	输入输出sata…	输入输出SAT…	入输	9
2112.36	14000.00	1000	2009	1	四路网络视…	成品	华东区	四路网络视…	四路网络视…	路网	9
88.00	0.00	4000	2009	1	输入输出SAT…	已焊接电路板	华东区	输入输出sata…	输入输出SAT…	入输	15
4224.73	23760.00	2000	2009	1	四路网络视…	成品	华东区	四路网络视…	四路网络视…	路网	9
2792.34	17820.00	1000	2009	1	八路网络视…	成品	华东区	八路网络视…	八路网络视…	路网	16
352.00	0.00	16000	2009	1	输入输出SAT…	已焊接电路板	华东区	输入输出sata…	输入输出SAT…	入输	15
811.97	0.00	0	2009	1	硬盘	代购设备	华北区	硬盘	硬盘	盘	2
3480.00	0.00	0	2009	1	机柜	代购设备	华北区	机柜	机柜	柜	2
5584.67	32000.00	2000	2009	3	八路网络视…	成品	华北区	八路网络视…	八路网络视…	路网	16
2112.37	11000.00	1000	2009	3	四路网络视…	成品	华东区	四路网络视…	四路网络视…	路网	9
3589.74	5500.00	10000	2009	3	SATA硬盘	代购设备	华东区	sata硬盘	SATA硬盘	AT	6
220.00	0.00	10000	2009	3	输入输出SAT…	已焊接电路板	华东区	输入输出sata…	输入输出SAT…	入输	15
1746.57	5665.00	1000	2009	3	网络键盘	成品	华东区	网络键盘	网络键盘	络键	4
1746.58	5400.00	0	2009	3	网络键盘	成品	华东区	网络键盘	网络键盘	络键	4
-8187.66	0.00	0	2009	3	网络键盘	成品	华东区	网络键盘	网络键盘	络键	4
22338.70	126400.00	8000	2009	3	八路网络视…	成品	华东区	八路网络视…	八路网络视…	路网	16
-4224.74	0.00	0	2009	3	四路网络视…	成品	华东区	四路网络视…	四路网络视…	路网	9
696.60	1462.50	0	2009	3	ATX电源 2U	功能整件	华东区	atx电源 2u 2…	ATX电源 2U…	TX	13

图 6-46　Len 函数效果图

10. Substitute

Substitute 函数的作用是使用 Arg3 替换 Arg1 中的 Arg2。该搜索区分大小写。

函数的语法格式：

Substitute([Column]，"*"，"*") ->"Testing"

使用 Substitute 函数将图表中"产品名称"中的"网络"替换为"天眼"另存为"Substitute"列，具体操作步骤如下：

(1) 右击菜单栏"插入"选择"计算列"，在弹出的"插入计算的列"中设置"表达式(E)："为"Substitute([产品名称]，"网络"，"天眼") as [Substitute]"。

(2) 重新加载图表，如图 6-47 所示。

销售表 - Sheet1												
销售成本	销售金额	销售数量	年	月	产品名称	产品类别	大区	Lower	Upper	Mid	Len	Substitute
141.03	250.00	0	2009	1	ATX电源 2U	功能整件	华北区	ab电源 2u 2...	ATX电源 2U ...	TX	14	ATX电源 2U ...
2112.36	11880.00	1000	2009	1	四路网络视	成品	华北区	四路网络视...	四路网络视...	路网	9	四路天眼视
5584.68	44765.20	2000	2009	1	八路网络视	成品	华北区	八路网络视...	八路网络视...	路网	16	八路天眼视
352.00	0.00	16000	2009	1	输入输出SAT...	已焊接电路板	华北区	输入输出sata...	输入输出SAT...	入	15	输入输出SAT...
76.93	0.00	1000	2009	1	宏衡1K加密件	其它板上元件	华北区	宏衡1k加密件	宏衡1K加密件	肉1	7	宏衡1K加密件
139.32	292.50	0	2009	1	ATX电源 2U ...	功能整件	华北区	ab电源 2u 2...	ATX电源 2U ...	TX	13	ATX电源 2U ...
16524.75	28325.00	5000	2009	1	网络键盘	成品	华北区	网络键盘	网络键盘	络键	4	天眼键盘
5584.67	20000.00	2000	2009	1	四路网络视	成品	华北区	四路网络视...	四路网络视...	路网	9	四路天眼视
4447.58	9000.00	1000	2009	1	SIP1000T路...	成品	华北区	sip1000路由器	SIP1000T路...	IP	11	SIP1000T路...
30769.23	45000.00	0	2009	1	视频光端机	代购设备	华北区	视频光端机	视频光端机	录光	5	视频光端机
-108.71	0.00	0	2009	1	ATX电源 1U ...	功能整件	华北区	ab电源 1u 2...	ATX电源 1U ...	TX	13	ATX电源 1U ...
2112.37	11880.00	1000	2009	1	四路网络视	成品	华北区	四路网络视...	四路网络视...	路网	9	四路天眼视
440.00	0.00	0	2009	1	输入输出SAT...	已焊接电路板	华北区	输入输出sata...	输入输出SAT...	入	15	输入输出SAT...
2112.36	14000.00	1000	2009	1	四路网络视	成品	华北区	四路网络视...	四路网络视...	路网	9	四路天眼视
88.00	0.00	4000	2009	1	输入输出SAT...	已焊接电路板	华北区	输入输出sata...	输入输出SAT...	入	15	输入输出SAT...
4224.73	23760.00	2000	2009	1	八路网络视	成品	华北区	八路网络视...	八路网络视...	路网	9	八路天眼视
2792.34	17820.00	1000	2009	1	八路网络视	成品	华北区	八路网络视...	八路网络视...	路网	16	八路天眼视
352.00	0.00	16000	2009	1	输入输出SAT...	已焊接电路板	华北区	输入输出sata...	输入输出SAT...	入输	15	输入输出SAT...
811.97	0.00	0	2009	1	硬盘	代购设备	华北区	硬盘	硬盘	盘	2	硬盘
3480.00	0.00	0	2009	1	机柜	代购设备	华北区	机柜	机柜	柜	2	机柜
5584.67	32000.00	2000	2009	3	八路网络视	成品	华北区	八路网络视...	八路网络视...	路网	9	八路天眼视
2112.37	11000.00	1000	2009	3	四路网络视	成品	华北区	四路网络视...	四路网络视...	路网	9	四路天眼视
3589.74	5500.00	10000	2009	3	SATA硬盘	代购设备	华北区	sata硬盘	SATA硬盘	AT	8	SATA硬盘
220.00	0.00	10000	2009	3	输入输出SAT...	已焊接电路板	华北区	输入输出sata...	输入输出SAT...	入输	15	输入输出SAT...
1746.57	5665.00	1000	2009	3	网络键盘	成品	华东区	网络键盘	网络键盘	络键	4	天眼键盘
1746.58	5400.00	0	2009	3	网络键盘	成品	华东区	网络键盘	网络键盘	络键	4	天眼键盘
-8187.66	0.00	0	2009	3	八路网络视	成品	华东区	八路网络视...	八路网络视...	路网	16	八路天眼视
22338.70	126400.00	8000	2009	3	四路网络视	成品	华东区	四路网络视...	四路网络视...	路网	16	四路天眼视
-4224.74	0.00	0	2009	3	四路网络视	成品	华东区	四路网络视...	四路网络视...	路网	9	四路天眼视
696.60	1462.50	0	2009	3	ATX电源 2U ...	功能整件	华东区	ab电源 2u 2...	ATX电源 2U ...	TX	13	ATX电源 2U ...
13.25	58.50	0	2009	3	风扇	功能整件	华东区	风扇	风扇	扇	2	风扇
2918.39	10800.00	2000	2009	3	单路1U 网络...	成品	华东区	单路1u 网络...	单路1U 网络...	路1	16	单路1U 天眼
2112.36	11880.00	1000	2009	3	四路网络视	成品	华东区	四路网络视...	四路网络视...	路网	9	四路天眼视
8377.01	67147.80	3000	2009	3	八路网络视	成品	华东区	八路网络视...	八路网络视...	路网	16	八路天眼视
2792.34	11400.00	1000	2009	3	八路网络视	成品	华东区	八路网络视...	八路网络视...	路网	16	八路天眼视
76.92	0.00	0	2009	3	宏衡1K加密件	其它板上元件	华北区	宏衡1k加密件	宏衡1K加密件	肉1	7	宏衡1K加密件

图 6-47　Substitute 函数效果图

11. Trim

Trim 函数的作用是将删除字符串的开头和结尾的空白字符。

函数的语法格式：

Trim([Column])

使用 Trim 函数将图表中"产品名称"中字符串前后有空格的去掉空格，另存为"Trim"列，具体操作步骤如下：

(1) 右击菜单栏"插入"选择"计算列"，在弹出的"插入计算的列"中设置"表达式(E)："为"Trim([产品名称]) as [Trim]"。

(2) 重新加载图表，如图 6-48 所示。

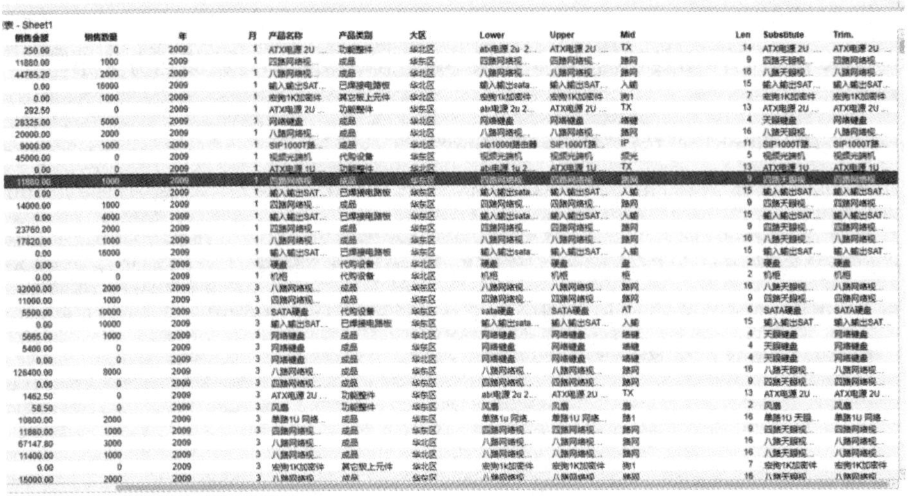

图 6-48　Trim 函数效果图

12. UniqueConcatenate

UniqueConcatenate 函数的作用是连接转换为字符串的唯一值。这些值根据比较运算符进行排序。

函数的语法格式：

UniqueConcatenate([Column])

使用 UniqueConcatenate 函数将图表中每条数据中"月"合为一列，另存为"UniqueConcatenate"列，具体操作步骤如下：

(1) 右击菜单栏"插入"选择"计算列"，在弹出的"插入计算的列"中设置"表达式(E)："为"UniqueConcatenate([月]) as [UniqueConcatenate]"。

(2) 重新加载图表，如图 6-49 所示。

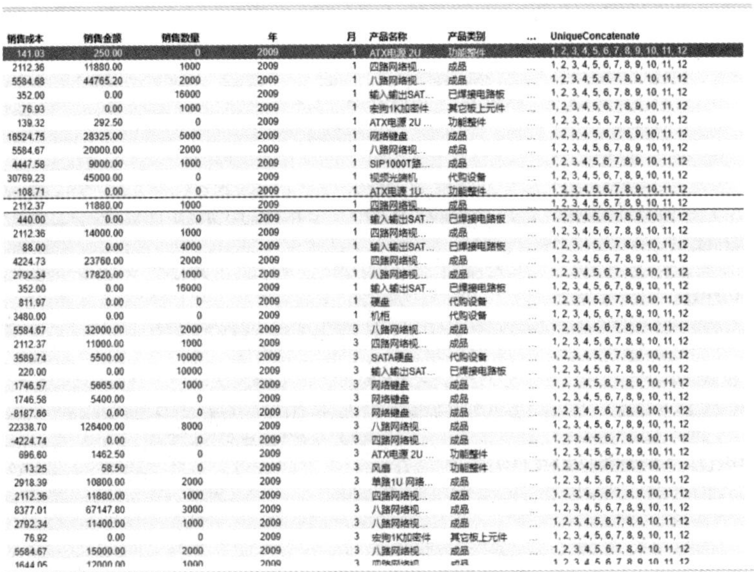

图 6-49　UniqueConcatenate 函数效果图

6.5　列　操　作

有时候，我们要在大数据分析平台中加载的数据并不具备最适当的格式，并且可能包含错误。因此，在导入数据时有必要对数据进行修改，从而确保从分析中获得最佳结果。

1. 更改列名称

能够更改数据表中一个或多个列的名称。

对"小队评分情况表"进行数据分析时，对小队各项分数进行计算，并将"总分"列更改为"评级分"，及时评出优秀小队，具体步骤如下：

(1) 导入数据表，点击"添加数据表"按钮 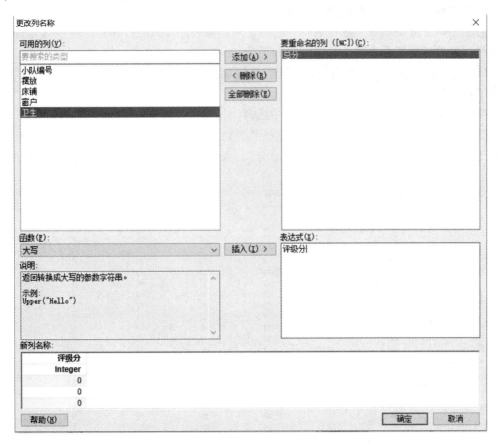，在打开的"添加数据表"对话框中，选择"添加"，导入"小队评分情况表"。

(2) 在导入页面，"转换"下拉列表选择"计算并替换列"，并点击"添加"。

(3) 在弹出的"更改列名称"对话框"表达式"中插入或写入"评级分"，如图 6-50所示。

图 6-50　计算的列命名图

(4) 点击"确定",添加完成,如图 6-51 所示。

小队评分情况表 - Sheet1 (2)

小队编号	摆放	床铺	窗户	卫生	评级分
2	3	4	4	6	0
3	4	5	5	7	0
4	5	6	6	8	0
5	6	7	7	9	0
6	7	8	8	10	0
7	8	9	9	11	0
8	9	10	10	12	0
9	10	11	11	13	0
10	11	12	12	14	0
11	12	13	13	15	0
12	13	14	14	16	0
13	14	15	15	17	0
14	15	16	16	18	0
15	16	17	17	19	0
16	17	18	18	20	0
17	18	19	19	21	0
19	20	21	21	23	0
20	21	22	22	24	0
21	22	23	23	25	0
22	23	24	24	26	0

图 6-51　更改列名称效果图

2. 计算并替换列

在添加数据时,以计算的列替换数据表中的列。

对"小队评分情况表"进行数据分析时,对小队各项分数进行计算,并以总分替换小队编号,及时评出优秀小队,具体步骤如下:

(1) 导入数据表,点击"添加数据表"按钮 ,在打开的"添加数据表"对话框中,选择"添加",导入"小队评分情况表"。

(2) 在导入页面,"转换"下拉列表中选择"计算并替换列",并点击"添加"。

(3) 在弹出的"计算并替换列"对话框"表达式"中插入或写入表达式"[摆放] + [床铺] + [窗户] + [卫生]",表达式名称为"总分"。点击"确定",添加完成,如图 6-52 所示。

小队评分情况表 - Sheet1

总分	摆放	床铺	窗户	卫生	总分 (2)
17	3	4	4	6	0
21	4	5	5	7	0
25	5	6	6	8	0
29	6	7	7	9	0
33	7	8	8	10	0
37	8	9	9	11	0
41	9	10	10	12	0
45	10	11	11	13	0
49	11	12	12	14	0
53	12	13	13	15	0
57	13	14	14	16	0
61	14	15	15	17	0
65	15	16	16	18	0
69	16	17	17	19	0
73	17	18	18	20	0
77	18	19	19	21	0
81	19	20	20	22	0
85	20	21	21	23	0
89	21	22	22	24	0
93	22	23	23	25	0
97	23	24	24	26	0

图 6-52　计算并替换列效果图

3. 计算新列

在添加数据时，向数据表添加计算的列。

对"小队评分情况表"进行数据分析时，对小队各项分数进行计算，及时评出优秀小队，具体步骤如下：

(1) 导入数据表。点击"添加数据表"按钮 ，在打开的"添加数据表"对话框中，选择"添加"，导入"小队评分情况表"。

(2) 在导入页面，"转换"下拉列表，选择"计算新列"，并点击"添加"。

(3) 在弹出的"计算新列"对话框"表达式"中插入或写入表达式"[摆放] + [床铺] + [窗户] + [卫生]"，表达式名称为"计算总分"。点击"确定"，添加完成，如图 6-53 所示。

小队评分情况表 - Sheet1

小队编号	摆放	床铺	窗户	卫生	总分	计算总分
2	3	4	4	6	*	17
3	4	5	5	7	*	21
4	5	6	6	8	*	25
5	6	7	7	9	*	29
6	7	8	8	10	*	33
7	8	9	9	11	*	37
8	9	10	10	12	*	41
9	10	11	11	13	*	45
10	11	12	12	14	*	49
11	12	13	13	15	*	53
12	13	14	14	16	*	57
13	14	15	15	17	*	61
14	15	16	16	18	*	65
15	16	17	17	19	*	69
16	17	18	18	20	*	73
17	18	19	19	21	*	77
18	19	20	20	22	*	81
19	20	21	21	23	*	85
20	21	22	22	24	*	89
21	22	23	23	25	*	93
22	23	24	24	26	*	97

图 6-53　计算新列效果图

4. 层级

两个或多个列以某种方式相关联，按照等级划分为不同的上下节制的层级组织结构。层级的应用：可通过滑动层级滑块展示不同的信息。

通过添加层级对销售数据表进行处理，得出每个月每个销售品牌的销售金额，具体步骤如下：

(1) 导入数据：单击工具栏上的按钮 ，在"添加数据表"对话框中选择"添加" > "文件"，选择"销售表.xls"，导入相关的数据表。

(2) 创建图表：点击菜单栏按钮 图标，创建条形图。

(3) 点击左侧工具栏选择销售金额，单击右侧工具栏选择商品品牌。

(4) 顶部工具栏选择插入，下拉菜单栏中选择层级，进入层级添加页面。我们选择添加月以及品牌名称，并且自定义名称为月品牌销售。完成之后，点击"确定"，如图 6-54 所示。

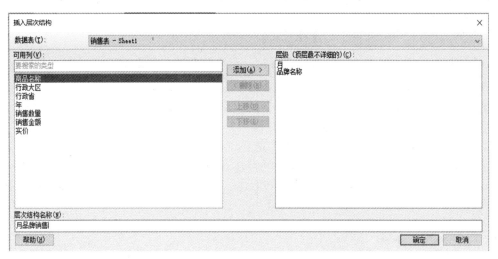

图 6-54　插入层级图

(5) 主界面会出现我们创建的月品牌销售选项，选择之后就会出现我们自己定义的层级关系，如图 6-55 所示。

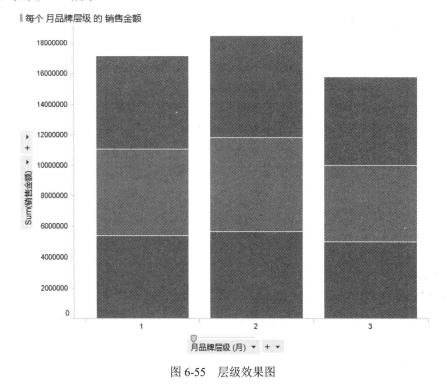

图 6-55　层级效果图

6.6　聚　　合

聚合的定义：使用统计函数对数据进行处理的方式。例如，可以选择显示一年所有销售总额或每个月的平均销售额。

因为聚合是通过使用统计函数对数据记性处理的一种方式，所以在数据处理的过程中对聚合的使用有以下两点要求：

(1) 数据表必须至少包含一个数值列(整数、实数或货币列)。

(2) 图表类型必须支持聚合。

创建图表后选择需要进行聚合并且符合聚合要求的列，点击坐标选择聚合，可进行聚合操作。其具体步骤如下：

(1) 导入数据：单击工具栏上的按钮█，在"添加数据表"对话框中选择"添加"＞"文件"，选择"销售表.xls"，导入相关的数据表。

(2) 创建图表：点击按钮█ 创建条形图。

(3) 聚合操作：选择左侧工具栏，点击"销售金额"(我们以销售金额为例)，选择聚合的求和函数"Sum(求和)"，即可展示我们以销售金额为标准的求和聚合功能，如图 6-56所示。

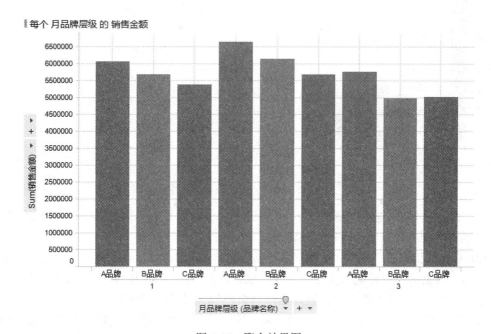

图 6-56　聚合效果图

聚合常用的函数表达式：在聚合的使用过程中，我们提供了相对应的多种函数表达式，例如 Sum(求和)，Avg(平均值)，Count(计数)，Min(最小值)，Max(最大值)，Median(中值)，StdDev(标准偏差)，StdErr(标准误差)等等，在使用的过程中，我们可以根据自身数据分析的业务要求，选择相对应的函数表达式去操作，实现数据分析的结果。

6.7　自定义表达式

自定义表达式是通过函数对数据进行处理的一种方法，通过自定义表达式，可以为图表创建自己的聚合方法。

自定义表达式与各类图形结合使用，使图形能够实现更加复杂的分析。

本小节将从四个案例出发，将自定义表达式与条形图、散点图相结合，完成复杂的图表分析。

1. 实现销售数量的同比分析

使用自定义表达式，对某车行去年和今年的销售数据进行同比分析，如图 6-57 所示的条形图表示销售的同比分析情况，散点图表示销售数据的集中度。具体步骤如下：

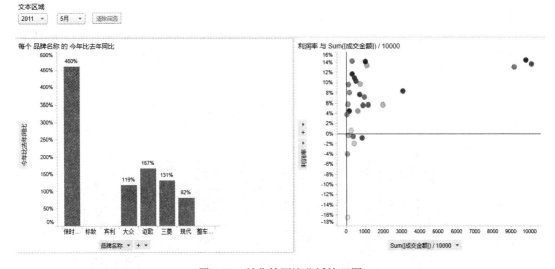

图 6-57　销售的同比分析情况图

(1) 点击"添加数据表"按钮 ▦ ，在打开的"添加数据表"对话框中，选择"添加"，导入"销售合同"数据表，点击"确定"。

(2) 点击"工具栏"上的"文本区域"按钮 ▥ ，新建文本区域。点击右上角的"编辑文本区域"按钮 ✎ ，打开编辑文本区域对话框，点击"插入属性控件"按钮 ▱▾ ，选择"下拉列表"，打开"属性控件"对话框。点击"新建"，添加年份控件。

(3) 在"属性控件"对话框中"通过以下方式设置属性和值"选择"列中的唯一值"，"数据表"选择"部门回款"，"列"选择"年"，点击"确定"，添加完成。

(4) 在同一文本区域的空白处单击鼠标，参照年份筛选控件的创建步骤，新建月份筛选控件。

(5) 在同一文本区域的空白处单击鼠标，点击"插入操作控件"按钮 ▣ ，打开属性对话框。设置"显示文本"为"清除筛选"，在"可用操作"中选择"函数"中的"重置所有标记"点击"添加"，添加到"所选操作"，点击"确定"。

(6) 添加完成。点击文本区域中"保存"按钮 ▤ ，完成文本区域的编辑，如图 6-58 所示。

图 6-58　文本区效果图

(7) 点击工具栏的按钮 ，新建条形图。

(8) 在新建的条形图中点击右上角的"属性"按钮 ，打开属性对话框。选择"数据"菜单中"数据表"为"销售合同"；点击"使用表达式限制数据"后的"编辑"按钮，设置"表达式(E)："为"[月份] = ${月}"，点击"确定"。条形图会根据文本区域中月份的不同而显示不同月份的数据。

(9) 点击"关闭"。右击"值轴"选择"自定义表达式"，设置"表达式(E)："为"sum(if([年份] = ${年}, [数量])) / sum(if([年份] = ${年}-1, [数量])) as [销售数量 v 去年]"，点击"确定"。

(10) 点击右上角的"属性"按钮 ，打开属性对话框。选择"格式化"菜单中"值轴"的"类别"为"百分比"。点击"关闭"设置完成，如图 6-59 所示。

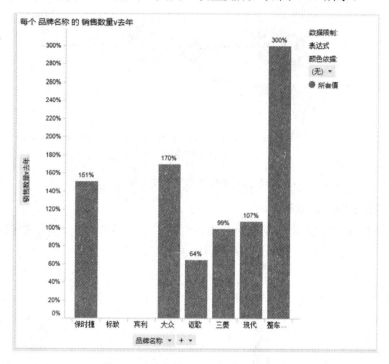

图 6-59　销售的同比分析情况效果图

(11) 点击"工具栏"上的"散点图"按钮 ，新建散点图。在新建的散点图中点击右上角的"属性"按钮 ，打开属性对话框。选择"数据"菜单，点击"使用表达式限制数据"后的"编辑"按钮，设置"表达式(E)："为"[年份] = ${年} and [月份] = ${月}"。点击"确定"。条形图会根据文本区域中选择不同的年份或月份，而显示不同的数据。

(12) 选择"Y 轴"菜单，右击"列"选择"自定义表达式"，设置"表达式(E)"为"(Sum([成交金额]) - Sum([成本金额])) / Sum([成本金额])"，设置"显示名称"为"利润"，点击"确定"。

(13) 选择"X 轴"菜单，右击"列"选择"自定义表达式"，设置"表达式(E)"为"Sum([成交金额]) / 10000"，置"显示名称"为"销售金额：万元"，点击"确定"。

(14) 选择"颜色"菜单中"列"为"展厅名称"，设置"颜色模式"为"类别"。

(15) 选择"直线和曲线"菜单，在"可见线条和曲线"中勾选"横线和竖线"。点击"关闭"，如图 6-60 所示。

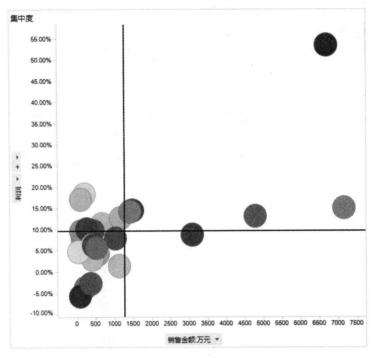

图 6-60　销售数据集中度效果图

2. 实现销售差额对比分析

利用条形图数据对比，展示某销售公司本月对比上一月的销售差额。如图 6-61 所示的正数代表销售额盈利情况，负数代表销售额亏损情况。

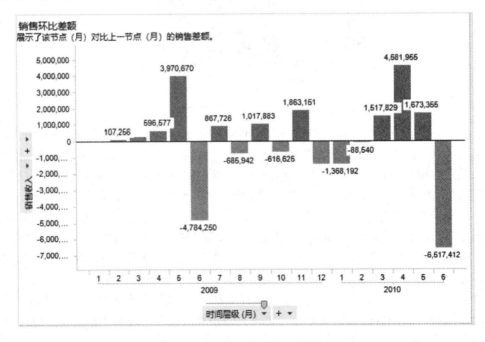

图 6-61　销售差额对比分析图

具体分析步骤如下：

(1) 点击"添加数据表"按钮 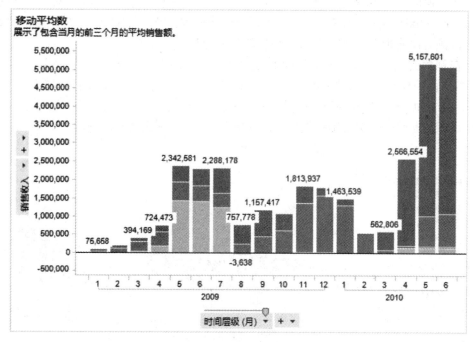，在打开的"添加数据表"对话框中，选择"添加"，导入出库表，点击"确定"。

(2) 点击"工具栏"上的"条形图"按钮 ，新建条形图。在新建的条形图中点击右上角的"属性"按钮 ，打开属性对话框。

(3) 选择"外观"菜单，勾选"对标记项使用单独的颜色"。

(4) 选择"类别轴"菜单，右击"列"选择"自定义表达式"设置"表达式(E)："为"<PruneHierarchy([Hierarchy.时间层级], 1) > "，点击"关闭"。

(5) 选择"值轴"菜单，右击"列"选择"自定义表达式"设置"表达式(E)："为"Sum([销售金额]) - Sum([销售金额]) OVER (Previous([Axis.X]))"，设置"显示名称"为"销售收入"。点击"关闭"。

(6) 选择"格式化"菜单中"值轴"的"类别"为"编号"。

(7) 选择"颜色"菜单，右击"列"选择"自定义表达式"，设置"表达式(E)："为"Sum([销售金额]) - Sum([销售金额]) OVER (Previous([Axis.X]))"，点击"关闭"。

(8) 设置"颜色模式"为"固定"，分别添加小于、大于两个规则。

3. 实现销售额的预测分析

利用条形图展示了某销售公司的前三个月的平均销售额(包含当前月)，如图 6-62 所示。通过当前三个月的分析结果，可作为后续销售情况的预测参考，方便管理者及时调整销售方案。

图 6-62　销售额的预测分析图

具体分析步骤如下：

(1) 新建条形图。设置"表达式(E)："为"Sum([销售金额]) OVER (LastPeriods(3,

[Axis.X])) / 3"。设置"显示名称"为"销售收入"。

(2) 设置"颜色"菜单中"列"为"大区","颜色模式"为"固定"。具体操作步骤请参照"2. 实现销售差额对比分析,利用条形图数据对比,展示该节点(月)对比上一节点(月)的销售差额。"

4. 实现销售额累计总额分析

使用条形图查看某销售公司至今为止所有销售的累计总额,如图 6-63 所示。

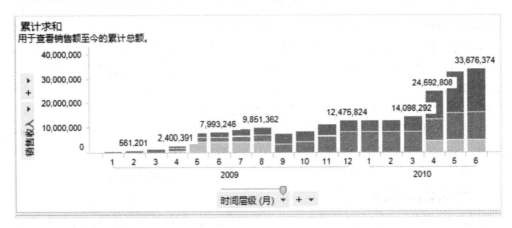

图 6-63　销售额累计总额分析图

可按下面的操作步骤实现:新建条形图。设置"表达式(E):"为"Sum([销售金额]) OVER (AllPrevious([Axis.X]))"。设置"显示名称"为"销售收入"。具体操作步骤请参照"2. 实现销售差额对比分析"与"3. 实现销售额的预测分析"。

可在销售的累计总额的分析基础上与相交方法相结合,求出该公司各年度的累计总数。可按下面的操作步骤实现:新建条形图。设置"表达式(E):"为"Sum([销售金额]) OVER (Intersect(Parent([Axis.X]), AllPrevious([Axis.X])))"。设置"显示名称"为"销售收入"。具体操作步骤请参照"2. 实现销售差额对比分析"与"3. 实现销售额的预测分析",如图 6-64 所示。

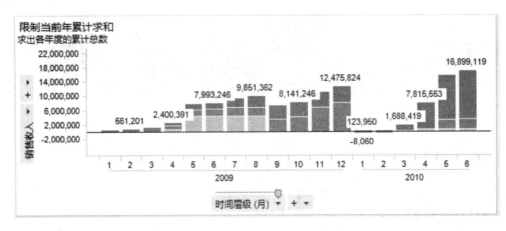

图 6-64　各年度的累计总数效果图

本 章 小 结

本章主要讲解了智速云大数据分析平台的高级操作，分别介绍了 Over 分析函数、日期函数、统计函数、字符串函数等函数的使用，以及列操作与自定义表达式对图表分析的影响。通过本章的学习，可以掌握每个函数的作用并能够将自定义表达式运用到图表分析中。为下一章高级可视化图表创建打下基础。

习　　题

一、选择题

1. 下列关于大数据的分析理念的说法中，错误的是(　　)。
　A. 在数据基础上倾向于全体数据而不是抽样数据
　B. 在分析方法上更注重相关分析而不是因果分析
　C. 在分析效果上更追求效率而不是绝对精确
　D. 在数据规模上强调相对数据而不是绝对数据

2. "层级"在哪个菜单下(　　)
　A. 插入　　　　　　B. 视图　　　　　　C. 文件　　　　　　D. 工具

3. (　　)是两个或多个列以某种方式相关联，按照等级划分为不同的上下节制的组织结构。
　A. 筛选器　　　　　B. 标记　　　　　　C. 层级　　　　　　D. 书签

4. (　　)是通过函数对数据处理的一种方法，可以为图表创建自己的聚合方法。
　A. 函数表达式　　　　　　　　　　B. 自定义表达式
　C. 分数表达式　　　　　　　　　　D. 数据表达式

5. 打开"注册数据函数"在哪个菜单下(　　)
　A. 编辑　　　　　　B. 插入　　　　　　C. 工具　　　　　　D. 视图

6. 如果表中的内容有几列是你不想要的数据，应该选择属性的(　　)一栏进行修改。
　A. 数据　　　　　　B. 外观　　　　　　C. 排序　　　　　　D. 显示/隐藏项目

二、判断题(正确打"√"，错误打"×")

1. 数据转换方式有：转置、逆转置、更改行名称等。　　　　　　　　　　(　　)
2. 关于大数据的分析理念，在数据规模上强调相对数据而不是绝对数据。　(　　)
3. 逆转置：将数据表从短/宽格式更改到高/窄格式。　　　　　　　　　　(　　)
4. 转置：将数据表从高/窄格式更改到短/宽格式。　　　　　　　　　　　(　　)
5. 层级是两个或多个列以某种方式相关联，按照等级划分为不同的上下节制的层级组织结构。　　　　　　　　　　　　　　　　　　　　　　　　　　　　　(　　)
6. 数据函数：将先前注册的数据函数用作转换步骤。　　　　　　　　　　(　　)
7. 创建自定义查询时，只能使用平台支持的数据类型。　　　　　　　　　(　　)

三、多选题

1. 可视化高维展示技术在展示数据之间的关系以及数据分析结果方面的作用有(　　)。
   A. 能够直观反映成对数据之间的空间关系
   B. 能够直观反映多维数据之间的空间关系
   C. 能够静态演化事物的变化及变化的规律
   D. 能够动态演化事物的变化及变化的规律

2. 数据连接包括(　　)数据库。
   A. 关系型　　　　　B. 非关系型　　　C. HBase　　　　D. HADOOP

3. 数据库文件的加载方式有(　　)。
   A. 数据连接　　　B. JDBC　　　C. ODBC　　　D. OLE DB

四、分析题

1. 大数据的科学价值和社会价值体现在哪些方面?
2. 数据转换的方法有哪些?
3. 自定义表达式的意义是什么?

第 7 章　高级可视化图表创建

7.1　交　叉　表

　　交叉表是由列和行组成的双向表，是一种常用的分类汇总表格。在大数据分析平台中也被称为数据透视表或多维表。其最大的优势是能够构造、汇总及显示大量数据，且显示的数据非常直观明了。交叉表还可用于确定行变量与列变量之间是否存在关系。

　　利用交叉表对数据进行分类汇总，使数据直观明了方便查看。

　　以某销售公司销售数据为例，汇总公司产品的各品牌在各行政大区的销售金额，请按以下步骤进行操作：

　　(1) 导入数据表，点击"添加数据表"按钮 ，在打开的"添加数据表"对话框中，选择"添加"，导入"销售表"，点击"确定"导入完成。

　　(2) 新建"品牌/类别名称"的层级。

　　① 点击"工具栏"上的按钮 ，新建交叉表。

　　② 点击"菜单栏"上的"插入"，选择"层级"。在打开的"插入层次结构"对话框中"可用列"选择"品牌名称"和"类别名称"，点击"添加"按钮，将"品牌名称"和"类别名称"设置为层级。设置"层次结构名称(N)"为"品牌/类别名称"，点击"确定"添加完成。

　　(3) 点击"垂直轴"，修改轴为"品牌/类别名称"。拖动垂直轴上的层级滑块将数据展开。

　　(4) 点击右上角的"属性"按钮 ，打开属性对话框。选择"列小计"菜单，勾选"品牌名称"。

　　(5) 选择"外观"菜单，勾选"列总计"和"行总计"可以实现各行各列的小计结果。

　　(6) 为了解各行政大区 A 品牌的销售情况，对各行政大区的总销量和 A 品牌的总销量进行排序。

　　① 选择"排序"菜单，在"行的排序方式"下拉框中选择"总计"并选择"降序"排序。

　　② 勾选"仅显示行的第一个编号"，并只显示前 5 条记录。

　　③ 在"列的排序方式"下拉框中选择"A 品牌>>小计"并选择"降序"排序。

　　(7) 对销售情况进行预警分析。选择"颜色"菜单中"配色方案分组"后的添加按钮，在下拉框中选择"sum 销售金额"，设置"颜色模式"为"梯度"，点击"添加点"，分别添加"最大值""最小值"和"平均值"。

整体效果图，如图 7-1 所示。

每个 品牌/类别名称 和 行政大区

品牌名称	类别名...	华东	中南	西南	华北	东北	西北	总计
A品牌	头饰类	311974.00	114545.00	90857.00	85251.00	33102.00	26326.00	662055.00
	生活用品	57895.00	33442.00	23174.00	22822.00	12392.00	7212.00	156937.00
	淘汰类	47764.00	14317.00	10307.00	7992.00	7260.00	1238.00	88878.00
	首饰类	33843.00	10805.00	20973.00	8225.00	5724.00	3643.00	83213.00
	毛绒类	32502.00	8127.00	5738.00	6875.00	2008.00	1584.00	56834.00
	小计	578040.00	219986.00	189941.00	151869.00	71191.00	51794.00	1262821.00
B品牌	头饰类	216483.00	77643.00	88917.00	77222.00	22372.00	31280.00	513917.00
	生活用品	49028.00	19418.00	18890.00	11465.00	9053.00	17550.00	125404.00
	首饰类	29796.00	13493.00	18364.00	21693.00	6445.00	12988.00	102779.00
	淘汰类	20047.00	8166.00	13868.00	9659.00	2759.00	3104.00	57603.00
	化妆品	20232.00	8071.00	8431.00	6874.00	3168.00	4034.00	50810.00
	小计	412579.00	154091.00	178798.00	157225.00	57422.00	104555.00	1064670.00
C品牌	头饰类	183211.00	95156.00	101808.00	44919.00	39063.00	38164.00	502321.00
	生活用品	58777.00	14215.00	18476.00	10874.00	12410.00	9966.00	124718.00
	首饰类	29438.00	12123.00	17306.00	9982.00	5291.00	5210.00	79350.00
	淘汰类	27019.00	14670.00	14014.00	10646.00	5800.00	6127.00	78276.00
	毛绒类	20599.00	7415.00	7817.00	9447.00	2485.00	2226.00	49989.00
	小计	391469.00	177587.00	192965.00	113023.00	74399.00	76774.00	1026217.00

图 7-1　各品牌在各行政大区的销售金额整体效果图

7.2　箱　线　图

箱线图(即我们常说的箱型图)，是一种用于显示一组数据分散情况的统计图，因形状如箱子而得名。

箱线图用以显示数据的位置、分散程度、异常值等。箱线图主要包括 6 个统计量：上边缘、上四分位数、中位数、下四分位数、下边缘、异常值，如图 7-2 所示。

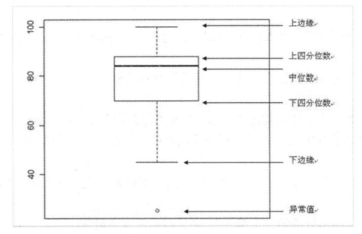

图 7-2　箱线图

(1) 上边缘、下边缘：一般上限是距下四分位数与 1.5 倍的四分位距 IQR(Inter Quartile Range)之和的范围之内最远的点，下限是距上四分位数与 1.5 倍的 IQR 之差的范围内最远的点。也可直接设置上边缘为最大值，设置下边缘为最小值。

(2) 上四分位数(也称第一个四分位数)、下四分位数(也称第三个四分位数)：数据按照大小顺序排列，处于总观测数 25%位置的数据为上四分位数，处于总观测数 75%位置的数据为下四分位数。四分位间距是下四分位数与上四分位数之差，简称 IQR。

(3) 中位数：数据按照大小顺序排列，处于中间位置，即总观测数 50%的数据。

(4) 异常值：在上边缘和下边缘之外的数据。

通过绘制箱线图，观测数据在同类群体中的位置，可以知道哪些表现好，哪些表现差。比较四分位全距及线段的长短，可以看出哪些群体分散，哪些群体更集中。

以销售人员考核成绩为例，对不同销售部门的考核成绩进行分析做出箱线图，具体操作步骤如下：

(1) 点击"添加数据表"按钮 <img>，在打开的"添加数据表"对话框中，选择"添加"，导入箱线图数据表。

(2) 点击"工具栏"上的"箱线图"按钮 <img>，新建箱线图。在新建的箱线图中点击右上角的"属性"按钮 <img>，打开属性对话框。

(3) 选择"外观"菜单，对框宽度、抖动外部值、标记大小、透明度进行修改，勾选"显示比较环图"与"在统计表中显示单元格边框"。

(4) 选择"X 轴"菜单中"列"为"部门"。

(5) 选择"Y 轴"菜单中"列"为"考核成绩"。

(6) 选择"参考点"菜单，勾选"Avg(平均值)、Median(中值)、Q1(第一个四分位数)、Q3(第三个四分位数)"。

(7) 选择"颜色"菜单中"列"为"部门"，设置"颜色模式"为"类别"。

(8) 选择"统计表"菜单，在"可用度量值"中选择"Sum(求和)、Median(中值)、Outliers(离群值计数)"点击"添加"，添加到"选择的度量值"。

(9) 点击"关闭"，属性设置完成，效果如图 7-3 所示。

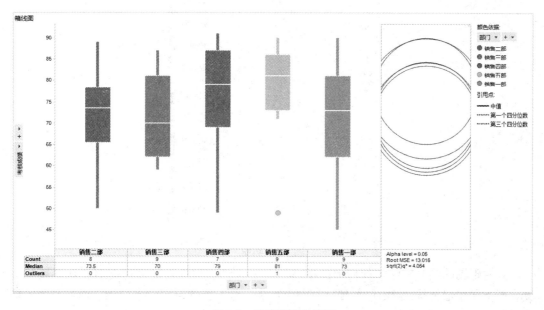

图 7-3　销售情况效果图

7.3　热　　图

热图是目前最常见的一种可视化手段，热图因其丰富的色彩变化和生动饱满的信息表达被广泛应用于各种大数据分析场景。

在智速云大数据分析平台中，热图是用颜色代替了数字，最大值显示为鲜红色、最小值显示为深蓝色、中间值为浅灰色，这些极值之间具有相应的过渡(或渐变)。利用群集可以分析出哪几个测试结果相似度高，以及各个测试结果的相似度大小。

将热图与层级群集工具相结合，通常很有用，这是基于层级中项目之间的距离或相似度来对这些项目进行排列的方式。层级群集工具计算的结果将以树形图(层级的树形结构)的形式显示在热图中。树形图分为行树形图和列树形图。

说明：层级群集工具在数据表中将行/或列进行分组，然后根据行/或列之间的距离或相似度，采用树形图在热图图表中对其进行排列。

行树形图显示了行之间的距离或相似度以及作为群集计算结果的各行所属的节点。在行树形图中，群集数据中的各行由最右侧的节点、叶节点表示。虚线称之为修剪线，其在使用群集 ID 时使用，如图 7-4 所示。

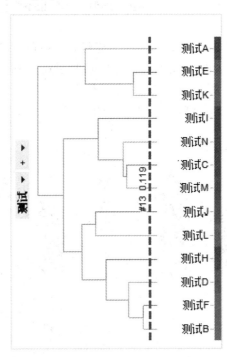

图 7-4　热图

列树形图的绘制方法与行树形图相同，但显示了变量(单元格值列)之间的距离或相似度。在下图中修剪线(虚线)位置处，有两个群集。最左侧的群集包含两列，而最右侧的群集仅包含单独一列，如图 7-5 所示。

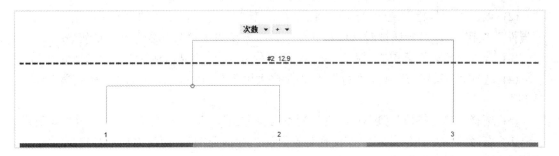

图 7-5　列树形图

与树形图进行交互。使用树形图可以轻松地在热图中进行突出显示和标记。我们可将鼠标悬停在树形图上，以突出显示热图中的群集及其相应的单元格。我们可以通过单击来标记群集。这样还可以标记热图中相应的单元格，如图 7-6 所示，工具提示显示了关于群集的信息。

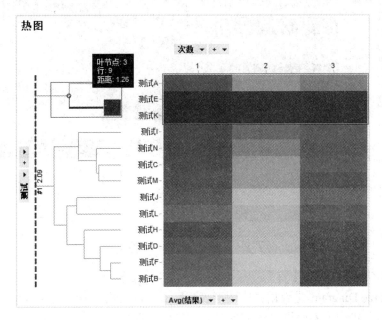

图 7-6　热图与属性图

热图制作注意事项：

选择了"显示行树形图"或者"显示列树形图"后，必须点击"更新"，才可以展示效果。如果将列树形图添加到包含多个单元格值列的热图，那么列群集无法显示任何群集 ID。

列树形图无法完全交互。例如，可能无法使用树形图在热图中亮显或标记。但是，仍可以移动修剪线以查看计算得出的距离或相似度，以及群集数。

现需查看某公司在不同地区不同品牌销售金额相似情况，使用热图可根据销售金额相似程序进行分组排序，具体操作步骤如下：

(1) 点击"添加数据表"按钮 ，在打开的"添加数据表"对话框中，选择"添加"，导入销售数据表，点击"确定"。

　　(2) 点击"工具栏"上的"热图"按钮 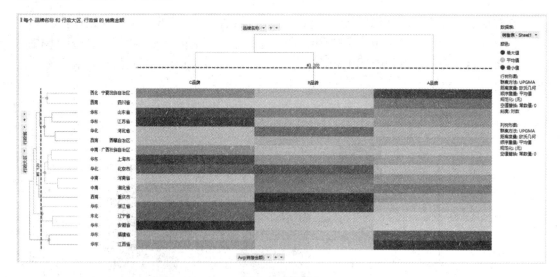，新建热图。在新建的热图中点击右上角的"属性"按钮 ⚙，打开属性对话框。选择"数据"菜单中"数据表"为"销售表"。

　　(3) 选择"X 轴"菜单中"列"为"品牌名称"，勾选"显示标签"与"最大标签数"。

　　(4) 选择"Y 轴"菜单中"列"为"行政大区""行政省"，勾选"反转刻度与显示标签"。

　　(5) 选择"单元格值"菜单中"列"为"销售金额"，设置聚合函数为"Avg(平均值)"。

　　(6) 选择"树形图"菜单中"设置对象"为"行树形图"，勾选"显示行树形图"。点击"关闭"，如图 7-7 所示。

图 7-7　效果图

7.4　树　形　图

　　树形图(Tree Diagram)是数据树的图形表现形式，以层次结构来组织对象，是一种基于面积的可视化方式，可突出显示异常数据点或重要数据。树形图可以用颜色或矩形块的大小来展示对应指标的大小。

　　通过树形图分析查看各区域品牌销售构成情况，以销售总额中区域销售额构成情况为例，做树形图的具体操作步骤如下：

　　(1) 点击"添加数据表"按钮 ▦，在打开的"添加数据表"对话框中，选择"添加"，导入销售数据表，点击"关闭"。

　　(2) 点击"工具栏"上的"树形图"按钮 ▦，新建树形图。在新的树形图中点击右上角的"属性"按钮 ⚙，打开属性对话框。选择"数据"菜单中"数据表"为"销售表"。

　　(3) 选择"颜色"菜单中"列"为"销售金额"，设置聚合函数为"Sum(求和)"，设置"颜色模式"为"梯度"。

　　(4) 选择"大小"菜单中"大小的排序方式"为"销售金额"，设置"聚合函数"为"Sum(求和)"。

（5）选择"层级"菜单中"层次"为"行政大区"与"品牌名称"。

（6）选择"标签"菜单，勾选"显示层次结构标签"与"显示标签"。点击"关闭"，属性设置完成，如图 7-8 所示。

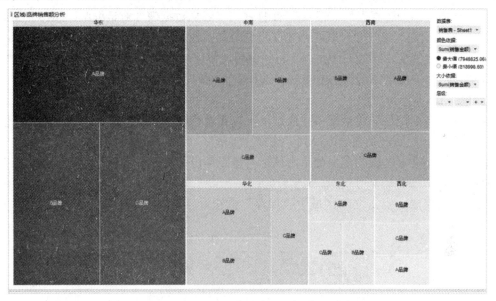

图 7-8　区域品牌销售额分析效果图

7.5　KPI 图

KPI(Key Performance Indication)即关键业绩指标，KPI 是企业中业绩考评的方法。KPI 可以使部门主管明确部门的主要责任，并以此为基础，明确部门人员的业绩衡量指标，使业绩考评建立在量化的基础之上。建立明确的切实可行的 KPI 指标体系是做好绩效管理的关键。

KPI 图由网格状排列的图块组成，其中每个图块都显示了特定类别的多项 KPI 值。此外，还可以包括一种简单的折线图即迷你图，以显示绩效随时间变化的趋势，如图 7-9 所示。

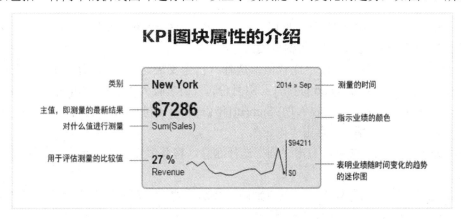

图 7-9　KPI 属性图

1. 单个指标 KPI 图

单个指标 KPI 图显示不同维度、不同指标的图表。以某公司的数据为例，用 KPI 图分析该公司当前关键指标的环比增长情况，具体操作步骤如下：

(1) 点击"添加数据表"按钮 ▦，在打开的"添加数据表"对话框中，选择"添加"，导入今日签约信息与资产负债表。点击工具栏上的按钮 ▣，新建文本区域。

(2) 在新建的文本区域右上角，点击"编辑文本区域"按钮 ✎，打开编辑文本区域对话框，选择"插入属性控件"按钮 ☑▾，选择"下拉列表"，打开"属性控件"对话框。点击"新建"，添加年份控件。

(3) 在"属性控件"对话框中"通过以下方式设置属性和值"选择"列中的唯一值"，"数据表"选择"资产负债表"，"列"选择"年份"，点击"确定"添加完成。

(4) 在同一文本区域的空白处单击鼠标，参照年份筛选控件的创建步骤，新建月份筛选控件。

(5) 创建完成。点击文本区域中"保存"按钮 ▤，完成文本区域的编辑，如图 7-10 所示。

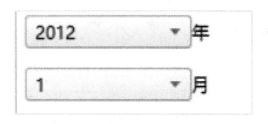

图 7-10　属性控件-保存图

(6) 点击"工具栏"上的"KPI 图"按钮 ▦，新建 KPI 图。在新建的 KPI 图中点击右上角的"属性"按钮 ⚙，打开 KPI 属性对话框，将原有的 KPI 值删除后，点击"添加"，添加销售收入 KPI。

(7) 打开 KPI 设置对话框，选择"数据"菜单中"数据表"为"资产负债表"。

(8) 选择"值"菜单，右击"值(y 轴)"选择"自定义表达式"，设置"表达式(E):"为"Sum(if([年份] = ${年份} and [月份] = ${月份}，[销售收入]))/10000 as [销售收入]"，点击"确定"。

(9) 在"值"菜单中"时间(x 轴)"为"年份"，右击"图块依据"选择"自定义表达式"，设置"表达式(E):"为"<"销售收入">"。

(10) 在"值"菜单中右击"比较值"选择"自定义表达式"，设置"表达式(E):"为"(Sum(if([年份] = ${年份} and [月份] = ${月份}，[销售收入])) - Sum(if([年份] = ${年份} and [月份] = ${月份}-1, [销售收入])))/Sum(if([年份] = ${年份} and [月份] = ${月份}-1, [销售收入])) as [环比增长率]"，点击"确定"。

(11) 选择"颜色"菜单，右击"列"选择删除，将其值设置为"无"，"颜色模式"为"固定"。

(12) 选择"格式化"菜单，设置值轴的"类别"为"自定义"，"比较轴"的"类别"为"百分比"。添加完成，点击"关闭"。

(13) 添加销售利润 KPI。设置"值(y 轴)"的"表达式(E)："为"Sum(if([年份] = ${年份} and [月份] = ${月份}，[毛利] - [财务费用]))/10 000 as [销售利润]"，如图 7-11 所示，具体步骤请参照步骤(6)～(12)。

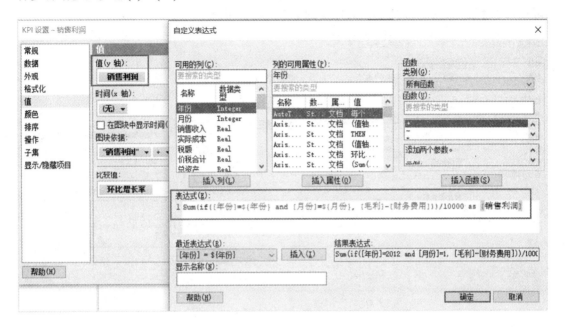

图 7-11　销售利润-值的计算方式

(14) 设置"图块依据"的"表达式(E)："为"<"销售利润">"，如图 7-12 所示，具体步骤请参照步骤(6)～(12)。

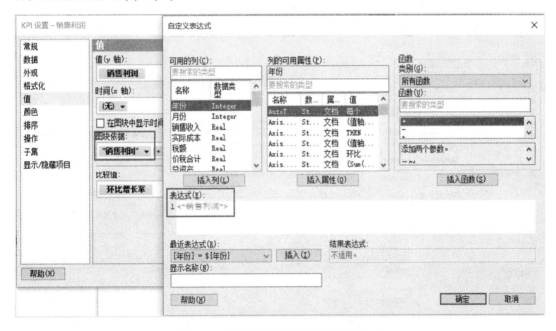

图 7-12　销售利润-图块依据的计算方式

(15) 设置"比较值"的"表达式(E)："为(Sum(if([年份] = \${年份} and [月份] = \${月份}，[销售收入] - [实际成本])) - Sum(if([年份] = \${年份} and [月份] = \${月份}-1，[销售收入] - [实际成本])))/Sum(if([年份] = \${年份} and [月份] = \${月份}-1，[销售收入] - [实际成本])) as [环比增长率]，如图 7-13 所示，具体步骤请参照步骤(6)~(12)。

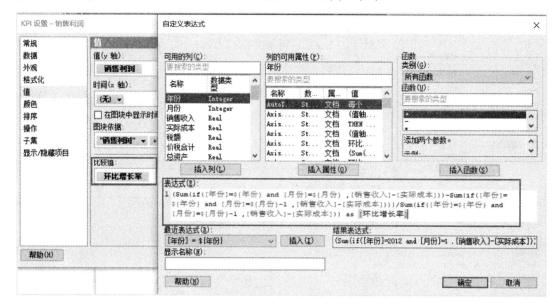

图 7-13　销售利润-比较值的计算方式

(16) 添加净利润 KPI。设置"值(y 轴)"的"表达式(E)："为"Sum(if([年份] = \${年份} and [月份] = \${月份}，[毛利] - [财务费用] - [税额] - [利息费用]))/10 000 as [净利润]"，如图 7-14 所示，具体步骤请参照步骤(6)~(12)。

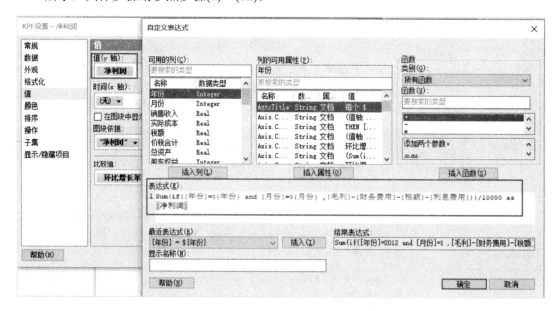

图 7-14　净利润-值的计算方式

(17) 设置"值(y 轴)"的"表达式(E)："为"<"净利润">"，如图 7-15 所示，具体步骤请参照步骤(6)～(12)。

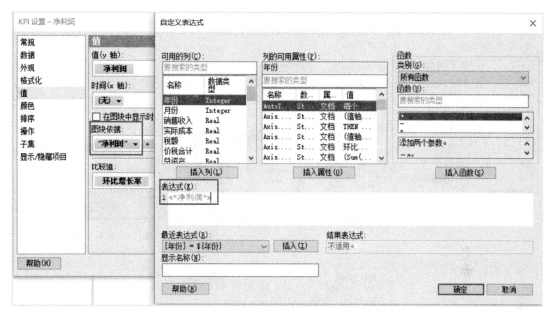

图 7-15　净利润-图块依据的计算方式

(18) 设置"比较值"的"表达式(E)："为"(Sum(if([年份] = ${年份} and [月份] = ${月份}，[毛利] - [财务费用] - [税额] - [利息费用])) - Sum(if([年份] = ${年份} and [月份] = ${月份}-1，[毛利] - [财务费用] - [税额] - [利息费用])))/Sum(if([年份] = ${年份} and [月份] = ${月份}-1，[毛利] - [财务费用] - [税额] - [利息费用])) as [环比增长率]"，如图 7-16 所示，具体步骤请参照步骤(6)～(12)。

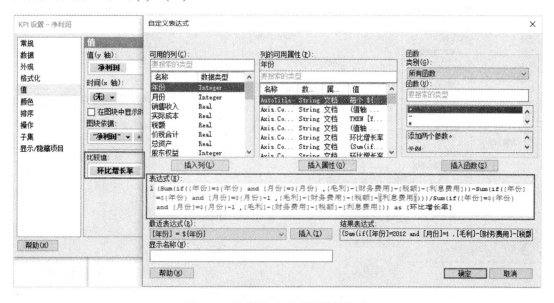

图 7-16　净利润-比较值的计算方式

(19) 添加经营现金流量 KPI。设置"值(y 轴)"的"表达式(E)："为"Sum(if([年份] = ${年份} and [月份] = ${月份}, [经营现金流量]))/10000 as [经营现金流量]"如图 7-17 所示，具体步骤请参照步骤(6)~(12)。

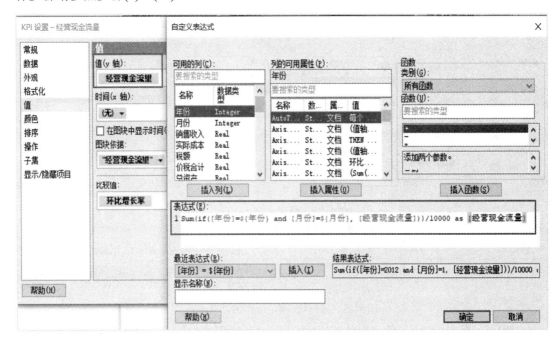

图 7-17　经营现金流量-值的计算方式

(20) 设置"图块依据"的"表达式(E)："为"<"经营现金流量">"，如图 7-18 所示，具体步骤请参照步骤(6)~(12)。

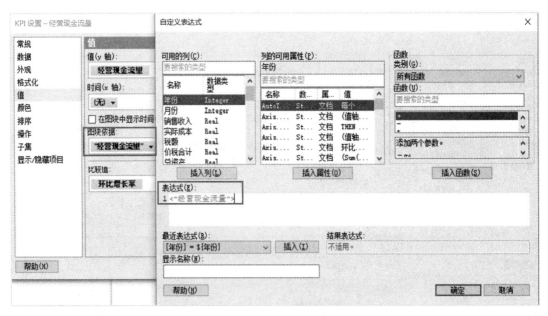

图 7-18　经营现金流量-图块依据的计算方式

(21) 设置"比较值"的"表达式(E)："为"(Sum(if([年份] = ${年份} and [月份] = ${月份}, [经营现金流量])) - Sum(if([年份] = ${年份} and [月份] = ${月份}-1, [经营现金流量])))/Sum(if([年份] = ${年份} and [月份] = ${月份}-1, [经营现金流量])) as [环比增长率]"，如图 7-19 所示，具体步骤请参照步骤(6)～(12)。

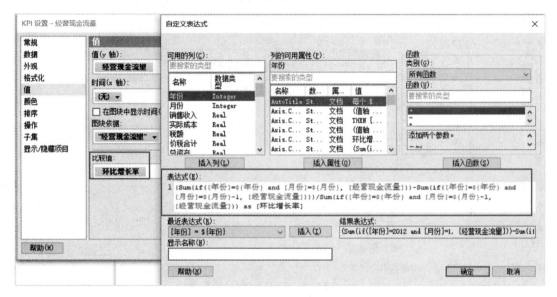

图 7-19　经营现金流量-比较值的计算方式

(22) 添加开发面积 KPI。设置"值(y 轴)"的"表达式(E)："为"Sum(if([年份]=${年份} and [月份]=${月份}，[开发面积])) as [开发面积]"，如图 7-20 所示，具体步骤请参照步骤(6)～(12)。

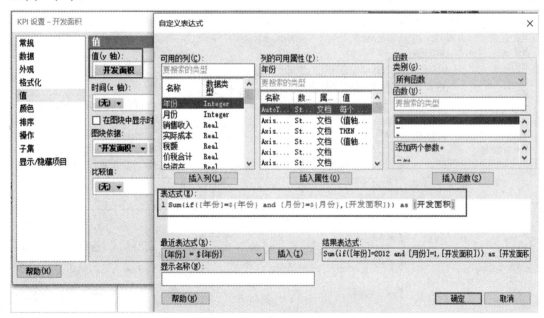

图 7-20　开发面积-值的计算方式

(23) 设置"图块依据"的"表达式(E)："为"<"开发面积">"，如图 7-21 所示，具体步骤请参照步骤(6)～(12)。

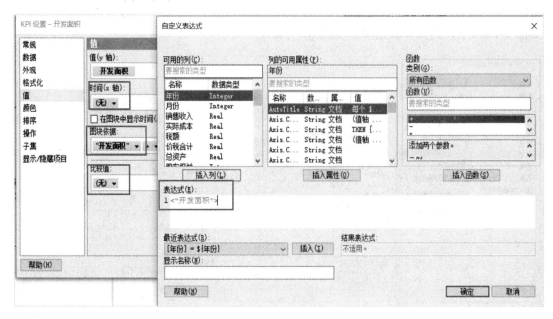

图 7-21　开发面积-图块依据的计算方式

(24) 添加销售面积 KPI。设置"值(y 轴)"的"表达式(E)："为"Sum(if([年份] = ${年份} and [月份] = ${月份},[销售面积])) as [销售面积]"，如图 7-22 所示，具体步骤请参照步骤(6)～(12)。

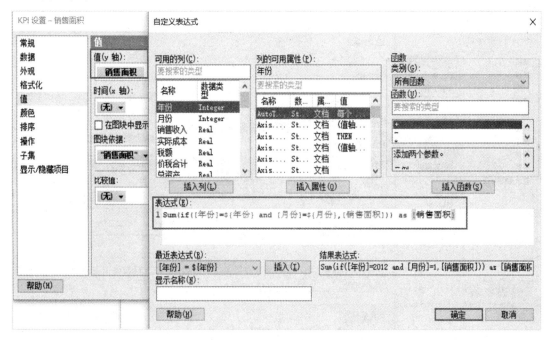

图 7-22　销售面积-值的计算方式

(25) 设置"图块依据"的"表达式(E):"为"<"销售面积">",如图 7-23 所示,具体步骤请参照步骤(6)～(12)。

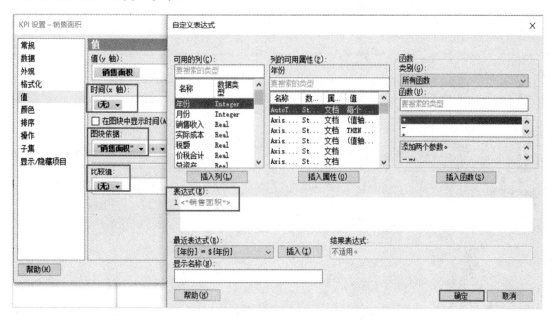

图 7-23　销售面积–图块依据的计算方式

(26) 属性设置完成,点击"关闭"。整体效果如图 7-24 所示。

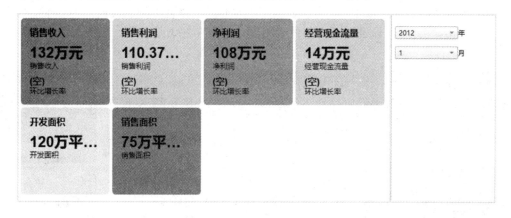

图 7-24　销售整体效果图

2. 同一维度的 KPI 图

同一维度的 KPI 图是显示同一维度同一关键指标的图表,通过 KPI 图分析济南市不同区域当天的二手房签售面积情况,具体操作步骤如下所示:

(1) 点击"工具栏"上的"KPI 图"按钮 ▦ ,新建 KPI 图。在新建的 KPI 图中点击右上角的"属性"按钮 ⚙ ,打开 KPI 属性对话框,将原有的 KPI 值删除后,点击"添加"。

(2) 打开 KPI 设置对话框,选择"数据"菜单中"数据表"为"今日签约信息"。

(3) 选择"外观"菜单,勾选"显示迷你图",选择"该 KPI 中的所有迷你图使用一个刻度"。

(4) 选择"值"菜单中"值(y 轴)"为"今日签约面积",设置聚合函数为"Sum(求和)"。

(5) 在"值"菜单中右击"时间(x 轴)"选择"自定义表达式",设置"表达式(E):"为"<BinByDateTime([时间]，"Year.Month.DayOfMonth"，2)>",勾选"在图块中显示时间",如图 7-25 所示

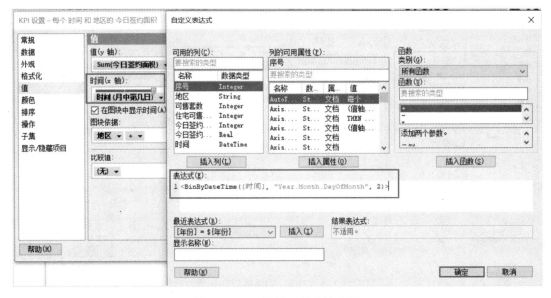

图 7-25　KPI 设置-x 轴表达式图

(6) 选择"颜色"菜单中"列"为"(值轴 个值)",设置"颜色模式"为"唯一值"。

(7) 点击"关闭",设置完成,整体效果图,如图 7-26 所示。

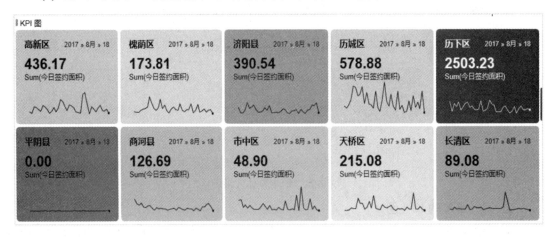

图 7-26　KPI 整体效果图

7.6　平行坐标图

平行坐标图将数据表中的每一行映射为线或剖面。某行的各个属性由线上的点表示。这样可使平行坐标图的外观与折线图类似,但数据转化到图中的方式却存在明显差异。

例如：考虑实验室已在其中度量各种水果和蔬菜中包含的各种碳水化合物的数据表，如图 7-27 所示。

Food	Glucose	Fructose	Maltose	Saccharose
Apples	2.10	4.50	0.00	1.30
Bananas	4.40	2.70	0.00	6.40
Corn	0.60	0.20	0.30	2.30
Cucumber	0.70	0.70	0.00	0.00
Lettuce	1.30	0.90	0.00	0.00
Tomatoes	1.30	2.00	0.00	0.00

图 7-27　各种碳水化合物数据表

对于各种食品类型，可以绘制碳水化合物分布方式的剖面。实验室中的技术人员通过剖面彼此进行比较，查看碳水化合物分布中彼此相似的食品类型，如图 7-28 所示。

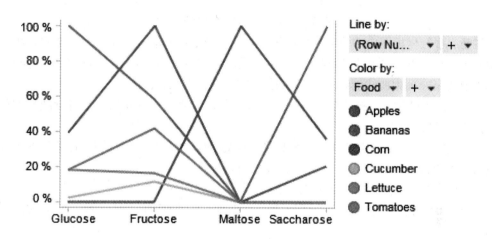

图 7-28　平行坐标图分析线条

平行坐标图的作用：

① 比单纯的表格直观、形象，信息沟通更加有效；

② 发现大规模数据间的联系(如各食品的葡萄糖、果糖、麦芽糖、蔗糖等属性之间的联系)；

③ 直观、方便观察多个属性数据。

(1) 结合客户业务数据要求，采用平行坐标图，查看某公司每个员工的业绩情况，具体操作步骤如下：

① 点击"添加数据表……"按钮 ，在打开的"添加数据表"对话框中，选择"添加"，导入销售情况表，点击"确定"。

② 点击"工具栏"上的"平行坐标图"按钮 ，新建平行坐标图。在新建的平行坐标图右上角点击"属性"按钮 ，打开属性对话框。

③ 选择"标签"菜单，勾选"个别值"，设置"显示标签"为"全部"。点击"关闭"。每个不同的折线代表了公司某位员工的销售情况，如图 7-29 所示。

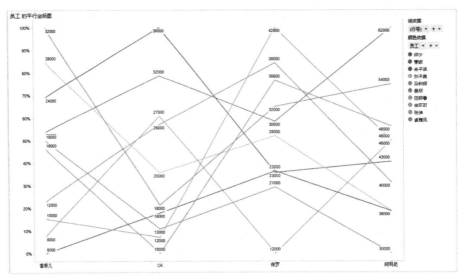

图 7-29　各员工销售情况效果图

注意：平行坐标图中的值始终保持规范化。这表示对于沿 X 轴的每个点来说，相应的列中的最低值沿 Y 轴被设置为 0%，此列中的最高值被设置为 100%。各列的刻度完全独立，因此不要将某一列中曲线的高度与其他列中曲线的高度进行比较。

(2) 结合客户业务数据实现客户的产品战略部署，以便于提供给客户进行战略调整。具体操作步骤如下：

① 点击"工具栏"上的"平行坐标图"按钮 ⋈，新建平行坐标图。在新建的平行坐标图右上角点击"属性"按钮 ⚙，打开属性对话框。

② 选择"外观"菜单中勾选"对标记项使用单独的颜色"。

③ 选择"刻度标签"菜单，分别勾选"左刻度"与"列"的"显示网格线"，如图 7-30 所示。

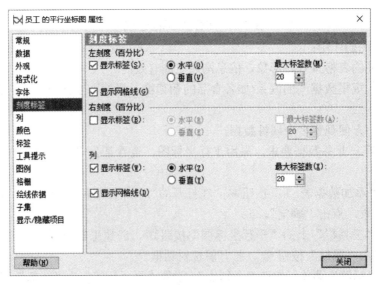

图 7-30　员工平行坐标图属性-刻度标签图

④ 选择"列"菜单，设置"选定的列"为"香奈儿、CK、保罗、阿玛尼"。

⑤ 选择"标签"菜单，勾选"个别值"，设置"显示标签"为"无"。

⑥ 选择"格栅"菜单，设置"行和列"中"列"为"员工"。设置完成点击"关闭"，效果图如图 7-31 所示。

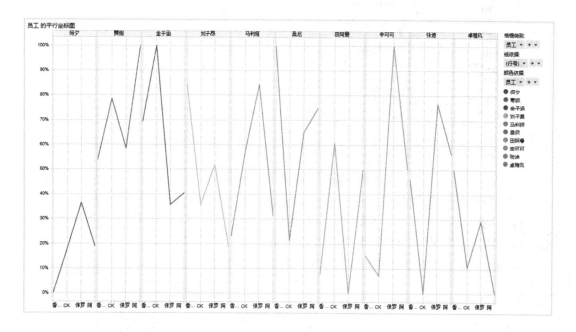

图 7-31　员工的平行坐标效果图

7.7　瀑　布　图

瀑布图是由麦肯锡顾问公司所独创的图表类型，因为形似瀑布流水而称之为瀑布图 (Waterfall Plot)。此种图表采用绝对值与相对值结合的方式，适用于表达数个特定数值之间的数量变化关系。

瀑布图显示在受到各种因素影响后，值的变化情况，增加值或减少值，然后呈现结果值。

可用于将值随着时间发展的情况或将不同因素对总体的贡献情况，进行可视化等用途；也适用于解释两个数据值之间的差异是由哪几个因素贡献的，每个因素的贡献比例，展示两个数据值之间的演变过程，还可以展示数据是如何累计的。

以生活费用为例，展示费用的组成及演变过程，做出瀑布图，具体操作步骤如下：

(1) 点击"添加数据表"按钮 ▦ ，在打开的"添加数据表"对话框中，选择"添加"，导入生活费用数据表，点击"确定"。

(2) 在新建的瀑布图中点击右上角的"属性"按钮 ✿ ，打开属性对话框。选择"值轴"菜单中"列"为"费用"，设置聚合函数为"Sum(求和)"，如图 7-32 所示。

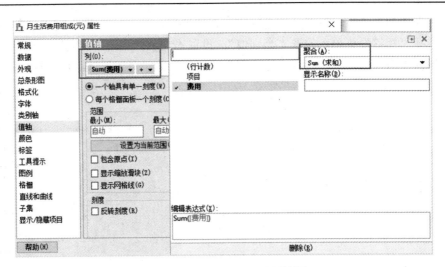

图 7-32　月生活费用组成属性图

(3) 选择"颜色"菜单中"列"为"项目"，设置"颜色模式"为"类别"。

(4) 选择"标签"菜单，设置"显示标签"为"全部"，"标签类型"只勾选"块"。设置完成，点击"关闭"，分析效果如图 7-33 所示。

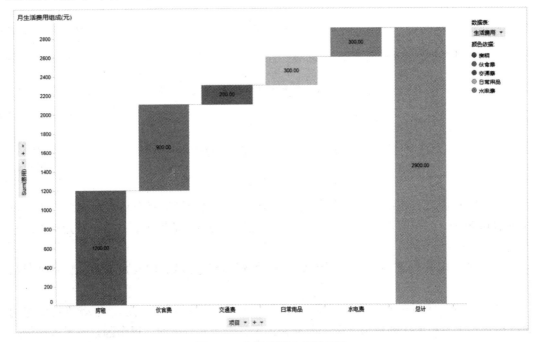

图 7-33　生活费用分析效果图

7.8　三维散点图

三维散点图是由在三个轴上绘制数据点，以显示三个变量之间的关系的图形。常常可以在三维散点图中发现散点图中发现不了或不直观的信息。

　　智速云大数据分析平台在绘制散点图时可以使用鼠标点击图标中的按钮，对图表进行缩放、旋转、导航重置等操作，如表 7-1 所示。

表 7-1　三维散点图缩放与转动快捷键

按　　钮	快　捷　方　式	说　　明
⊕	同时按住 Shif 键以及鼠标右键，并向上移动鼠标。	放大
⊖	同时按住 Shif 键以及鼠标右键，并向下移动鼠标。	缩小
↪	同时按住 Ctrl 键以及鼠标右键，并向右移动鼠标。	向右旋转
↩	同时按住 Ctrl 键以及鼠标右键，并向左移动鼠标。	向左旋转
↰	同时按住 Ctrl 键以及鼠标右键，并向上移动鼠标。	向上旋转
↳	同时按住 Ctrl 键以及鼠标右键，并向下移动鼠标。	向下旋转
⛶		重置导航

　　三维散点图中，针对一些不同产品(按产品着色)，根据销售量、成本和年份的彼此关系进行了绘图，如图 7-34 所示。

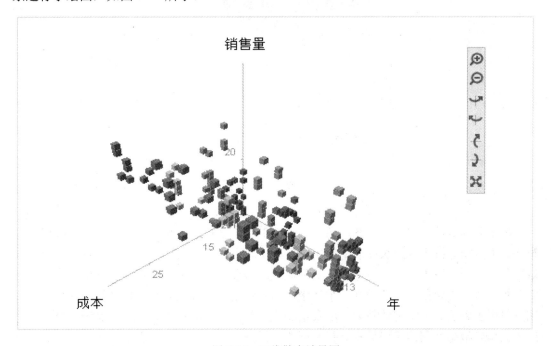

图 7-34　三维散点销量图

下面将以建立模型为例，做一个兔子模型，具体操作步骤如下：

(1) 点击"添加数据表"按钮 ▦ ，在打开的"添加数据表"对话框中，选择"添加"，导入兔子数据表。

(2) 点击"工具栏"上的"三维散点图"按钮 ▧ ，新建三维散点图。

(3) 在新建的三维散点图中点击右上角的"属性"按钮 ⚙ ，打开属性对话框。

(4) 选择"颜色"菜单中"列"为"置信度"，设置"颜色模式"为"梯度"，可通过调整颜色、值对图进行更改。

(5) 选择"形状"菜单，设置形状为"固定"，点击"关闭"，设置完成，如图 7-35 所示。

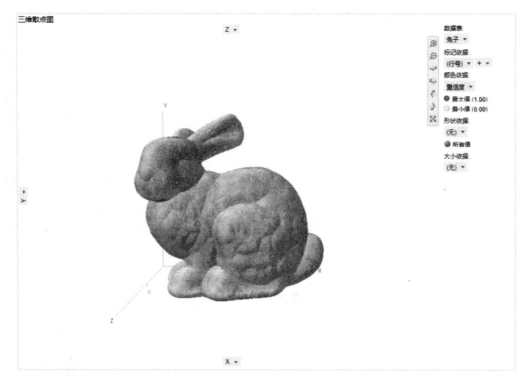

图 7-35　三维散点兔子模型效果图

本 章 小 结

本章分别讲解箱线图、热图、树形图、KPI 图、平行坐标图、瀑布图、三维散点图等智速云大数据分析平台高级图表的应用场景和实现方式。箱线图一般用于显示一组数据分散情况；热图一般用于分析测试结果的相似度；树形图一般用于显示大量分层结构数据；KPI 图一般用于企业中业绩考评；平行坐标图一般用于发现大规模数据之间的联系；瀑布图一般用于表达数个特定数值之间的数量变化关系；三维散点图一般用于显示三个变量之间的关系。根据不同的应用场景选择不同的分析图表，以方便对现有数据进行合理的分析与可视化。

习　题

一、选择题

1. 下列演示方式中，不属于传统统计图方式的是(　　　)。
   A. 柱状图　　　　　B. 饼状图　　　　　C. 曲线图　　　　　D. 网络图

2. (　　　)使用颜色来显示二维图中第三个变量的变化和量级。
   A. 热图　　　　　　B. 树形图　　　　　C. 平行坐标图　　　D. 瀑布图

3. 要想对数据进行一个着色预警处理，应该导入(　　　)形式的数据表。
   A. 交叉表　　　　　B. 图像表　　　　　C. 表　　　　　　　D. 条形图

4. 如果不想让图表的标题显示，应该选择属性的(　　　)一栏进行修改。
   A. 常规　　　　　　B. 外观　　　　　　C. 字体　　　　　　D. 图例

5. 三维散点图以(　　　)形式展现三个变量间的统计关系。
   A. 扇形　　　　　　B. 立体图　　　　　C. 方形　　　　　　D. 菱形

6. 在交叉表中，如果想要显示数据表每行和每列的数据的和，应该选择属性的(　　　)
一栏进行修改。
   A. 数据　　　　　　B. 外观　　　　　　C. 列小计　　　　　D. 格式化

7. 在交叉表中，想要改变横坐标和纵坐标显示的数据种类，有(　　　)操作方法。
   A. 1 种　　　　　　B. 2 种　　　　　　C. 3 种　　　　　　D. 4 种

二、判断题(正确打"√"，错误打"×")

1. 如果想要切换不同的图表，方式有 3 种。　　　　　　　　　　　　　　　　(　　　)

2. 在噪声数据中，波动数据比离群点数据偏离整体水平更大。　　　　　　　(　　　)

3. 一般而言，分布式数据库是指物理上分散在不同地点，但在逻辑上是统一的数据库。因此分布式数据库具有物理上的独立性、逻辑上的一体性、性能上的可扩展性等特点。(　　　)

4. 具备很强的报告撰写能力，可以把分析结果通过文字、图表、可视化等多种方式清晰地展现出来，能够清楚地论述分析结果及可能产生的影响，从而说服决策者信服并采纳其建议，是数据分析能力对大数据人才的基本要求。　　　　　　　　　　　　(　　　)

5. 箱线图用于显示分组的原始数据的分布。　　　　　　　　　　　　　　　　(　　　)

6. 散点图可以直观地表示各变量之间的相关情况。　　　　　　　　　　　　　(　　　)

三、多选题

1. 在图形表中，想要修改迷你图的属性有以下(　　　)操作方式。
   A. 点击图表的右上方第二个图标，选择"设置(迷你图(S))"
   B. 点击图形表的属性，选择"轴"，双击"迷你图"
   C. 点击图形表的属性，选择"轴"，选中列中的"迷你图"，点击"设置"
   D. 双击迷你图

2. 箱线图中五个特征值分别为最大值、(　　　)。
   A. 上四分位数　　　　　　　　　　　　B. 中位数

　　C. 下四分位数　　　　　　　　　D. 最小值

3. 三维散点图在可视化上的缺点有哪些？（　　）

　　A. 点与点相互遮挡　　　　　　　B.不同视角下点的分布不同

　　C. 交互不灵活　　　　　　　　　D. 渲染效率低

4. 关于瀑布图，描述正确的包括(　　)。

　　A. 由麦肯锡顾问公司所独创的图表类型，因形似瀑布而得名

　　B. 采用绝对值与相对值结合的方式，适用于表达数个特定数值之间的数量变化关系

　　C. 可以显示一系列正值和负值的累积影响

　　D. EXCEL2016 没有制作瀑布图的功能

四、分析题

1. 怎么从箱线图中找出异常值？

2. 如何绘制箱线图、热图、三维散点图等？

3. 大数据的内涵是什么？

第8章　实践案例

8.1　销售行业数据分析

产品销售情况是企业能否正常运转的关键因素，销售数据可以真实展现公司盈亏的情况。企业在销售过程中通常需要获取一些信息，例如：

(1) 某个地区在某个时间段的销售金额、销售成本、销售毛利是多少？

(2) 销售的回款(包括客户回款、部门回款、职员回款)情况怎么样？

(3) 公司的销售环比、同比情况如何？

(4) 公司销售额、销售数量的完成率是多少？

(5) 公司的客户、部门、产品等的销售排名情况如何？

本节将使用某零售行业的销售数据，从销售 KPI、成本与毛利占比、销售利润分析、月趋势与毛利率几方面进行分析。在做分析前，需先完成数据表导入和文本区域的操作，具体操作步骤如下：

(1) 导入数据表并管理关系。点击"添加数据表"按钮 ，在打开的"添加数据表"对话框中，选择"添加"，导入年月日历、销售&预算、销售出库数据表。点击"管理关系"，在"管理关系"对话框中，点击"新建"按钮，建立数据表的关系，如图 8-1 所示。

图 8-1　管理数据表关系

(2) 创建年份和大区筛选文本区域。

① 点击"文本区域"按钮 ，新建"文本区域"。点击右上角的"编辑文本区域"按钮 ✐，打开"编辑文本区域"对话框，选择"插入属性控件" ，选择"下拉列表"，打开"属性控件"对话框。点击"新建"按钮，在打开的"新属性"对话框中添加"年份"控件，如图 8-2 所示。

图 8-2 设置"年份"控件的数据类型

② 在"属性控件"对话框的"通过以下方式设置属性和值"中选择"列中的唯一值"，"数据表"选择"年月日历"，"列"选择"应收款 年度"，点击"确定"按钮添加完成，如图 8-3 所示。

图 8-3 设置"年份"控件的属性和值

③ 在同一文本区域的空白处，参照"年份"筛选控件的创建步骤，新建"大区"筛选控件，如图 8-4 所示。

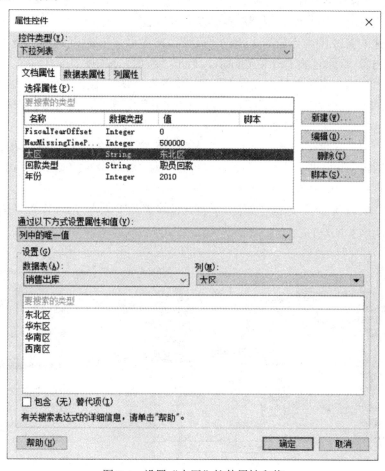

图 8-4　设置"大区"控件属性和值

④ 创建完成。点击文本区域中的"保存"按钮，完成文本区域的编辑，如图 8-5 所示。

图 8-5　"年份"和"大区"筛选文本区域效果图

8.1.1　销售 KPI

销售 KPI(关键绩效指标)值展示了不同年份下所有大区的销售情况。企业的管理者可通过此图表了解年度的预算金额、销售金额、销售毛利、销售成本、销量完成率以及销售额完成率的详细数据，以对现在的和过去的企业销售情况有直观的认知。

制作销售 KPI 图的操作步骤如下所述。

1. 创建预算金额 KPI 图

(1) 点击工具栏上的"KPI"按钮 ▦，新建 KPI 图。

(2) 在新建的 KPI 图中点击右上角的"属性"按钮 ⚙，在打开的 KPI 图"属性"对话框中选择"KPI"，将原有的 KPI 值删除后，点击"添加"按钮。

(3) 设置"数据"菜单中的"数据表"为"销售&预算"；点击"使用表达式限制数据"后的"编辑"按钮，设置"表达式(E)："为"[年度]=${年份}"，实现数据表和文本控件的关联。

(4) 选择"值"菜单，右击"值(y 轴)"选择"自定义表达式"，设置"表达式(E)："为"Sum([预算销售额]) / 10000"，设置"显示名称"为"预算金额(单位：万元)"，点击"确定"按钮。

(5) 右击"时间(x 轴)"选择"删除"，将其值设置为"无"。同理设置"图块依据"的值为"无"，如图 8-6 所示。

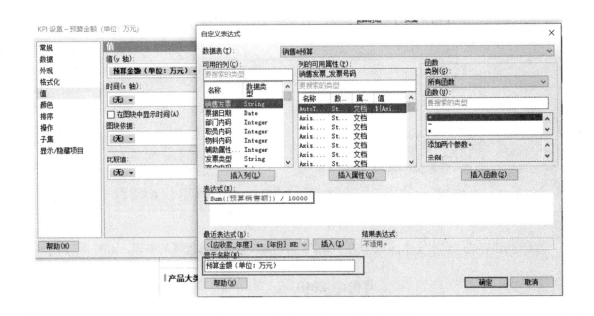

图 8-6　设置预算金额的计算方式

(6) 选择"颜色"菜单，右击"列"选择"删除"，将其值设置为"无"。"颜色模式"的值设置为"固定"。

(7) 点击"关闭"按钮，设置完成。

2. 创建销售金额 KPI 图

(1) 设置数据表为"销售&预算"。具体操作步骤请参照"1. 创建预算金额 KPI 图"。

(2) 设置"值(y 轴)"的"表达式(E)："为"Sum([实际含税单价]) / 10000"，设置"显示名称"为"销售金额(单位：万元)"，点击"确定"按钮。如图 8-7 所示。具体操作步骤请参照"创建预算金额 KPI 图"的操作步骤。

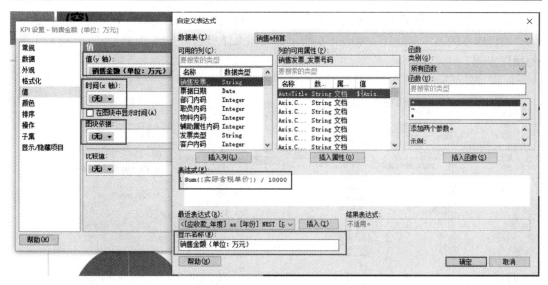

图 8-7 设置销售金额的计算方式

3. 创建销售毛利 KPI 图

(1) 设置数据表为"销售出库"。具体操作步骤请参照"创建预算金额 KPI 图"的操作步骤。

(2) 设置"值(y 轴)"的"表达式(E):"为"(Sum([销售金额]) - Sum([成本金额])) / 10000",设置"显示名称"为"销售毛利(单位:万元)",如图 8-8 所示。具体操作步骤请参照"创建预算金额 KPI 图"的操作步骤。

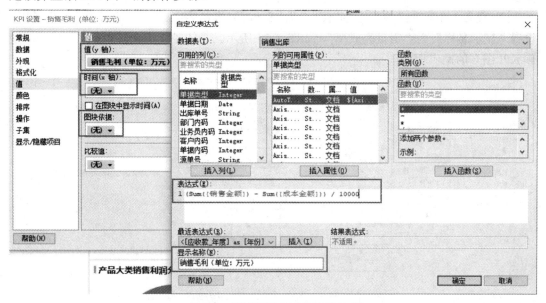

图 8-8 设置销售毛利的计算方式

4. 创建销售成本 KPI 图

(1) 设置数据表为"销售出库"。具体操作步骤请参照"创建预算金额 KPI 图"的操作步骤。

(2) 设置"值(y 轴)"的"表达式(E)："为"Sum([成本单价]) / 10000"，设置"显示名称"为"销售成本(单位：万元)"，如图 8-9 所示。具体操作步骤请参照"创建预算金额 KPI 图"的操作步骤。

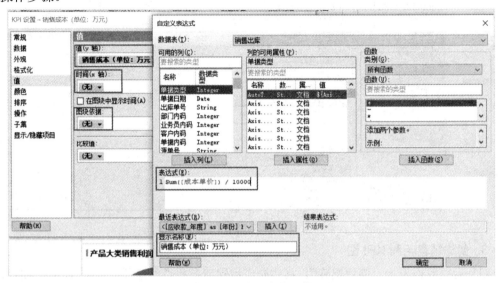

图 8-9　设置销售成本的计算方式

5. 创建销量完成率 KPI 图

(1) 设置数据表为"销售&预算"。具体操作步骤请参照"创建预算金额 KPI 图"的操作步骤。

(2) 设置"值(y 轴)"的"表达式(E)："为"Sum([销售发票_数量]) / Sum([预算销售量])"，设置"显示名称"为"销量完成率"，如图 8-10 所示。具体操作步骤请参照"创建预算金额 KPI 图"的操作步骤。

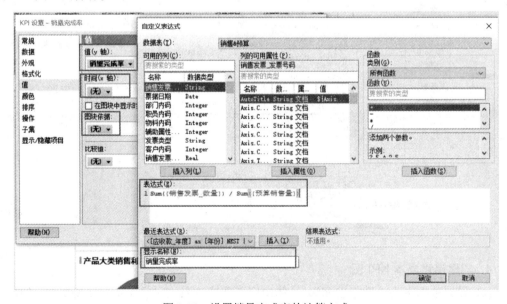

图 8-10　设置销量完成率的计算方式

6. 创建销售额完成率 KPI 图

(1) 设置数据表为"销售&预算"。具体操作步骤请参照"创建预算金额 KPI 图"的操作步骤。

(2) 设置"值(y 轴)"的"表达式(E)："为"Sum([价税合计]) / Sum([预算销售额])"，设置"显示名称"为"销售额完成率"，如图 8-11 所示。具体操作步骤请参照"创建预算金额 KPI 图"的操作步骤。

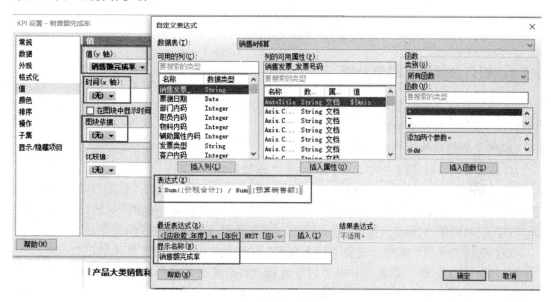

图 8-11 设置销售额完成率的计算方式

完成所有 KPI 图创建后，可看到如图 8-12 所示的 KPI 属性图。

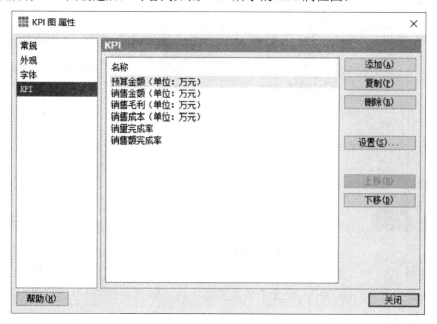

图 8-12 KPI 属性图

通过"年份"筛选可查看不同年份的销售 KPI 值，即年度的预算金额、销售金额、销售毛利、销售成本、销量完成率以及销售额完成率的详细数据，如图 8-13 所示。

图 8-13　销售 KPI 值整体效果图

8.1.2　销售金额的月趋势分析

本小节将通过折线图对不同月份的销售金额进行分析，利用折线图的变化趋势分析销售情况，以便快速调整销售方案。

销售金额的月趋势分析具体步骤如下：

(1) 点击工具栏中的"折线图"按钮 ⌇，新建折线图。

(2) 点击右上角的"属性"按钮 ⚙，打开"属性"对话框。选择"数据"菜单中的"数据表"为"销售出库"；点击"使用表达式限制数据"后的"编辑"按钮，设置"表达式(E)："为"[年度] = ${年份}and[大区] = '${大区}'"，实现数据表和文本控件的关联。

(3) 选择"外观"菜单，设置"线条宽度"的值为"6"，勾选"显示标记"。

(4) 选择"X 轴"菜单，右击"列"选择"自定义表达式"，设置"表达式(E)："为"<BinByDateTime([单据日期]，"Month"，0)>"，如图 8-14 所示。

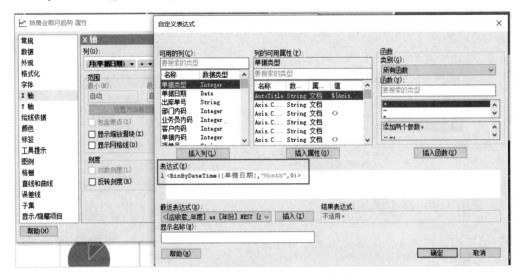

图 8-14　设置月销售金额的计算方式

(5) 选择"Y 轴"菜单，右击"列"选择"自定义表达式"，设置"表达式(E)："为"Sum([销售金额]) / 10000"，设置"显示名称"为"销售金额"；勾选"显示网格线"，如图 8-15 所示。

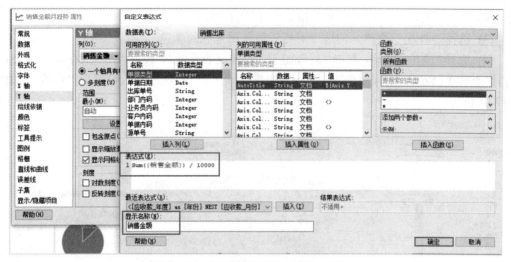

图 8-15　设置销售金额的单位为万元

（6）选择"颜色"菜单，右击"列"选择"删除"，将其值设置为"无"；"颜色模式"的值设置为"固定"。

（7）选择"标签"菜单，勾选"个别值"。点击"关闭"，属性设置完成。

（8）设置图表标题为"销售金额月趋势"并添加说明"单位：万元"。

通过选择文本区域中的"年份"和"大区"，可查看不同年份和不同大区的销售金额月趋势情况。图 8-16 显示了 2010 年 3 月至 6 月华北区的销售金额月趋势，从图中可以看出，4 月份的销售金额在显示的月份中最高。

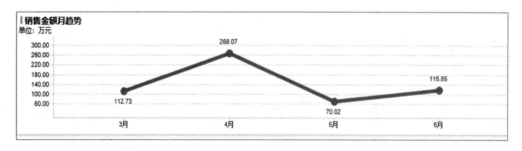

图 8-16　销售金额月趋势

8.1.3　产品毛利率分析

本小节采用树形图显示每个产品的毛利率，通过颜色和大小对产品的毛利率进行排序。管理者可根据排序结果，对毛利率低的产品进行分析，重新制定销售策略，以减少成本支出。

产品毛利率分析步骤如下：

（1）点击工具栏上的"树形图"按钮 ，新建树形图。

（2）点击右上角的"属性"按钮 ，打开"属性"对话框。选择"数据"菜单中的"数据表"为"销售出库"；点击"使用表达式限制数据"后的"编辑"按钮，设置"表达式(E)："为"[年度] = ${年份} and [大区] = '${大区}' and (Sum ([销售金额]) - Sum ([成本单价])) /

Sum ([销售金额]) > 0",实现数据表和文本控件的关联。

(3) 选择"外观"菜单,勾选"对标记项使用单独的颜色"。

(4) 选择"颜色"菜单,右击"列",选择"自定义表达式",设置"表达式(E):"为"(Sum ([销售金额]) - Sum ([成本单价])) / Sum ([销售金额])","颜色模式"设置为"梯度",如图 8-17 所示。

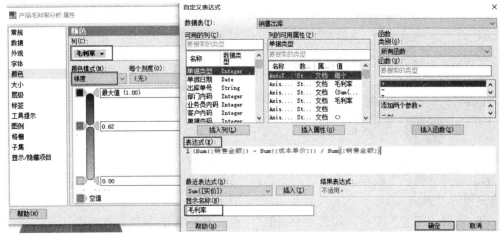

图 8-17　设置毛利率的计算方式和树形图的颜色模式

(5) 选择"大小"菜单,右击"大小排序方式"选择"自定义表达式",设置"表达式 (E):"为"If (((Sum ([销售金额]) - Sum ([成本单价])) / Sum ([销售金额])) > 0, (Sum ([销售 金额]) - Sum ([成本单价])) / Sum ([销售金额]), 0)","显示名称"设置为"毛利率",如图 8-18 所示。

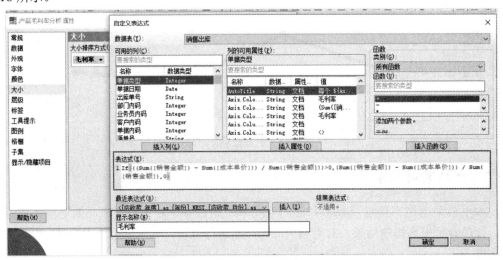

图 8-18　设置树形图大小的计算方式

(6) 选择"层级"菜单,设置"层次"为"物料名称"。点击"关闭"按钮,属性设置完成。

通过选择文本区域中"年份"和"大区",可查看不同年份和不同大区的产品毛利率情况。图 8-19 显示了 2010 年华北区各个产品的毛利率情况,从图中可以看出,颜色最深的"监控系统"毛利率最高,颜色最浅的"宏狗 1K 加密件"毛利率最低,颜色相近的产品则区域越大毛利率越高。

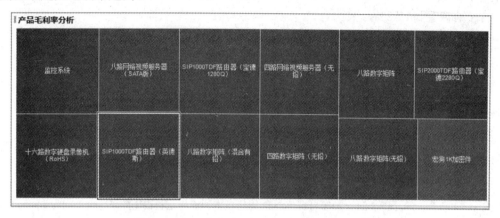

图 8-19 2010 年华北区各个产品的毛利率情况

8.1.4 销售成本与毛利占比分析

为了更好地控制企业的成本,增加销售毛利。本小节将使用饼图对销售成本和毛利占比情况进行分析,企业管理者可根据分析结果更好地调整销售策略。具体操作步骤如下:

(1) 点击工具栏上的"饼图"按钮 ,新建饼图。

(2) 点击右上角的"属性"按钮 ,打开"属性"对话框。选择"数据"菜单中的"数据表"为"销售出库";点击"使用表达式限制数据"后的"编辑"按钮,设置"表达式(E):"为"[年度] = ${年份}and[大区] = '${大区}'",实现数据表和文本控件的关联。

(3) 选择"大小"菜单,右击"扇区大小依据"选择"自定义表达式",设置"表达式(E):"为"Sum([成本金额]) as [销售成本], (Sum([销售金额]) - Sum([成本金额])) as [销售毛利]",如图 8-20 所示。

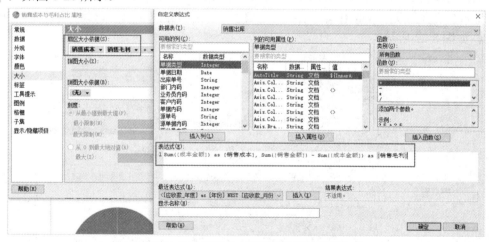

图 8-20 设置销售成本和销售毛利的计算方式

(4) 选择"颜色"菜单,设置"列"的值为"列名称","颜色模式"的值为"类别"。点击"关闭"按钮,属性设置完成。

通过选择文本区域中"年份"和"大区"，可查看不同年份和不同大区的销售成本与毛利占比情况。图 8-21 显示了 2010 年华东区的销售成本和销售毛利占比情况，销售成本 12.7%，销售毛利 87.3%。

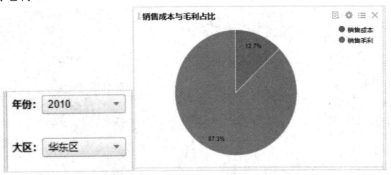

图 8-21　2010 年华东区的销售成本和销售毛利占比效果

8.1.5　产品大类销售利润占比分析

本小节采用饼图对各产品大类的销售利润情况进行分析，以便管理者调整产品布局，使各类产品能够适应地域间的差异，在适合的大区部署最适合的产品，增加公司的收入。具体操作步骤如下：

(1) 点击工具栏上的"饼图"按钮 ，新建饼图。

(2) 点击右上角的"属性"按钮 ，打开"属性"对话框。选择"数据"菜单中的"数据表"为"销售出库"；点击"使用表达式限制数据"后的"编辑"按钮，设置"表达式(E)："为"[年度] = ${年份} and [大区] = '${大区}'"，实现数据表和文本控件的关联。

(3) 选择"颜色"菜单，设置"列"的值为"产品大类"，"颜色模式"的值为"类别"。点击"关闭"按钮，属性设置完成。

(4) 选择"大小"菜单，右击"扇区大小依据"选择"自定义表达式"，设置"表达式(E)："为"Sum ([销售金额]) - sum ([成本金额])"，设置"显示名称"为"销售利润"。点击"确定"按钮，如图 8-22 所示。

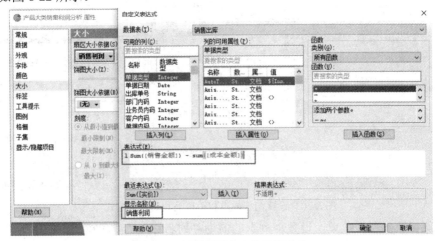

图 8-22　设置扇区大小的计算方式

通过选择文本区域中"年份"和"大区",可查看不同年份和不同大区的产品大类销售利润情况。图 8-23 显示了 2010 年华北区的产品大类销售利润占比情况,成品占 77.4%,代购设备占 22.6%,其他产品占 0%。

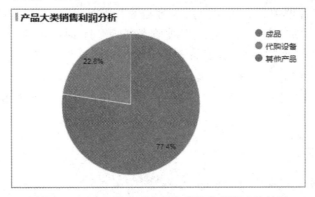

图 8-23 2010 年华北区产品大类销售利润占比情况

8.1.6 销售行业数据分析整体效果图

通过调整页面布局,对零售行业整体分析进行效果展示,如图 8-24 所示。在图中,可通过调整左侧文本区域中"年份"和"大区",显示各年份各大区的销售 KPI、销售金额月趋势、产品毛利率分析、销售成本与毛利占比、产品大类销售利润占比,使管理者对整个公司的销售情况一目了然,方便制定销售策略和调整销售方案。

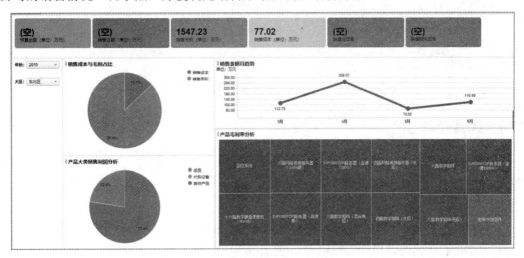

图 8-24 销售行业数据分析整体效果图

8.2 医疗行业数据分析

医疗行业数据分析展示了医院经营中的关键指标,让管理者对现在和过去的医院经营情况有直观的认知。

本章将从工作负荷、药品金额占比、工作效率、住院质量与安全、重点疾病的治疗例数排名及每门诊人次费用等方面对医疗行业进行分析。在做分析前，需先完成数据表导入的操作，具体操作步骤如下：

导入数据表并管理关系。点击"添加数据表"按钮 ，在打开的"添加数据表"对话框中，选择"添加"，导入"管理驾驶舱(每日管理)-时间维度""管理驾驶舱(每日管理)-工作负荷""管理驾驶舱(每日管理)-医院科室维度""管理驾驶舱(每日管理)-住院质量安全"。点击"管理关系"，建立数据表之间的关系。在"管理关系"对话框的"显示关系"中选择"所有数据表"，点击"新建"按钮，建立数据表的关系，如图8-25所示。

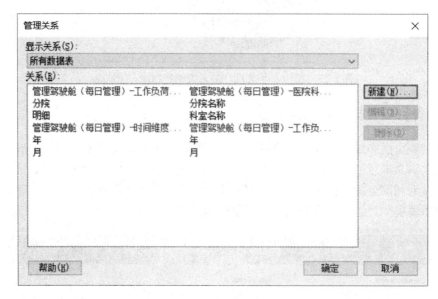

图 8-25　数据表的关系

8.2.1　图选择器

为了能够对某医院的不同年份、不同月份、不同分院、不同科室的关键指标进行对比分析，需在各关键指标前使用树形图制作图选择器关联其他图表。具体操作步骤如下：

1. 创建年份树形图

(1) 点击工具栏中的"树形图"按钮 ，新建树形图。

(2) 点击右上角的"属性"按钮 ，打开属性对话框。选择"数据"菜单中的"数据表"为"管理驾驶舱(每日管理)-时间维度"。

(3) 选择"使用标记限制数据"后的"新建"按钮，设置名称为"年份"，点击"确定"按钮。在"标记"下拉框中选择"年份"。

(4) 选择"颜色"菜单，右击"列"选择删除，将其值设置为"无"。

(5) 选择"大小"菜单，右击"大小排序方式"选择删除，将其值设置为"无"。

(6) 选择"层级"菜单中的"层次"为"年"。

(7) 属性设置完成，点击"关闭"按钮，年份树形图如图8-26所示。

图 8-26 年份树形图

2. 创建月份树形图

与创建年份树形图不同点为：

(1) 新建的"使用标记限制数据"的标记名称为"月份"，在"标记"下拉框中选择"月份"，如图 8-27 所示。具体操作步骤请参照"创建年份树形图"的操作步骤。

图 8-27 选择数据表并设置月份标记

(2) 选择"层级"菜单中"层次"为"月"。具体操作步骤请参照"创建年份树形图"的操作步骤。

月份树形图如图 8-28 所示。

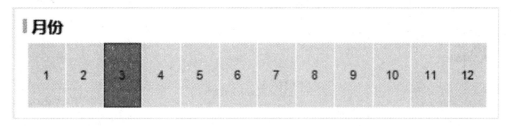

图 8-28 月份树形图

3. 创建分院树形图

(1) 点击工具栏上的"树形图"按钮 ▦ ，新建树形图。

(2) 点击右上角的"属性"按钮 ⚙ ，打开"属性"对话框。选择"数据"菜单中的"数据表"为"管理驾驶舱(每日管理)-医院科室维度"。选择"使用标记限制数据"后的"新建"按钮，设置名称为"分院名称"，在"标记"下拉框中选择"分院名称"。

(3) 设置"颜色"菜单中的"列"为"分院名称"，"聚合"函数为"UniqueConcatenate(唯一连接)"，"颜色模式"设置为"唯一值"。

(4) 选择"大小"菜单中的"大小排序方式"为"行计数"。点击"关闭"按钮，分院树形图如图 8-29 所示。

图 8-29　分院树形图

4. 创建大科室树形图

(1) 点击工具栏上的"树形图"按钮 ▦，新建树形图。

(2) 点击右上角的"属性"按钮 ⚙，打开"属性"对话框。选择"数据"菜单中的"数据表"为"管理驾驶舱(每日管理)-医院科室维度"。选择"使用标记限制数据"后的"新建"按钮，设置名称为"大科室"，点击"确定"按钮。在"标记"下拉框中选择"大科室"。

(3) 选择"大小"菜单中的"大小排序方式"为"科室名称"。

(4) 选择"层级"菜单中的"层次"为"科室名称"。

(5) 选择"颜色"菜单中的"列"为"科室名称"，设置"聚合"函数为"UniqueConcatenate(唯一连接)"，"颜色模式"为"唯一值"。点击"关闭"按钮，属性设置完成，如图 8-30 所示。

图 8-30　设置科室名称的聚合函数及颜色模式

大科室树形图如图 8-31 所示。

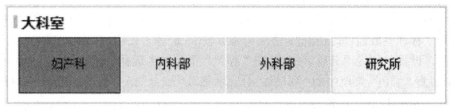

图 8-31　大科室树形图

可通过调整布局得到如图 8-32 所示的效果图。

图 8-32　图选择器效果图

8.2.2　工作负荷分析

本小节将通过图形表分别对门急诊的次数、出院次数、入院次数、非预约挂号人次、预约挂号人次的本期与去年同期的增长趋势进行分析,以了解整个医院各科室的负荷情况,医院管理者可以此为依据,进行科室人员和门诊排班调整。具体操作步骤如下:

(1) 点击工具栏上的"图形表"按钮 囲,新建图形表。

(2) 点击右上角"属性"按钮 ⚙,打开属性对话框。选择"数据"菜单中的"数据表"为"管理驾驶舱(每日管理)-工作负荷";在"使用标记限制数据"中勾选"年份、月份、分院名称、大科室"。

(3) 选择"轴"菜单中的"行"为"指标",在"列"的右侧点击"添加"选择下拉框中的"计算的值",命名为"本期"。

(4) 打开"计算的值 设置"对话框,选择"值"菜单中的"使用以下项计算值"为"Sum(本期)"。点击"关闭"按钮,添加完成。

(5) 添加名为"去年同期"的计算的值,设置"使用以下项计算值"为"Sum(去年同期)",具体请参照操作步骤(3)和(4)。

(6) 添加名为"同比"的计算的值,设置"使用以下项计算值"的"值(y 轴)"中的"表达式(E):"为"(Sum([本期]) − Sum([去年同期])) / Sum([去年同期])"。具体请参照操作步骤(3)和(4),如图 8-33 所示。

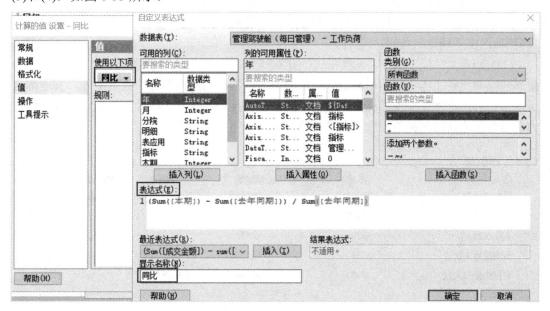

图 8-33　设置同比分析的计算方式

(7) 在"轴"菜单中点击"列"右侧的"添加"，选择下拉框中的"图标"，命名为"增长趋势"。

(8) 在"图标 设置"对话框中选择"图标"菜单，设置"使用以下项计算图标"的"自定义表达式"中的"表达式(E)："为"(Sum([本期]) − Sum([去年同期])) / Sum([去年同期])"，点击"确定"按钮，如图 8-34 所示。

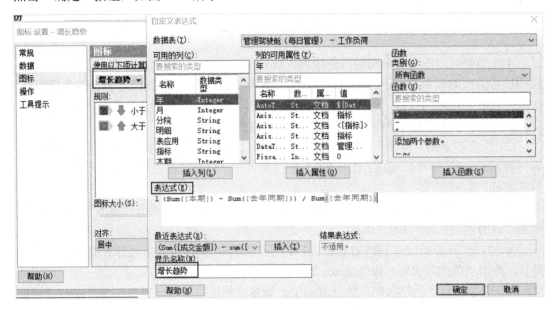

图 8-34　设置增长趋势的计算方式

(9) 在"图标"菜单中点击"规则"右侧的"添加规则"，分别添加"小于 0.00"与"大于 0.00"的规则。

(10) 选择"显示/隐藏项目"菜单，点击"添加"按钮，打开"编辑规则"对话框。选择"列"为"First(表应用)"；在"规则类型"下拉框中选择"等于"；设置"值"为"工作负荷"。点击"确定"按钮。

(11) 点击"关闭"按钮，设置完成。图 8-35 展示了 2009 年 3 月份与 2008 年同期第二附属医院妇产科工作负荷的增长趋势，从图中可以看出，除门急诊次数下降外，其他都处于增长状态，特别是非预约挂号人次，可加强预约挂号的普及，减轻医护工作者的工作压力。通过图选择器更换不同的年份、月份、分院及科室可查看更多数据。

工作负荷

指标	本期	去年同期	同比	增长趋势	▲
门急诊次数	33864	68653	-50.67%	⬇	
出院次数	2405	2251	6.84%	⬆	
入院次数	3248	2414	34.55%	⬆	
预约挂号人次	22391	16439	36.21%	⬆	
非预约挂号人次	36551	20064	82.17%	⬆	

图 8-35　2009 年与 2008 年的增长趋势对比分析

8.2.3 床位使用率分析

本小节将通过图形表对床位的使用率进行分析，包括床位周转次数、出院患者平均住院日数、实际占用的总床位数、平均每张床使用次数等指标的月波动情况，并对当期、去年同期作对比分析，以此为依据评估床位的使用率。具体操作步骤如下：

(1) 点击工具栏上的"图形表"按钮 ▦ ，新建图形表。

(2) 点击右上角的"属性"按钮 ⚙ ，打开"属性"对话框。选择"数据"菜单中的"数据表"为"管理驾驶舱(每日管理)-工作负荷"。"使用标记限制数据"中勾选"年份、分院名称、大科室"。

(3) 选择"轴"菜单中的"行"为"指标"，点击"列"右侧的"添加"，添加名为"本期月趋势"的迷你图。

(4) 在打开的"迷你图 设置"对话框中，选择"外观"菜单，在"显示以下项的 Y 轴值"中勾选"起点、终点"。

(5) 选择"轴"菜单中的"X 轴"为"月"，"Y 轴"为"本期"，设置"聚合"函数为"Sum(求和)"，"Y 轴刻度"选择"多刻度"，如图 8-36 所示。属性设置完成，点击"关闭"按钮，完成迷你图设置。

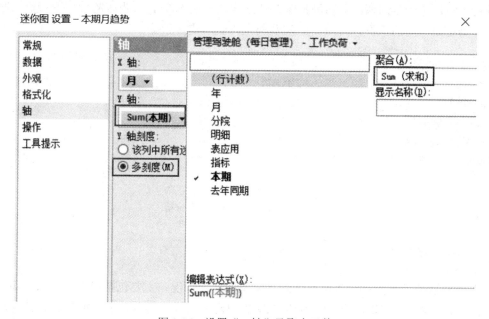

图 8-36 设置"Y 轴"及聚合函数

(6) 在"轴"菜单中点击"列"右侧的"添加"，选择下拉框中的"计算的值"，添加名为"本期"的计算的值。

(7) 在打开的"计算的值 设置"对话框中，选择"值"菜单中的"使用以下项计算值"为"Sum(本期)"。

(8) 添加名为"去年同期"的计算的值。在"使用以下项计算值"中选择"去年同期"，如图 8-37 所示。具体步骤请参照步骤(6)和(7)。

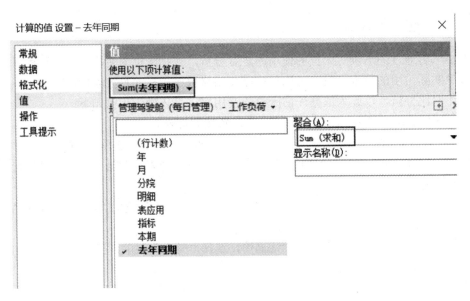

图 8-37　设置计算值及聚合函数

图 8-38 展示了 2009 年 3 月份第二附属医院妇产科床位使用率情况，从图中可以看出不管是当年还是去年同期，平均每张床的使用次数高达 600+，每张床的使用率极高。通过图选择器更换不同的年份、月份、分院及科室可查看更多数据。

┃最近12个月趋势

指标	本期月趋势		本期▲	去年同期
床位周转次数	27	27	318	270
出院患者平均住院日	27	32	362	272
实际占用的总床日数	51	49	597	437
平均每张床工作日	58	54	636	632

图 8-38　2009 年床位使用率分析

8.2.4　运营情况分析

本小节通过 KPI 图显示本年度医院各科室的运营情况，主要包括年度总收入、药品收入、抗生素收入三个方面。通过该分析，医院管理者可以了解到药品方面的销售情况。具体操作步骤如下：

(1) 点击工具栏上的"KPI"按钮 ⊞，新建 KPI 图。

(2) 点击右上角的"属性"按钮 ⚙，打开"属性"对话框。选择"KPI"菜单，将原有数据删除后点击"添加"。添加"总收入"KPI。

(3) 打开"KPI 设置"对话框，选择"数据"菜单中的"数据表"为"管理驾驶舱(每日管理)-工作负荷"，"使用标记限制数据"中勾选"年份、月份、分院名称、大科室"，如图 8-39 所示。

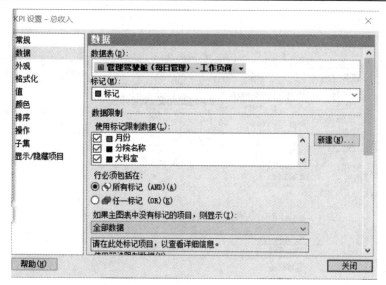

图 8-39 选择数据表并设置标记限制

(4) 选择 "值" 菜单, 右击 "值(y 轴)" 选择 "自定义表达式", 设置 "表达式(E):" 为 "Sum([本期]) / 10000", 如图 8-40 所示。

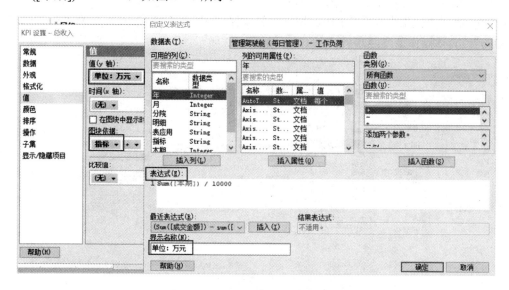

图 8-40 设置值的单位及图块依据

(5) 选择 "颜色" 菜单, 右击 "列" 选择删除, 将其值设置为 "无", "颜色模式" 选择为 "固定"。

(6) 选择 "显示/隐藏项目" 菜单, 点击 "规则" 右侧的 "添加", 打开 "编辑规则" 对话框。

(7) 选择 "列" 为 "First(指标)"; 在 "规则类型" 下拉框中选择 "等于"; 设置 "值" 为 "总收入"。设置完成, 点击 "关闭" 按钮。

(8) 添加 "药品收入" KPI。设置 "值(y 轴)" 中的 "表达式(E):" 为 "Sum([本期]) / 10000", 如图 8-41 所示。具体操作请参照步骤(1)～(7)。

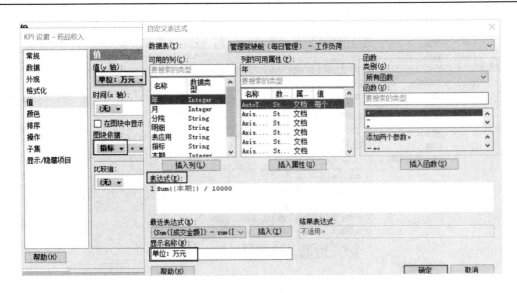

图 8-41　药品收入 KPI-设置值的计算方式

(9) 选择"列"为"(值轴 个值)";在"规则类型"下拉框中选择"顶部";设置"值"为"5"。具体操作请参照步骤(1)～(7)。

(10) 添加"抗生素收入"KPI。设置"值(y 轴)"中的"表达式(E):"为"Sum([本期])/ 10000"。具体操作请参照步骤(1)～(7),如图 8-42 所示。

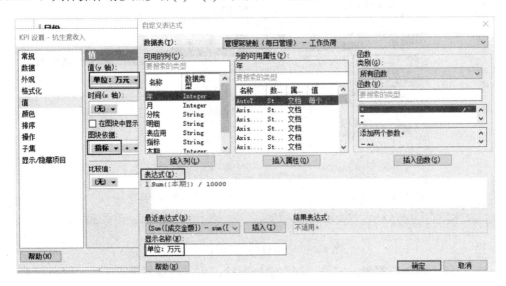

图 8-42　抗生素收入 KPI-设置值的计算方式

(11) 选择"列"为"First(指标)";在"规则类型"下拉框中选择"等于";设置"值"为"抗生素收入"。具体操作请参照步骤(1)～(7)。

设置完成点击"关闭"按钮,如图 8-43 所示,展示了 2009 年 3 月份第二附属医院妇产科的总收入、药品收入和抗生素收入,通过分析结果可看出妇产科的药品、抗生素的使用都控制在合理范围内。通过图选择器更换不同的年份、月份、分院及科室可查看更多数据。

图 8-43　2009 年总收入、药品收入和抗生素收入分析

8.2.5　住院质量与安全指标分析

本小节通过组合图分析整个医院 2009 年、2010 年、2011 年及 2012 年四年的住院质量与安全指标，包括一月内再住院率、二周内再住院率、死亡率、死亡例数等。通过对指标的分析，医院可提高医疗质量，减少再住院率和死亡率。具体步骤如下：

(1) 点击工具栏上的"组合图"按钮 ，新建组合图。

(2) 点击右上角的"属性"按钮 ，打开"属性"对话框。选择"数据"菜单中的"数据表"为"管理驾驶舱(每日管理)-住院质量安全"。

(3) 选择"X 轴"菜单，"列"设置为"年"。

(4) 选择"Y 轴"菜单，右击"列"选择"自定义表达式"，设置"值(y 轴)"的"表达式(E):"为"Sum(If([指标] = "一月内再住院例数", [指标数])) as [一月内再住院例数], Sum(If([指标] = "死亡例数", [指标数])) as [死亡例数], Sum(If([指标] = "二周内再住院例数", [指标数])) as [二周内再住院例数], Sum(If([指标] = "二周内再住院率", [指标数])) as [二周内再住院率], Sum(If([指标] = "一月内再住院率", [指标数])) as [一月内再住院率], Sum(If([指标] = "死亡率", [指标数])) as [死亡率]"，如图 8-44 所示。

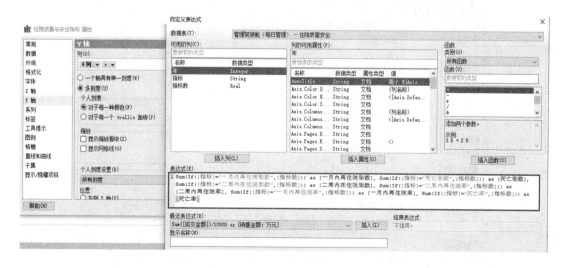

图 8-44　设置各指标的计算方式

(5) 选择"系列"菜单，设置"系列的分类方式"为"列名称"。

(6) 选择"标签"菜单，选择"显示标签"中的"全部"，并勾选"显示条形标签"和"显示线条标记标签"。

(7) 选择"格栅"菜单，设置格栅方式为"行和列"，选择"列"为"列名称"。点击"关闭"按钮，组合图添加完成，效果如图 8-45 所示。

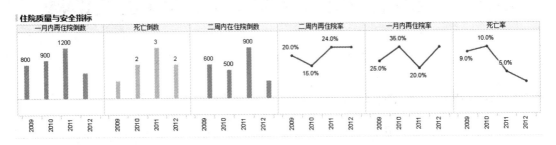

图 8-45　四年的住院质量与安全指标

8.2.6　重点疾病治疗例数排名分析

本小节使用条形图对各科室的重点疾病治疗例数进行排名，分析重点疾病的治疗例数，为医疗行业对重点疾病的攻克提供数据支撑。具体步骤如下：

(1) 点击工具栏上的"条形图"按钮 ▇，新建条形图。

(2) 点击右上角的"属性"按钮 ⚙，打开"属性"对话框。选择"数据"菜单中的"数据表"为"管理驾驶舱(每日管理)-工作负荷"。勾选"使用标记限制数据"中的"年份、月份、分院名称、大科室"，如图 8-46 所示。

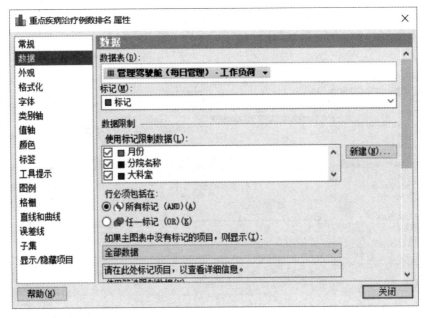

图 8-46　选择数据表设置标记限制

(3) 选择"外观"菜单中的"方向"为"水平栏"，选择"布局"为"堆叠条形图"，勾选"排序"中的"按值排序条形图"与"翻转分段条形图顺序"。

(4) 选择"类别轴"菜单中的"列"为"指标",勾选"刻度"为"反转刻度"。

(5) 选择"值轴"菜单中的"列"为"Sum(本期)",如图 8-47 所示。

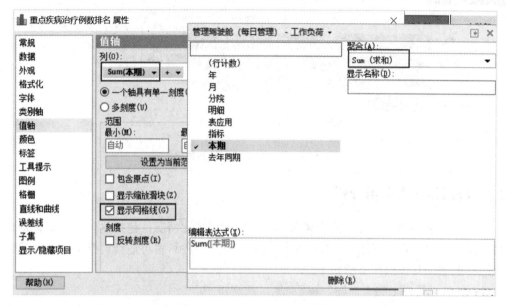

图 8-47 设置本期及聚合函数

(6) 选择"颜色"菜单中的"列"为"列名称",设置"颜色模式"为"类别"。

(7) 选择"标签"菜单,选择"显示标签"中的"全部"并勾选"完整条形图"。

(8) 选择"显示/隐藏项目"菜单,点击"添加"按钮,打开"编辑规则"对话框。选择"列"为"First(表应用)";在"规则类型"下拉框中选择"等于";设置"值"为"重疾排名"。点击"确定"按钮,如图 8-48 所示。

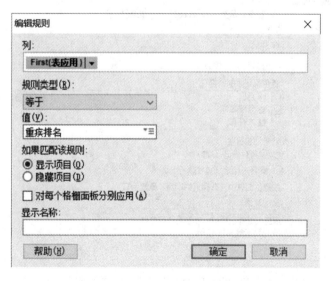

图 8-48 添加重点疾病治疗例数排名规则

(9) 点击"关闭"按钮,设置完成。图 8-49 展示了 2009 年 3 月份第二附属医院妇产科的重点疾病治疗例数的排名情况，其中恶性肿瘤病例数最多，肿瘤病例的增多和治疗对医疗机构提出了新的挑战。

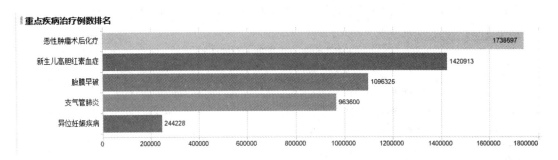

图 8-49 重点疾病治疗例数排名

8.2.7 每门诊人次费用分析

本小节使用饼图分析每位门诊病人单次看病费用占比情况，包括化验费、检查费、手术费、药费、治疗费等费用。依据该分析结果，各分院各科室可适当调整费用，增强病患的就医体验感。具体操作步骤如下：

(1) 点击工具栏上的"饼图"按钮 <img>，新建饼图。

(2) 点击右上角的"属性"按钮 <img>，打开"属性"对话框。选择"数据"菜单中的"数据表"为"管理驾驶舱(每日管理)-工作负荷"。勾选"使用标记限制数据"中的"年份、月份、分院名称、大科室"，如图 8-50 所示。

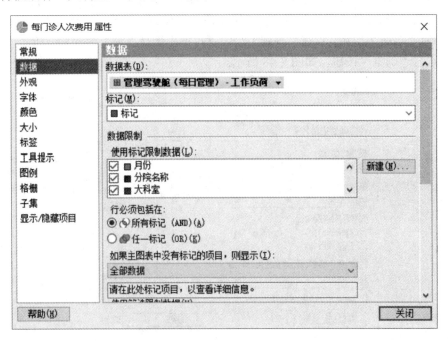

图 8-50 设置门诊人均消费占比的数据限制

(3) 选择"外观"菜单，勾选"按大小对扇区排序"。

(4) 选择"颜色"菜单中的"列"为"指标",设置"颜色模式"为"类别",如图 8-51 所示。

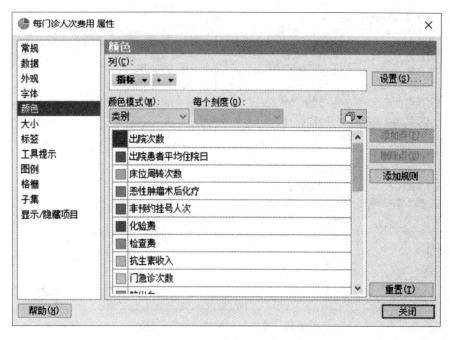

图 8-51 设置指标的颜色模式

(5) 选择"大小"菜单中的"扇区大小依据"为"Sum(本期)",右击"饼图大小依据" 选择删除,将其值设置为"无",如图 8-52 所示。

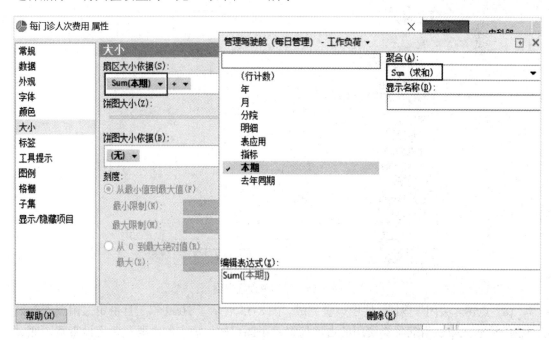

图 8-52 设置扇区大小及聚合函数

(6) 选择"标签"菜单,勾选"在标签中显示"中的"扇区百分比";"标签位置"处选择"内部饼图";"显示标签"处选择"全部",如图 8-53 所示。

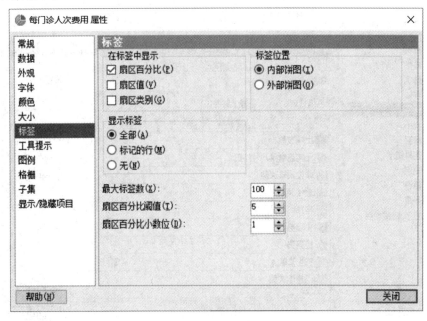

图 8-53　设置全部标签及标签百分比

(7) 选择"显示/隐藏项目"菜单,点击"添加"按钮,打开"编辑规则"对话框。选择"列"为"First(表应用)";在"规则类型"下拉框中选择"等于";设置"值"为"门诊人均消费"。点击"确定"按钮,如图 8-54 所示。

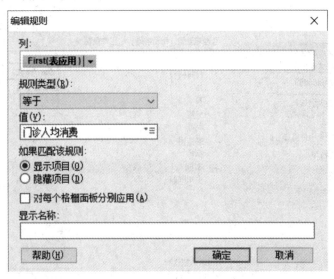

图 8-54　添加及设置规则

(8) 点击"关闭"按钮,饼图设置完成。图 8-55 展示了 2009 年 3 月份第二附属医院妇产科门诊病人单次看病各类费用的占比情况,由图可知,病人的主要花费为检查费。通过图选择器更换不同的年份、月份、分院及科室可查看更多数据。

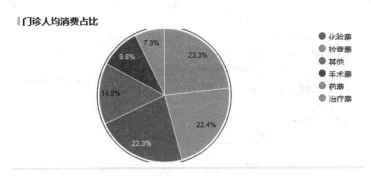

图 8-55 门诊病人单次看病费用占比情况

8.2.8 单病种诊治情况分析

本小节使用交叉表分析各分院各科室单病种(单病种是一种单一的、不会产生并发症的疾病。常见的有非化脓性阑尾炎,胆囊炎,胆结石,剖腹产等。)的诊治情况。具体操作步骤如下:

(1) 点击工具栏上的"交叉表"按钮 Σ,新建交叉表。

(2) 点击右上角的"属性"按钮 ⚙ ,打开"属性"对话框。在"数据"面板中的"数据表"选择"管理驾驶舱(每日管理)-工作负荷"。勾选"使用标记限制数据"中的"年份、月份、分院名称、大科室",如图 8-56 所示。

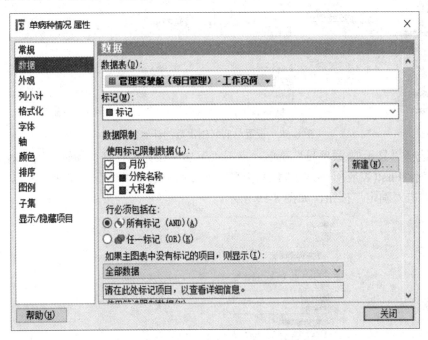

图 8-56 设置单病种情况的数据限制

(3) 选择"轴"菜单中的"水平(Z)"为"列名称";右击"垂直(V)"选择"自定义表达式",设置"表达式(E):"为"<[指标]>","显示名称(N)"为"单病种情况",点击"确定"按钮,如图 8-57 所示。

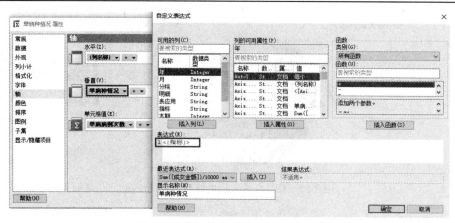

图 8-57　设置单病种情况的计算方式

(4) 在"轴"菜单中右击"单元格值(E)"，选择"自定义表达式"中的"表达式(E)："为"Sum([本期])"，设置"显示名称(N)"为"单病病例次数"，如图 8-58 所示。

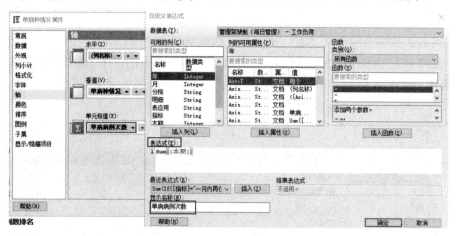

图 8-58　设置单病病例次数的计算方式

(5) 选择"显示/隐藏项目"菜单，点击"添加"按钮，打开"编辑规则"对话框。选择"列"为"First(表应用)"；在"规则类型"下拉框中选择"等于"；设置"值(V)"为"单病种"。点击"确定"按钮，如图 8-59 所示。

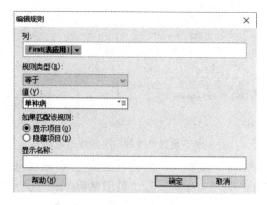

图 8-59　添加单病种情况规则

点击"关闭"按钮,交叉图添加完成。图 8-60 展示了 2009 年 3 月份第二附属医院妇产科单病种的诊治情况,该科室单病种诊治主要集中在脑出血、腺样体肥大及血管瘤。通过图选择器更换不同的年份、月份、分院及科室可查看更多数据。

单病种情况	单病病例次数
脑出血	18
腺样体肥大	19
血管瘤	16

图 8-60　单病种的诊治情况

8.2.9　医疗行业数据分析整体效果图

通过调整页面布局,对医疗行业整体分析进行效果展示,如图 8-61 所示。在图中,通过选择树形图中的年份、月份、分院名称及大科室,可以展示工作负荷分析、床位使用率分析、运营情况分析、住院质量与安全指标分析、重点疾病治疗例数排名分析、每门诊人次费用分析及单病种诊治情况分析,使医院管理者及时了解医院的负荷情况及当前的重点疾病,为疾病的防治提供数据依据,同时不断完善医疗保健制度,保障医疗行业的稳速增长。

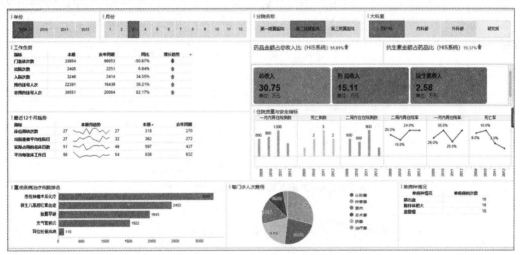

图 8-61　医疗行业数据分析整体效果图

8.3　财务行业数据分析

财务分析是一种以会计核算和报表资料及其他相关资料为依据,采用一系列专门的分析技术和方法,对企业等经济组织的过去和现在有关筹资活动、投资活动、经营活动、分配活动以及盈利能力、营运能力、偿债能力和增长能力等状况进行分析并作出评价的方法。它为企业的投资者、债权人、经营者及其他关心企业的组织或个人了解企业过去、评价企业现状、预测企业未来并做出正确决策提供准确的信息或依据。

企业管理以财务为核心。财务数据是企业运营的最终结果，忠实记录了企业的成长轨迹，这是企业的一笔管理财富。

企业在经营过程中通常需要获取一些财务信息，如：

(1) 企业过去 24 个月的盈利能力变化情况如何？

(2) 在企业壮大的过程中，企业的盈利能力是不是稳定的？多元化业务有没有影响盈利？

(3) 在全球经济不景气的大背景下，当前的偿债能力如何？经营效率怎么样？

(4) 过去 12 个月企业的费用变化情况怎么样？

(5) 如果管理费用降低 5%，净利润会有怎样的变化？

本财务分析方案基于财务软件所积累的数据，不仅将为企业完美解答上述问题，更通过移动应用的方式，使管理者及时准确地掌握企业的实际财务绩效。具体操作步骤如下：

(1) 导入数据表。点击工具栏上的"添加数据表"按钮 ，打开"添加数据表"对话框，导入"余额表组合表.xlsx"数据表。

(2) 创建年份和月份筛选文本区域。

① 新建文本区域 。点击右上角的"编辑文本区域"按钮 ，打开"编辑文本区域"对话框，选择"插入属性控件"按钮 ，选择"下拉列表"，打开"属性控件"对话框。点击"新建"，添加年份控件。

② 在"属性控件"对话框中，选择"通过以下方式设置属性和值"中的"列中的唯一值"，选择"数据表"中的"余额表组合表"，选择"列"中的"会计年度"。点击"确定"按钮，添加完成，如图 8-62 所示。

图 8-62　添加并设置属性

③ 在同一文本区域的空白处单击鼠标，参照年份筛选控件的创建步骤，新建月份筛

选控件。

④ 创建完成。点击文本区域中"保存"按钮 ⊟ ，完成文本区域的编辑，如图 8-63 所示。

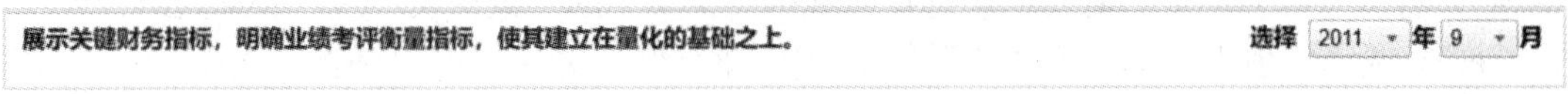

展示关键财务指标，明确业绩考评衡量指标，使其建立在量化的基础之上。　　　　　　　　　　　　　　选择 2011 ▾ 年 9 ▾ 月

图 8-63　财务分析年月控件效果图

8.3.1　主营业务销售分析

主营业务收入是指企业从事本行业生产经营活动所取得的营业收入。本小节将从本期累计、年度增长率、当月金额及当月占全年比例四方面进行分析。

主营业务利润率是从企业主营业务的盈利能力和获利水平方面对资本金收益率指标的进一步补充，体现了企业主营业务利润对利润总额的贡献，以及对企业全部收益的影响程度。本小节将使用折线图显示主营业务利润率的变化趋势。具体操作步骤如下：

(1) 点击工具栏上的"文本区域"按钮 ▦ ，新建文本区域。

(2) 在新建的文本区域的右上角点击"编辑文本区域"按钮 ✎ ，打开"编辑文本区域"对话框，选择"插入动态项" ◈▾ 中下拉列表的"计算的值"，打开"计算的值"对话框。选择"数据"菜单中的"数据表"为"余额表组合表"。

(3) 选择"值"菜单，右击"使用以下项计算值"选择"自定义表达式"，设置"表达式(E)："为"sum(if([损益表行号] = "R1"and[会计年度] = ${年}and[会计期间] <= ${月}, [损益发生额]*[损益表计算标记]*[借贷方向])) / 10000 as [主营业务收入]"。点击"确定"按钮。

(4) 选择"格式化"菜单中的"类别"为"货币"，设置"小数位"为"2"，点击"确定"按钮添加完成。

(5) 在同一文本区域的空白处单击鼠标，选择"插入动态项" ◈▾ 中下拉列表的"计算的值"。打开"计算的值"对话框。选择"数据"菜单中的"数据表"为"余额表组合表"。

(6) 选择"值"菜单，右击"使用以下项计算值"选择"自定义表达式"，设置"表达式(E)："为"(sum(if([损益表行号] = "R1"and[会计年度] = ${年}, [损益发生额]*[损益表计算标记]*[借贷方向])) − sum(if([损益表行号] = "R1"and[会计年度] = ${年}-1, [损益发生额]*[借贷方向]*[损益表计算标记])))/sum(if([损益表行号] = "R1"and[会计年度] = ${年}-1, [损益发生额]*[借贷方向]*[损益表计算标记]))"。点击"确定"按钮。

(7) 选择"格式化"菜单中的"类别"为"百分比"，设置"小数位"为"2"，设置完成，点击"确定"按钮。

(8) 在同一文本区域的空白处单击鼠标，选择"插入动态项" ◈▾ 中下拉列表的"图标"。打开"图标"对话框。选择"数据"菜单中的"数据表"为"余额表组合表"。

(9) 选择"图标"菜单，右击"使用以下项计算图标"选择"自定义表达式"，设置"表达式(E)："为"(sum(if([损益表行号] = "R1"and[会计年度] = ${年}, [损益发生额]*[损益表计算标记]*[借贷方向])) − sum(if([损益表行号] = "R1"and[会计年度] = ${年}-1, [损益发生额]*[借贷方向]*[损益表计算标记])))/sum(if([损益表行号] = "R1"and[会计年度] = ${年}-1, [损益发生额]*[借贷方向]*[损益表计算标记]))"。

(10) 在"图标"菜单中，点击"规则"右侧的"添加规则"按钮，添加三个值分别为小于、等于、大于的规则。设置完成，点击"确定"按钮。

(11) 在同一文本区域的空白处单击鼠标，选择"插入动态项" 中下拉列表的"计算的值"。打开"计算的值"对话框。选择"数据"菜单中的"数据表"为"余额表组合表"。

(12) 选择"值"菜单，右击"使用以下项计算值"选择"自定义表达式"，设置"表达式(E):"为"sum(if([损益表行号] = "R1"and[会计年度] = ${年}and[会计期间] = ${月}, [借贷方向]*[损益发生额]*[损益表计算标记])) / 10000 as [主营业务收入]"。点击"确定"按钮。

(13) 选择"格式化"菜单中"值"的"类别"为"货币"，设置完成，点击"确定"按钮。

(14) 在同一文本区域的空白处单击鼠标，选择"插入动态项" 中下拉列表的"计算的值"。打开"计算的值"对话框，选择"数据"菜单中的"数据表"为"余额表组合表"。

(15) 选择"值"菜单，右击"使用以下项计算值"选择"自定义表达式"，设置"表达式(E):"为"sum(if([损益表行号] = "R1" and [会计年度] = ${年} and [会计期间] = ${月}, [借贷方向]*[损益表计算标记]*[损益发生额])) / sum(if([损益表行号] = "R1"and[会计年度] = ${年}, [借贷方向]*[损益表计算标记]*[损益发生额])))"。点击"确定"按钮。

(16) 选择"格式化"菜单中"值"的"类别"为"百分比"，设置完成，点击"确定"按钮。

(17) 点击"保存"按钮，主营业务收入情况如图 8-64 所示。

主营业务收入

本期累计 ¥20,847.18 万元

年度增长率 -5.61%

当月金额 ¥2,177.29 万元

当月占全年比 7.85%

图 8-64 主营业务收入情况

(18) 点击工具栏上的"折线图"按钮，新建折线图。

(19) 在新建的折线图右上角点击"属性"按钮，打开"属性"对话框。选择"数据"菜单中的"数据表"为"余额表组合表"。

(20) 选择"外观"菜单，勾选"显示标记""遇到空值换行"与"对标记项使用单独的颜色"。

(21) 选择"X 轴"菜单中的"列"为"会计期间"，勾选"显示网格线"。

(22) 选择"Y 轴"菜单，右击"列"选择"自定义表达式"，设置"表达式(E):"为"sum (if([损益表行号] = "R1"and[会计年度] = ${年}, [借贷方向]*[损益表计算标记]*[损益发生额])) / 10000 as [主营业务收入]"。

(23) 选择"绘线依据"菜单，右击"针对每项显示一条直线"选择删除，设置值为"无"。

(24) 选择"颜色"菜单，右击"列"选择删除，设置值为"无"，设置"颜色模式"

为"固定"。

(25) 选择"格式化"菜单中"Y:主营业务收入"的"类别"为"货币"。

(26) 设置完成，点击"关闭"按钮，如图 8-65 所示。

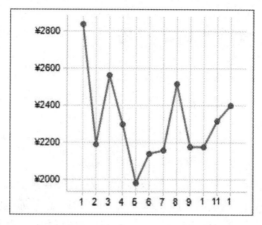

图 8-65　会计期间主营业务收入情况

(27) 点击工具栏上的"文本区域"按钮 ，新建文本区域。点击右上角的"编辑文本区域"按钮 ，打开"编辑文本区域"对话框。选择"插入动态项" 中下拉列表的"计算的值"。打开"计算的值"对话框。选择"数据"菜单中的"数据表"为"余额表组合表"。

(28) 选择"值"菜单，右击"使用以下项计算值"选择"自定义表达式"，设置"表达式(E)):"为"sum(if(([损益表行号] = "R4") and ([会计年度] = ${年}) and ([会计期间] <= ${月}),[损益发生额]*[借贷方向]*[损益表计算标记]))/sum(if(([损益表行号] = "R1") and ([会计年度] = ${年}) and ([会计期间] <= ${月}),[损益发生额]*[借贷方向]*[损益表计算标记]))"。点击"确定"按钮。

(29) 在"值"菜单中点击"规则"右侧的"添加规则"，打开"编辑规则"对话框，选择"规则类型"为"顶部"，设置"值"为"5"，点击"确定"按钮，如图 8-66 所示。

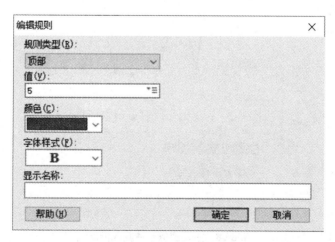

图 8-66　添加并设置规则

(30) 选择"格式化"菜单中"值"的"类别"为"百分比"。

(31) 设置完成，点击"确定"按钮，点击"保存"按钮▣，完成文本区域操作，显示主营业务利润率如图 8-67 所示。

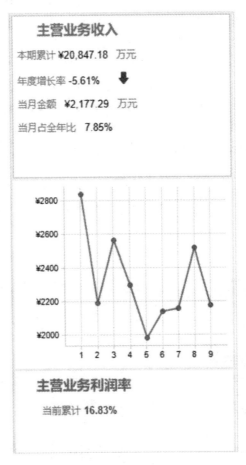

图 8-67　主营业务利润率

图 8-68 显示了 2011 年 9 月主营业务收入情况及趋势和主营业务利润率。主营业务收入的本期累计为 ¥20,847.18 万元，年度增长率为 −5.61%，呈下降趋势，当月金额 ¥2,177.29 万元，当月占全年比为 7.85%。9 个月中 5 月份的利润率最低，1 月份的利润率最高。通过选择文本区域中"年份"和"月份"，可查看其他年份和月份的数据。

图 8-68　主营业务整体收入情况

8.3.2 主营业务成本分析

主营业务成本是指企业销售商品、提供劳务等经营性活动所发生的成本。企业一般在确认销售商品、提供劳务等主营业务收入时，或在月末，将已销售商品、已提供劳务的成本转入主营业务成本。本小节将从本期累计、年度增长率、当月金额及当月占全年比例四方面进行分析。

营业成本率是营业成本占营业收入的比例，计算公式为：营业成本率 = 营业成本/营业收入 × 100%，成本费用率指标可以评价企业对成本费用的控制能力和经营管理水平，促使企业加强内部管理，节约支出，提高经营质量。本小节将使用折线图显示营业成本率的变化趋势。成本率分析具体步骤如下：

(1) 点击"工具栏"上的"文本区域"按钮 ，新建文本区域。

(2) 在新建的文本区域右上角点击"编辑文本区域"按钮 ，打开"编辑文本区域"对话框。选择"插入动态项" 中下拉列表的"计算的值"。打开"计算的值"对话框。

(3) 选择"数据"菜单中"数据表"为"余额表组合表"。

(4) 选择"值"菜单，右击"使用以下项计算值"选择"自定义表达式"，设置"表达式(E):"为"sum(if([损益表行号]="R2"and[会计年度]=\${年}and[会计期间]<=\${月}，[借贷方向]*[损益表计算标记]*[损益发生额]))/10000 as[主营业务成本]"。点击"确定"按钮。

(5) 选择"格式化"菜单中的"值"的"类型"为"货币"，"小数位"为"2"，设置完成，点击"确定"按钮。

(6) 在同一文本区域的空白处单击鼠标。选择"插入动态项" 中下拉列表的"计算的值"。打开"计算的值"设置对话框。选择"数据"菜单中"数据表"为"余额表组合表"。

(7) 选择"值"菜单，右击"使用以下项计算值"选择"自定义表达式"，输入"表达式(E):"为"(sum(if([损益表行号] = "R2"and[会计年度] = \${年}，[借贷方向]*[损益表计算标记]*[损益发生额])) − sum(if([损益表行号] = "R2"and[会计年度] = \${年}-1，[借贷方向]*[损益表计算标记]*[损益发生额])))/sum(if([损益表行号] = "R2"and[会计年度] = \${年}-1，[借贷方向]*[损益表计算标记]*[损益发生额]))"。点击"确定"按钮。

(8) 选择"格式化"菜单中"值"的"类型"为"百分比"，"小数位"为"2"，设置完成，点击"确定"按钮。

(9) 在同一文本区域的空白处单击鼠标，选择"插入动态项" 中下拉列表的"图标"。打开"图标"设置对话框。选择"数据"菜单中的"数据表"为"余额表组合表"。

(10) 选择"值"菜单，右击"使用以下项计算值"选择"自定义表达式"，设置"表达式(E):"为"(sum(if([损益表行号] = "R2" and [会计年度] = \${年}，[借贷方向]*[损益表计算标记]*[损益发生额])) − sum(if([损益表行号] = "R2" and [会计年度] = \${年}-1，[借贷方向]*[损益表计算标记]*[损益发生额])))/sum(if([损益表行号] = "R2" and [会计年度] = \${年}-1，[借贷方向]*[损益表计算标记]*[损益发生额]))"。点击"确定"按钮。

(11) 在"值"菜单中，点击"添加规则"，添加三个值分别为小于、等于、大于的规则。设置完成，点击"确定"按钮。

(12) 在同一文本区域的空白处单击鼠标，选择"插入动态项" 中下拉列表的"计算的值"。打开"计算的值"设置对话框。选择"数据"菜单中的"数据表"为"余额表组合表"。

(13) 选择"值"菜单，右击"使用以下项计算值"选择"自定义表达式"，设置"表达式(E):"为"sum(if([损益表行号] = "R2" and [会计年度] = ${年} and [会计期间] = ${月}，[借贷方向]*[损益表计算标记]*[损益发生额])) / 10000 as [主营业务成本]"。点击"确定"按钮。

(14) 选择"格式化"菜单中"值"的"类型"为"货币"，"小数位"为"2"，设置完成，点击"确定"按钮。

(15) 在同一文本区域的空白处单击鼠标，选择"插入动态项" 中下拉列表的"计算的值"。打开"计算的值"设置对话框。选择"数据"菜单中的"数据表"为"余额表组合表"。

(16) 选择"值"菜单，右击"使用以下项计算值"选择"自定义表达式"，设置"表达式(E):"为"sum(if([损益表行号] = "R2" and [会计年度] = ${年} and [会计期间] = ${月}，[借贷方向]*[损益表计算标记]*[损益发生额]))/sum(if([损益表行号] = "R2"and[会计年度] = ${年}，[借贷方向]*[损益表计算标记]*[损益发生额]))"。点击"确定"按钮。

(17) 选择"格式化"菜单中"值"的"类型"为"百分比"，"小数位"为"2"，设置完成，点击"确定"按钮。

(18) 全部设置完成，点击"保存"按钮，主营业务成本如图 8-69 所示。

主营业务成本

本期累计 ¥17,337.87 万元

年度增长率 1.54% ⬆

当月金额 ¥1,813.14 万元

当月占全年比 7.91%

图 8-69 主营业务成本

(19) 点击工具栏上的"折线图"按钮，新建折线图。

(20) 在新建的折线图右上角点击"属性"按钮，打开"属性"对话框。选择"数据"菜单中的"数据表"为"余额表组合表"。

(21) 选择"外观"菜单，勾选"显示标记"，勾选"遇到空值换行"。

(22) 选择"X 轴"菜单中的"列"为"会计期间"，勾选"显示网格线"。

(23) 选择"Y 轴"菜单，右击"列"选择"自定义表达式"，设置"表达式(E):"为"sum(if([损益表行号] = "R2"and[会计年度] = ${年}，[借贷方向]*[损益表计算标记]*[损益发生额]))/10000as[主营业务成本]"。点击"确定"按钮，如图 8-70 所示。

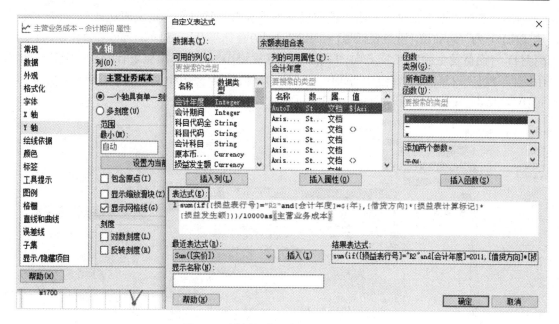

图 8-70 设置主营业务成本的计算方式

(24) 选择"绘线依据"菜单，右击"针对每项显示一条直线"设置值为"无"。

(25) 选择"颜色"菜单，右击"列"设置值为"无"。

(26) 选择"格式化"菜单中"Y:主营业务成本"的"类别"为"货币"。点击"关闭"按钮，如图 8-71 所示。

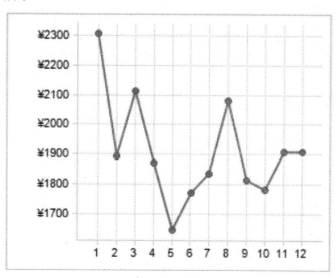

图 8-71 会计期间主营业务成本

(27) 点击工具栏上的"文本区域"按钮 <img />，新建文本区域。

(28) 在新建的文本区域右上角点击"编辑文本区域"按钮 <img />，打开"编辑文本区域"对话框。选择"插入动态项" <img /> 中下拉列表的"计算的值"。打开"计算的值"设置对话框。选择"数据"菜单中的"数据表"为"余额表组合表"。

(29) 选择"值"菜单，右击"使用以下项计算值"选择"自定义表达式"，设置"表达式(E):"为"sum(if(([损益表行号] = "R2") and ([会计年度] = ${年}) and ([会计期间]< = ${月})，[损益发生额]*[借贷方向]*[损益表计算标记]))/sum(if(([损益表行号] = "R1") and ([会计年度] = ${年}) and ([会计期间]< = ${月})，[损益发生额]*[借贷方向]*[损益表计算标记]))"。点击"确定"按钮，如图 8-72 所示。

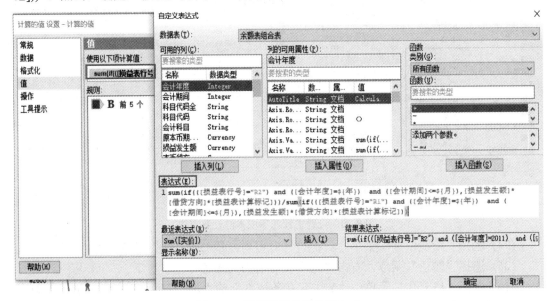

图 8-72　设置计算值的计算方式

(30) 在"值"菜单中，点击"规则"右侧的"添加规则"，打开"编辑规则"对话框，选择"规则类型"为"顶部"，设置"值"为"5"，点击"确定"按钮。

(31) 选择"格式化"菜单中"值"的"类别"为"百分比"。设置完成，点击"确定"按钮。

(32) 点击"保存"按钮 ，完成文本区域操作，营业成本率如图 8-73 所示。

图 8-73　营业成本率

图 8-74 显示了 2011 年 9 月主营业务成本情况及趋势和月营业成本率。主营业务成本的本期累计为 ¥17,337.87 万元，年度增长率为 1.54%，呈上升趋势，当月金额为 ¥1,813.14 万元，当月占全年比为 7.91%。月营业成本率累计为 83.17%。9 个月中 5 月份的营业成本率最低。1 月份的营业成本率最高。通过选择文本区域中"年份"和"月份"，可查看其他年份和月份的数据。

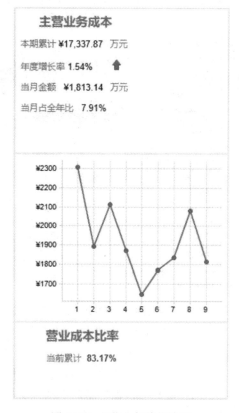

图 8-74　主营业务整体情况

8.3.3　期间费用

期间费用是指企业日常活动发生的不能计入特定核算对象的成本，而应计入发生当期损益的费用。期间费用是企业日常活动中所发生的经济利益的流出。本小节将从本期累计、年度增长率、当月金额及当月占全年比例四方面进行分析。

营业费用率是指从事营业活动所需花费的各项费用在营业收入中的比重。营业费用率的公式为

$$营业费用率 = \frac{营业费用}{营业收入} \times 100\%$$

该项指标越低，说明营业过程中的费用支出越小，获利水平越高。本小节将使用折线图显示营业费用率的变化趋势。具体步骤如下：

(1) 点击工具栏上的"文本区域"按钮 █，新建文本区域。在新建的文本区域右上角点击"编辑文本区域"按钮 🖋，打开"编辑文本区域"对话框。选择"插入动态项" 🔧· 中下拉列表的"计算的值"。打开"计算的值"设置对话框。

(2) 选择"数据"菜单中的"数据表"为"余额表组合表"。

(3) 选择"值"菜单，右击"使用以下项计算值"选择"自定义表达式"，设置"表达式(E):"为"sum(if(([损益表行号] = "R17") and ([会计年度] = ${年}) and ([会计期间]< = ${月}),[借贷方向]*[损益表计算标记]*[损益发生额]))/10000 as [三项费用]"。点击"确定"

按钮，如图 8-75 所示。

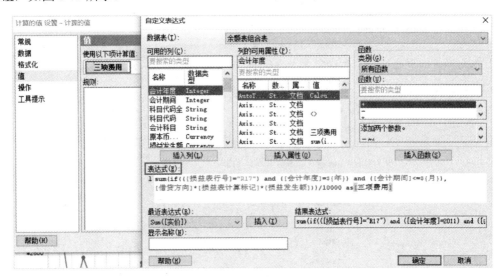

图 8-75　期间费用-本期累计值的计算方式

(4) 选择"格式化"菜单中"值"的"类别"为"货币"，"小数位"为"2"，设置完成，点击"确定"按钮。

(5) 在同一文本区域的空白处单击鼠标，选择"插入动态项" 中下拉列表的"计算的值"。打开"计算的值"对话框。选择"数据"菜单中的"数据表"为"余额表组合表"。

(6) 选择"值"菜单，右击"使用以下项计算值"选择"自定义表达式"，设置"表达式(E):"为"(sum(if(([损益表行号] = "R17") and ([会计年度] = ${年}), [借贷方向]*[损益表计算标记]*[损益发生额])) - sum(if(([损益表行号] = "R17") and ([会计年度] = ${年}-1), [借贷方向]*[损益表计算标记]*[损益发生额])))/sum(if(([损益表行号] = "R17") and ([会计年度] = ${年}-1), [借贷方向]*[损益表计算标记]*[损益发生额]))"。点击"确定"按钮，如图 8-76 所示。

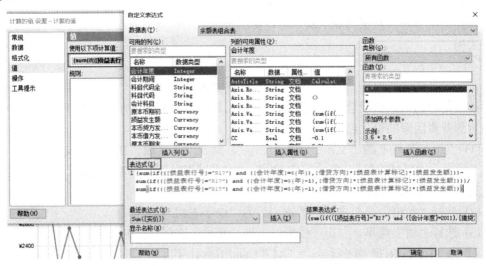

图 8-76　期间费用-设置年增长率的计算方式

(7) 选择"格式化"菜单中"值"的"类别"为"百分比","小数位"为"2",设置完成,点击"确定"按钮。

(8) 在同一文本区域的空白处单击鼠标,选择"插入动态项" 中下拉列表的"计算的值"。打开"计算的值"设置对话框。选择"数据"菜单中的"数据表"为"余额表组合表"。

(9) 选择"图标"菜单,右击"使用以下项计算图标"选择"自定义表达式",设置"表达式(E):"为"(sum(if(([损益表行号] = "R17") and ([会计年度] = ${年}),[借贷方向]*[损益表计算标记]*[损益发生额])) − sum(if(([损益表行号] = "R17") and ([会计年度] = ${年}-1),[借贷方向]*[损益表计算标记]*[损益发生额])))/sum(if(([损益表行号] = "R17") and ([会计年度] = ${年}-1),[借贷方向]*[损益表计算标记]*[损益发生额]))"。点击"确定"按钮。

(10) 在"图标"菜单中,点击"规则"右侧的"添加规则",添加三个值分别为小于、等于、大于的规则。设置完成,点击"确定"按钮。

(11) 在同一文本区域的空白处单击鼠标,选择"插入动态项" 中下拉列表的"计算的值"。打开"计算的值"设置对话框。选择"数据"菜单中的"数据表"为"余额表组合表"。

(12) 选择"值"菜单,右击"使用以下项计算值"选择"自定义表达式",设置"表达式(E):"为"sum(if(([损益表行号] = "R17") and ([会计年度] = ${年}) and ([会计期间] = ${月}),[借贷方向]*[损益表计算标记]*[损益发生额])) / 10000 as [三项费用]"。点击"确定"按钮。

(13) 选择"格式化"菜单中"值"的"类别"为"货币","小数位"为"2",设置完成,点击"确定"按钮。

(14) 在同一文本区域的空白处单击鼠标,选择"插入动态项" 中下拉列表的"计算的值"。打开"计算的值"对话框。选择"数据"菜单中的"数据表"为"余额表组合表"。

(15) 选择"值"菜单,右击"使用以下项计算值"选择"自定义表达式",设置"表达式(E):"为"sum(if(([损益表行号] = "R17") and ([会计年度] = ${年}) and ([会计期间] = ${月}),[借贷方向]*[损益表计算标记]*[损益发生额])) /sum(if(([损益表行号] = "R17") and ([会计年度] = ${年}),[借贷方向]*[损益表计算标记]*[损益发生额]))"。点击"确定"按钮,如图 8-77 所示。

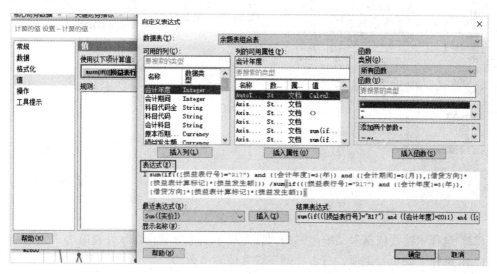

图 8-77　期间费用-设置当月占全年比的计算方式

(16) 选择"格式化"菜单中"值"的"类别"为"货币","小数位"为"2",设置完成,选择"确定"按钮。

(17) 全部设置完成,点击"保存"按钮 ,期间费用如图 8-78 所示。

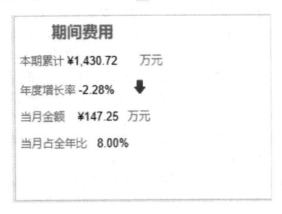

图 8-78　期间费用

(18) 点击工具栏上的"折线图"按钮 ,新建折线图。在新建的折线图右上角点击"属性"按钮 ,打开"属性"对话框。选择"数据"菜单中的"数据表"为"余额表组合表"。

(19) 选择"外观"菜单,勾选"显示标记"与"遇到空值换行"。

(20) 选择"X 轴"菜单中的"列"为"会计期间",勾选"显示网格线"。

(21) 选择"Y 轴"菜单,右击"列"选择"自定义表达式",设置"表达式(E):"为"sum(if(([损益表行号] = "R17") and ([会计年度] = ${年}), [借贷方向]*[损益表计算标记]*[损益发生额])) / 10000 as[三项费用]"。点击"确定"按钮,如图 8-79 所示。

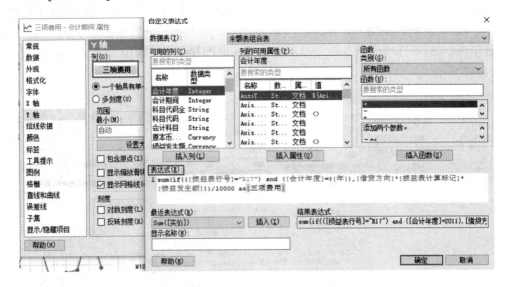

图 8-79　期间费用-设置 Y 轴的计算方式

(22) 选择"绘线依据"菜单,右击"针对每项显示一条直线"设置值为"无"。

(23) 选择"颜色"菜单,右击"列"设置值为"无"。

(24) 选择"格式化"菜单中"Y:三项费用"的"类别"为"货币"。

(25) 设置完成，点击"关闭"按钮，会计期间费用如图 8-80 所示。

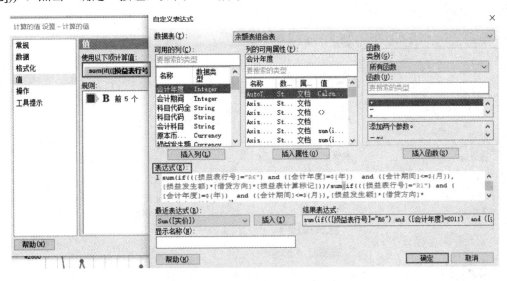

图 8-80 会计期间费用

(26) 点击工具栏上的"文本区域"按钮 ▦，新建文本区域。点击"编辑文本区域"按钮 ✎，打开"编辑文本区域"对话框。选择"插入动态项" ⚙▾ 中下拉列表为"计算的值"。打开"计算的值"设置对话框。

(27) 选择"数据"菜单中的"数据表"为"余额表组合表"。

(28) 选择"值"菜单，右击"使用以下项计算值"选择"自定义表达式"设置"表达式(E):"为"sum(if(([损益表行号] = "R6") and ([会计年度] = ${年}) and ([会计期间]< = ${月}), [损益发生额]*[借贷方向]*[损益表计算标记]))/sum(if(([损益表行号] = "R1") and ([会计年度] = ${年}) and ([会计期间]< = ${月}), [损益发生额]*[借贷方向]*[损益表计算标记]))"。点击"确定"按钮，如图 8-81 所示。

图 8-81 营业费用率-设置值的计算方式

(29) 在"值"菜单中，点击"规则"右侧的"添加规则"，打开"编辑规则"对话框，选择"规则类型"为"顶部",设置"值"为"5",点击"确定"按钮。

(30) 选择"格式化"菜单中"轴"的"类别"为"百分比"。设置完成,点击"确定"按钮。

(31) 点击"保存"按钮 🖫,完成文本区域操作,营业费用率如图 8-82 所示。

营业费用率

当前累计　1.70%

图 8-82　营业费用率

图 8-83 显示了 2011 年 9 月期间费用情况及趋势和营业费用率。期间费用的本期累计为 ¥1,430.72 万元,年度增长率为 −2.28%,呈下降趋势,当月金额为 ¥147.25 万元,当月占全年比为 8.00%。营业费用率累计为 1.83%。9 个月中 6 月份的营业费用率最低,1 月份的营业费用率最高。通过选择文本区域中"年份"和"月份",可查看其他年份和月份的数据。

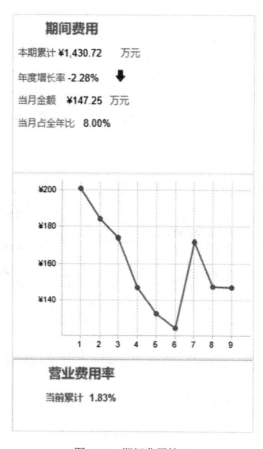

图 8-83　期间费用情况

8.3.4 营业利润

营业利润一般指销售利润，是企业在其全部销售业务中实现的利润，包含主营业务利润。销售利润永远是商业经济活动中的行为目标，没有足够的利润，企业就无法继续生存，无法继续扩大发展。本小节将从本期累计、年度增长率、当月金额及当月占全年比例四方面进行分析。

营业利润率能综合反映一个企业或一个行业的营业效率。营业利润率在各个行业以及同一行业的各个企业之间差异很大，并且不是所有的企业每年都能获取利润。本小节将使用折线图显示营业利润率的变化趋势。

其操作步骤如下：

(1) 点击工具栏上的"文本区域"按钮 █，新建文本区域。在新建的文本区域右上角点击"编辑文本区域"按钮 ✎，打开"编辑文本区域"对话框。选择"插入动态项" ▦▾ 中下拉列表的"计算的值"。打开"计算的值"设置对话框。

(2) 选择"数据"菜单中的"数据表"为"余额表组合表"。

(3) 选择"值"菜单，右击"使用以下项计算值"选择"自定义表达式"，设置"表达式(E):"为"sum(if(([损益表行号] = "R9")and ([会计年度] = ${年})and ([会计期间]< = ${月}), [借贷方向]*[损益表计算标记]*[损益发生额])) / 10000 as [营业利润]"。点击"确定"按钮，如图 8-84 所示。

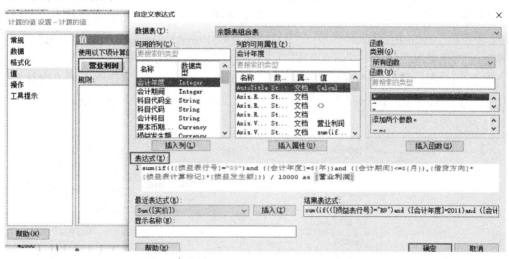

图 8-84 营业利润-设置本期累计的计算方式

(4) 选择"格式化"菜单中"值"的"类别"为"货币"，"小数位"为"2"，设置完成，点击"确定"按钮。

(5) 在同一文本区域的空白处单击鼠标，选择"插入动态项" ▦▾ 中下拉列表的"计算的值"。打开"计算的值"设置对话框。选择"数据"菜单中的"数据表"为"余额表组合表"。

(6) 选择"值"菜单，右击"使用以下项计算值"选择"自定义表达式"，设置"表达式(E):"为"(sum(if(([损益表行号] = "R9") and ([会计年度] = ${年}), [借贷方向]*[损益表计算标记]*[损益发生额])) − sum(if(([损益表行号] = "R9") and ([会计年度] = ${年}-1), [借贷方向]*[损益表计算标记]*[损益发生额])))/sum(if(([损益表行号] = "R9") and ([会计年度] = ${年}-1), [借贷方向]*[损益表计算标记]*[损益发生额]))"。点击"确定"按钮，如图 8-85 所示。

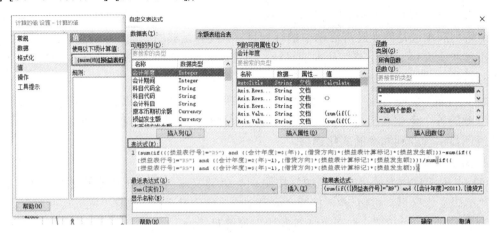

图 8-85　营业利润-设置年度增长率计算值的计算方式

(7) 选择"格式化"菜单中"值"的"类别"为"百分比"，"小数位"为"2"，设置完成，点击"确定"按钮。

(8) 在同一文本区域的空白处单击鼠标，选择"插入动态项" 中下拉列表的"计算的值"。打开"计算的值"设置对话框。选择"数据"菜单中的"数据表"为"余额表组合表"。

(9) 选择"图标"菜单，右击"使用以下项计算图标"选择"自定义表达式"，设置"表达式(E):"为"(sum(if(([损益表行号] = "R9") and ([会计年度] = ${年}), [借贷方向]*[损益表计算标记]*[损益发生额])) − sum(if(([损益表行号] = "R9") and ([会计年度] = ${年}-1), [借贷方向]*[损益表计算标记]*[损益发生额])))/sum(if(([损益表行号] = "R9") and ([会计年度] = ${年}-1), [借贷方向]*[损益表计算标记]*[损益发生额]))"，如图 8-86 所示。

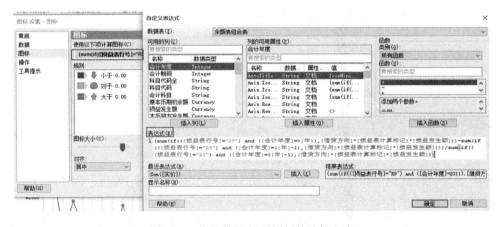

图 8-86　营业利润-设置图标的计算方式

(9) 在"图标"菜单中，点击"规则"右侧的"添加规则"，打开"编辑规则"对话框，添加三个值分别为小于、等于、大于的规则。设置完成，点击"确定"按钮。

(11) 选择"插入动态项" 中下拉列表的"计算的值"。打开"计算的值"设置对话框。选择"数据"菜单中的"数据表"为"余额表组合表"。

(12) 选择"值"菜单，右击"使用以下项计算值"选择"自定义表达式"，设置"表达式(E):"为"sum(if(([损益表行号] = "R9")and([会计年度] = ${年}) and ([会计期间] = ${月}), [借贷方向]*[损益表计算标记]*[损益发生额])) / 10000 as [营业利润]"，如图 8-87 所示。

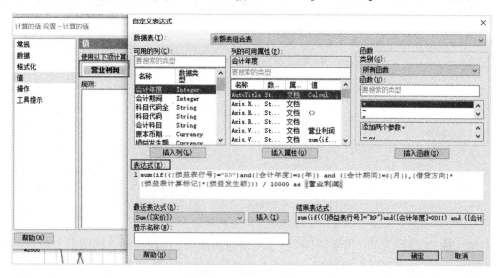

图 8-87 营业利润-设置值的计算方式

(13) 选择"格式化"菜单中"值"的"类别"为"货币"，"小数位"为"2"，设置完成，点击"确定"按钮。

(14) 选择"插入动态项" 中下拉列表的"计算的值"。打开"计算的值"设置对话框。选择"数据"菜单中的"数据表"为"余额表组合表"。

(15) 选择"值"菜单，右击"使用以下项计算值"选择"自定义表达式"，设置"表达式(E):"为"sum(if(([损益表行号] = "R9") and ([会计年度] = ${年}) and ([会计期间] = ${月}), [借贷方向]*[损益表计算标记]*[损益发生额])) / sum(if(([损益表行号] = "R9") and ([会计年度] = ${年}), [借贷方向]*[损益表计算标记]*[损益发生额]))"，如图 8-88 所示。

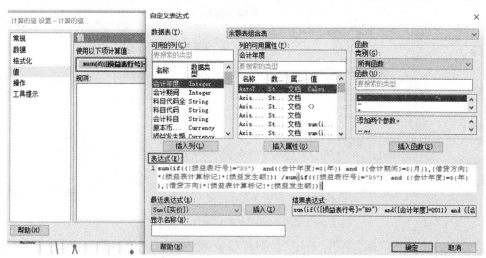

图 8-88 营业利润-设置当月占全年比的计算方式

(16) 选择"格式化"菜单中"值"的"类别"为"百分比","小数位"为"2",设置完成,点击"确定"按钮。

(17) 全部设置完成,点击"保存"按钮 ，营业利润如图 8-89 所示。

图 8-89　营业利润

(18) 点击工具栏上的"折线图"按钮 ，新建折线图。在新建的折线图右上角点击"属性"按钮 ，打开"属性"对话框。选择"数据"菜单中"数据表"为"余额表组合表"。

(19) 选择"外观"菜单,勾选"显示标记"与"遇到空值换行"。

(20) 选择"X 轴"菜单中的"列"为"会计期间",勾选"显示网格线"。

(21) 选择"Y 轴"菜单,右击"列"选择"自定义表达式",设置"表达式(E):"为"sum(if(([损益表行号] = "R9") and ([会计年度] = ${年}),[借贷方向]*[损益表计算标记]*[损益发生额])) / 10000 as [营业利润]"。点击"确定"按钮,如图 8-90 所示。

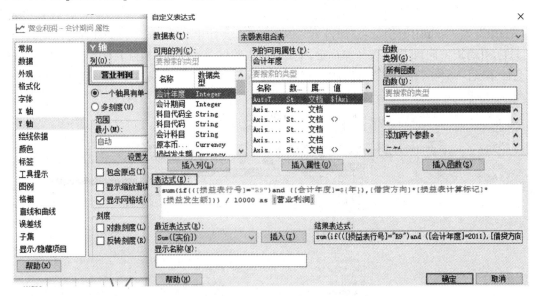

图 8-90　营业利润-设置 Y 轴的计算方式

(22) 选择"绘线依据"菜单,右击"针对每项显示一条直线"选择删除,设置值为"无"。

(23) 选择"颜色"菜单,右击"列"选择删除,设置值为"无"。

(24) 选择"格式化"菜单中"Y：营业利润"的"类别"为"货币"。

(25) 设置完成，点击"关闭"按钮，如图 8-91 所示。

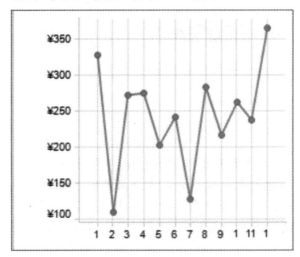

图 8-91　会计期间营业利润

(26) 点击工具栏上的"文本区域"按钮 ，新建文本区域。点击"编辑文本区域"按钮，打开"编辑文本区域"对话框。选择"插入动态项" 中下拉列表为"计算的值"。打开"计算的值"设置对话框。选择"数据"菜单中"数据表"为"余额表组合表"。

(27) 选择"值"菜单，右击"使用以下项计算值"选择"自定义表达式"设置"表达式(E):"为"sum(if(([损益表行号] = "R9") and ([会计年度] = ${年}) and ([会计期间]< = ${月}), [损益发生额]*[借贷方向]*[损益表计算标记]))/sum(if(([损益表行号] = "R1") and ([会计年度] = ${年}) and ([会计期间]< = ${月}), [损益发生额]*[借贷方向]*[损益表计算标记]))"。点击"确定"按钮，如图 8-92 所示。

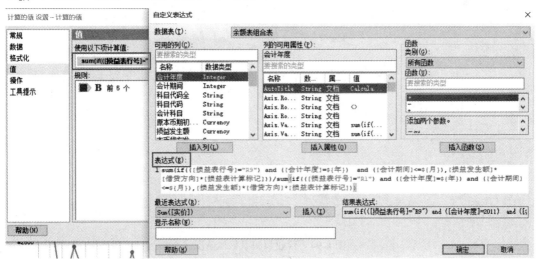

图 8-92　营业利润率-设置当前累计的计算方式

(28) 在"值"菜单中，点击"规则"右侧的"添加规则"，打开"编辑规则"对话框，选择"规则类型"为"顶部"，设置"值"为"5"，点击"确定"按钮。

(29) 选择"格式化"菜单中"轴"的"类别"为"百分比"。

(30) 点击"保存"按钮 ▣，完成文本区域操作，营业利润率如图 8-93 所示。

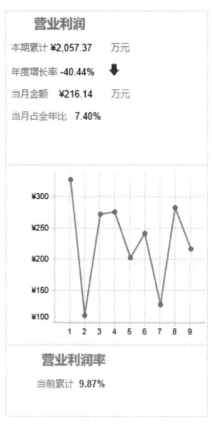

图 8-93　营业利润率

图 8-94 显示了 2011 年 9 月营业利润情况及趋势和营业利润率。营业利润的本期累计为¥2,057.37 万元，年度增长率为 −40.44%，呈下降趋势，当月金额为 ¥216.14 万元，当月占全年比为 7.40%。营业利润率累计为 9.87%。9 个月中 2 月份的营业利润率最低，1 月份的营业利润率最高。通过选择文本区域中"年份"和"月份"，可查看其他年份和月份的数据。

图 8-94　营业利润率整体情况

8.3.5　净利润

净利润是指企业当期利润总额减去所得税后的金额，即企业的税后利润。所得税是指企业将获取的利润总额按照所得税法规定的标准向国家缴纳的税金。它是企业利润总额的扣减项目。本小节将从本期累计、年度增长率、当月金额及当月占全年比例四方面进行分析。

税后利润率是指一种财务比率，计算方法为：税后净利润除以净销售额。本小节将使用折线图显示税后利润率的变化趋势。具体操作步骤如下：

(1) 点击工具栏上的"文本区域"按钮 ▦，新建文本区域。在新建的文本区域右上角点击"编辑文本区域"按钮 ✎，打开"编辑文本区域"对话框。选择"插入动态项" ▥▾ 中下拉列表的"计算的值"。打开"计算的值"设置对话框。

(2) 选择"数据"菜单中"数据表"为"余额表组合表"。

(3) 选择"值"菜单，右击"使用以下项计算值"选择"自定义表达式"，设置"表达式(E)："为"sum(if(([损益表行号] = "R16") and ([会计年度] = ${年})and ([会计期间]<=${月}), [借贷方向]*[损益表计算标记]*[损益发生额])) / 10000 as [净利润]"。点击"确定"按钮，如图 8-95 所示。

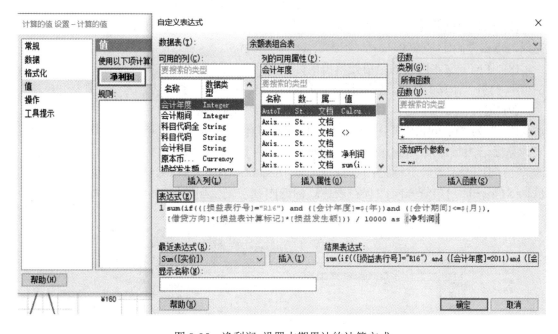

图 8-95 净利润-设置本期累计的计算方式

(4) 选择"格式化"菜单中"值"的"类别"为"货币"，"小数位"为"2"，设置完成，点击"确定"按钮。

(5) 在同一文本区域的空白处单击鼠标，选择"插入动态项" ▥▾ 中下拉列表的"计算的值"。打开"计算的值"设置对话框。选择"数据"菜单中"数据表"为"余额表组合表"。

(6) 选择"值"菜单，右击"使用以下项计算值"选择"自定义表达式"，设置"表达式(E)："为"(sum(if(([损益表行号] = "R16")and ([会计年度] = ${年}), [借贷方向]*[损益表计算标记]*[损益发生额])) - sum(if(([损益表行号] = "R16") and ([会计年度] = ${年}-1), [借贷方向]*[损益表计算标记]*[损益发生额])))/sum(if(([损益表行号] = "R16") and ([会计年度] = ${年}-1), [借贷方向]*[损益表计算标记]*[损益发生额]))"，如图 8-96 所示。

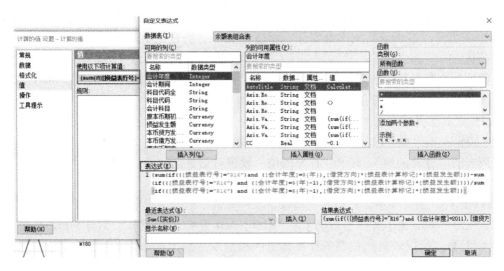

图 8-96 净利润-设置年度增长率的计算方式

(7) 选择"格式化"菜单中"值"的"类别"为"百分比","小数位"为"2",设置完成,点击"确定"按钮。

(8) 在同一文本区域的空白处单击鼠标,选择"插入动态项" 中下拉列表的"计算的值"。打开"计算的值"设置对话框,选择"数据"菜单中"数据表"为"余额表组合表"。

(9) 选择"图标"菜单,右击"使用以下项计算图标"选择"自定义表达式",设置"表达式(E):"为"(sum(if(([损益表行号] = "R16")and ([会计年度] = ${年}),[借贷方向]*[损益表计算标记]*[损益发生额])) − sum(if(([损益表行号] = "R16") and ([会计年度] = ${年}-1),[借贷方向]*[损益表计算标记]*[损益发生额])))/sum(if(([损益表行号] = "R16") and ([会计年度] = ${年}-1),[借贷方向]*[损益表计算标记]*[损益发生额]))",如图 8-97 所示。

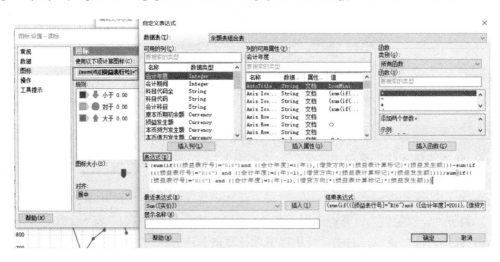

图 8-97 净利润-设置年度增长率的计算方式

(10) 在"值"菜单中,点击"规则"右侧的"添加规则",打开"编辑规则"对话框,添加三个值分别为小于、等于、大于的规则。设置完成,点击"确定"按钮。

(11) 在同一文本区域的空白处单击鼠标，选择"插入动态项" 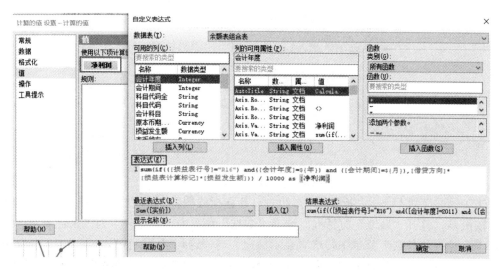 中下拉列表的"计算的值"。打开"计算的值"设置对话框。选择"数据"菜单中"数据表"为"余额表组合表"。

(12) 选择"值"菜单，右击"使用以下项计算值"选择"自定义表达式"，设置"表达式"为"sum(if(([损益表行号] = "R16")and([会计年度] = ${年}) and ([会计期间] = ${月}), [借贷方向]*[损益表计算标记]*[损益发生额])) / 10000 as [净利润]"，如图 8-98 所示。

图 8-98　净利润-设置当月金额的计算方式

(13) 在同一文本区域的空白处单击鼠标，选择"插入动态项" 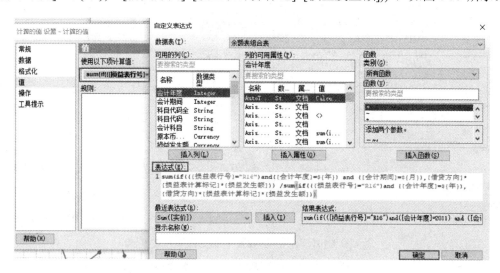 中下拉列表的"计算的值"。打开"计算的值"设置对话框。选择"数据"菜单中"数据表"为"余额表组合表"。

(14) 选择"值"菜单，右击"使用以下项计算值"选择"自定义表达式"，设置"表达式(E)"为"sum(if(([损益表行号] = "R16")and([会计年度] = ${年}) and ([会计期间] = ${月}), [借贷方向]*[损益表计算标记]*[损益发生额])) /sum(if(([损益表行号] = "R16")and([会计年度] = ${年}), [借贷方向]*[损益表计算标记]*[损益发生额]))"，如图 8-99 所示。

图 8-99　净利润-设置当月占全年比的计算方式

(15) 选择"格式化"菜单中"值"的"类别"为"百分比","小数位"为"2",设置完成,点击"确定"按钮。

(16) 全部设置完成,点击"保存"按钮 🔲,如图 8-100 所示。

图 8-100　净利润各项数据效果图

(17) 点击工具栏上的"折线图"按钮 ✍,新建折线图。在新建的折线图右上角点击"属性"按钮 ⚙,打开"属性"对话框。选择"数据"菜单中"数据表"为"余额表组合表"。

(18) 选择"外观"菜单中勾选"显示标记"与"遇到空值换行"。

(19) 选择"X 轴"菜单中"列"为"会计期间",勾选"显示网格线"。

(20) 选择"Y 轴"菜单,右击"列"选择"自定义表达式",设置"表达式(E):"为"sum(if(([损益表行号] = "R16") and ([会计年度] = ${年}),[损益发生额]*[借贷方向]*[损益表计算标记])) / 10000 as [净利润]",如图 8-101 所示。

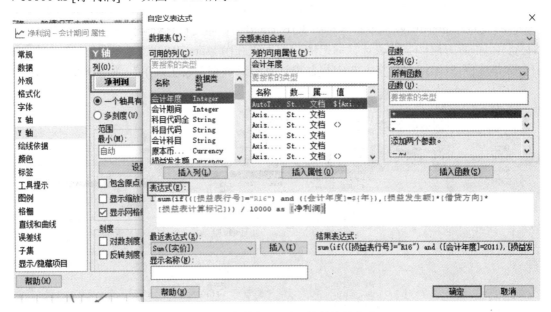

图 8-101　净利润-设置 Y 轴的计算方式

(21) 选择"绘线依据"菜单,右击"针对每项显示一条直线"选择删除,设置值为"无"。

(22) 选择"颜色"菜单,右击"列"选择删除,设置值为"无"。

（23）设置完成，点击"关闭"按钮，如图 8-102 所示。

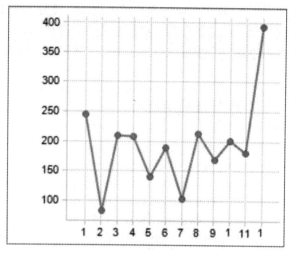

图 8-102　会计期间净利润情况

（24）点击工具栏上的"文本区域"按钮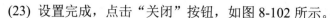，新建文本区域。点击"编辑文本区域"按钮 ✎ ，打开"编辑文本区域"对话框。选择"插入动态项" 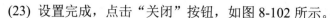 中下拉列表的"计算的值"。打开"计算的值"设置对话框。

（25）选择"数据"菜单中"数据表"为"余额表组合表"。

（26）选择"值"菜单，右击"使用以下项计算值"选择"自定义表达式"，设置"表达式(E):"为"sum(if(([损益表行号] = "R16") and ([会计年度] = ${年}) and ([会计期间]< = ${月}),[损益发生额]*[借贷方向]*[损益表计算标记]))/sum(if(([损益表行号] = "R1") and ([会计年度] = ${年}) and ([会计期间]< = ${月}),[损益发生额]*[借贷方向]*[损益表计算标记]))"，如图 8-103 所示。

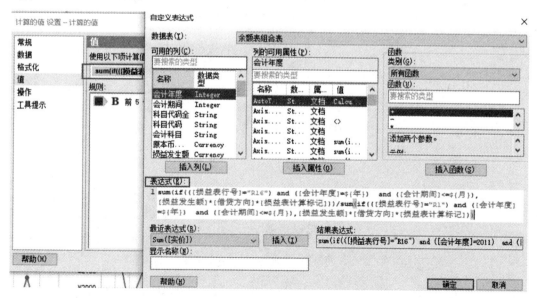

图 8-103　税后利润率-设置当前累计的计算方式

(27) 在"值"菜单中，点击"规则"右侧的"添加规则"，打开"编辑规则"对话框，选择"规则类型"为"顶部"，设置"值"为"5"，点击"确定"按钮。

(28) 选择"格式化"菜单中"轴"的"类别"为"百分比"。

(29) 设置完成，点击"确定"按钮，点击"保存"按钮 🖫，完成文本区域操作，税后利润率如图 8-104 所示。

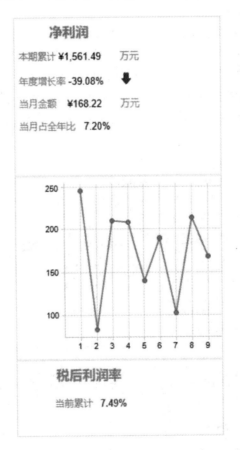

图 8-104　税后利润率

图 8-105 显示 2011 年 9 月净利润情况及趋势和税后利润率。净利润本期累计为 ¥1,561.49 万元，年度增长率为 −39.08%，呈下降趋势，当月金额为 ¥168.22 万元，当月占全年比为 7.20%。税后利润率累计为 7.49%。9 个月中 2 月份的税后利润率最低，1 月份的税后利润率最高。通过选择文本区域中"年份"和"月份"，可查看其他年份和月份的数据。

图 8-105　净利润情况及趋势和税后利润率

8.3.6　财务行业数据分析整体效果图

通过调整页面布局，对财务行业整体分析进行效果展示，如图 8-106 所示。在图中，可通过调整文本区域中"年份"和"月份"，显示各年份、月份的主营业务销售、主营业务成本、期间费用、营业利润和净利润等详细数据。管理者通过此分析对整个公司的财务情况一目了然，方便及时调整业务方案，降低成本。

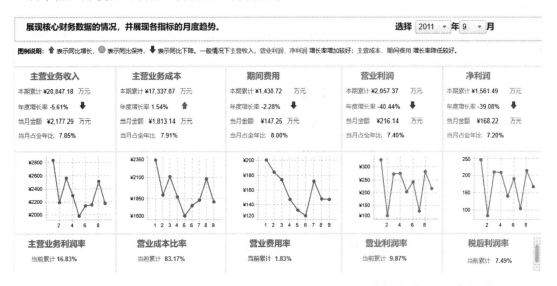

图 8-106　财务行业数据分析整体效果图

8.4　贷款行业数据分析

贷款业务是目前银行的主要收入来源，管理者通过银行贷款业务分析可以对贷款业务有一个实时的把握，对银行的经营管理做到心中有数。

本章将从贷款指标汇总、贷款的季度趋势、贷款的月度趋势、贷款占比、贷款明细数据几方面进行分析。在做分析前，需先完成数据表导入和文本区域的操作，具体操作步骤如下：

(1) 导入数据表和添加计算列。

① 点击"添加数据表"按钮 ，在打开的"添加数据表"对话框中，选择"添加"，导入"综合报表–横表"数据表。

② 点击"插入"菜单，在下拉列表中选择"计算列"，打开"插入计算的列"对话框，设置"表达式(E)："为"DatePart("Year"，[日期])"，设置"列名称"为"年份"。

③ 设置"表达式(E)："为"DatePart("Month"，[日期])"，设置"列名称"为"月份"。具体操作步骤请参照插入年份计算的列。

(2) 点击工具栏上的文本区域按钮 ，新建文本区域。

　　① 点击右上角的"编辑文本区域"按钮 ✎，打开"编辑文本区域"对话框，选择"插入属性控件"按钮 ☑·，选择"下拉列表"，打开"属性控件"对话框。点击"新建"，添加"年份"控件。

　　② 在"属性控件"对话框中"通过以下方式设置属性和值"选择"列中的唯一值"，"数据表"选择"综合报表–横表"，"列"选择"年份"，点击"确定"按钮，添加完成。

　　③ 在同一文本区域的空白处单击鼠标，参照"年份"控件的创建步骤，新建"月份"控件。

　　④ 点击"保存"按钮，文本区域编辑完成，新建的"年份"与"月份"如图 8-107 所示。

图 8-107　文本区域的"年份"与"月份"

8.4.1　贷款指标汇总分析

　　本小节将使用 KPI 图展示某银行涉农贷款、微小贷款、个人贷款、公司贷款、贴现、外汇贷款等各类贷款的月度汇总情况，通过该分析，管理者可快速掌握各类贷款情况，方便进行各类贷款额度的调整。具体操作步骤如下：

　　(1) 点击工具栏上的"KPI"按钮 ▦，新建 KPI 图。

　　(2) 在新建的 KPI 图中点击右上角的"属性"按钮 ✿，在打开的 KPI "属性"对话框中选择"KPI"，将原有的 KPI 删除后，点击"添加"，添加"涉农贷款"KPI。

　　(3) 打开 KPI "设置"对话框，选择"数据"菜单中"数据表"为"综合报表–横表"；点击"使用表达式限制数据"后的"编辑"按钮，设置"表达式(E)："为"[年份] = ${年份} and [月份] = ${月份}"。

　　(4) 选择"外观"菜单，勾选"显示迷你图"。

　　(5) 选择"值"菜单，右击"值(y 轴)"选择"自定义表达式"，设置"值(y 轴)"的"表达式(E)："为"Sum(If([指标] = "涉农贷款"，[当期值]))"；"图块依据"选择"涉农贷款"。

　　(6) 选择"格式化"菜单，设置"类别"为"编号"。

　　(7) 选择"颜色"菜单中"列"为"(值轴 个值)"，设置"颜色模式"为"固定"。点击"关闭"按钮，添加完成。

　　(8) 新建微小贷款 KPI。设置"值(y 轴)"的"表达式(E)："为"Sum(If([指标] = "微小贷款"，[当期值]))"；"图块依据"选择"微小贷款"。具体步骤参照涉农贷款 KPI 的创建步骤。

(9) 新建个人贷款 KPI。设置"值(y 轴)"的"表达式(E)："为"Sum(If([指标] = "个人贷款"，[当期值]))"；"图块依据"选择"个人贷款"。具体步骤参照涉农贷款 KPI 的创建步骤。

(10) 新建公司贷款 KPI。设置"值(y 轴)"的"表达式(E)："为"Sum(If([指标] = "公司贷款"，[当期值]))"；"图块依据"选择"公司贷款"。具体步骤参照涉农贷款 KPI 的创建步骤。

(11) 新建贴现 KPI。设置"值(y 轴)"的"表达式(E)："为"Sum(If([指标] = "贴现"，[当期值]))"；"图块依据"选择"贴现"。具体步骤参照涉农贷款 KPI 的创建步骤。

(12) 新建外汇贷款 KPI"。设置"值(y 轴)"的"表达式(E)："为"Sum(if([指标] = "外汇贷款"，[当期值]))"；"图块依据"选择"外汇贷款"。具体步骤参照涉农贷款 KPI 的创建步骤。

图 8-108 显示 2016 年 8 月各类贷款的汇总情况，从分析中可以看出，贷款额度最多的为涉农贷款。

图 8-108　各类贷款的汇总情况

8.4.2　贷款的季度趋势分析

本小节将使用折线图展示某银行涉农贷款、微小贷款、个人贷款、公司贷款、贴现、外汇贷款等各类贷款的季度变化趋势，该分析可以使管理者快速掌握每个季度贷款的发放情况，方便管理者调整策略。具体操作步骤如下：

(1) 点击工具栏上的"折线图"按钮 📈，新建折线图。

(2) 点击右上角的"属性"按钮 ⚙，打开"属性"对话框。选择"数据"菜单中"数据表"为"综合报表-报表"，点击"使用表达式限制数据"后的"编辑"按钮，设置"表达式(E)："为"[年份] = $[年份]"。

(3) 选择"外观"菜单，勾选"显示标记"。

(4) 选择"X 轴"菜单，右击"列"选择"自定义表达式"，设置"列"的"表达式(E)："为"<BinByDateTime([日期]，"Year.Quarter"，1)>"。

(5) 选择"Y 轴"菜单，右击"列"选择"自定义表达式"设置"列"的"表达式(E)："为"Sum([当期值])"。

(6) 选择"颜色"菜单中"列"为"指标"，设置"颜色模式"为"类别"。

(7) 选择"标签"菜单，勾选"个别值"。

(8) 点击"关闭"按钮，属性设置完成。

图 8-109 显示了 2016 年各类贷款的季度变化情况，从分析中可以看出，涉农贷款与微小贷款第四季度呈明显下降趋势，可能与季节变化和年底资金缩减有关。通过选择文本区域中"年份"可查看其他年份的数据。

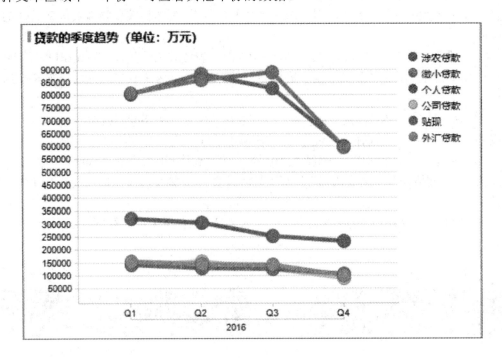

图 8-109　各类贷款的季度变化情况

8.4.3　贷款的月度趋势分析

本小节将使用条形图展示某银行涉农贷款、微小贷款、个人贷款、公司贷款、贴现、外汇贷款等各类贷款的月度发放情况，该分析可以使管理者快速掌握每月贷款的发放情况，方便管理者实现策略调整。具体操作步骤如下：

(1) 点击工具栏上的"条形图"按钮 ，新建条形图。

(2) 在新建条形图中，点击右上角的"属性"按钮 ，打开"属性"对话框。选择"数据"菜单中"数据表"为"综合报表-横表"。点击"使用表达式限制数据"后的"编辑"按钮，设置"表达式(E)："为"[年份] = ${年份} and [月份] = ${月份}"。

(3) 选择"外观"菜单，"布局"选择"堆叠条形图"并勾选"按值排序条形图"。

(4) 选择"类别轴"菜单中"列"为"指标"，勾选"显示标签"并水平显示。

(5) 选择"值轴"菜单，右击"列"选择"自定义表达式"，设置"列"的"表达式(E)："为"Sum([当期值])"；勾选"显示网格线"与"显示标签"。

(6) 选择"格式化"菜单中"类别"为"编号"。

(7) 选择"颜色"菜单中"列"为"指标"，设置"颜色模式"为"类别"。

(8) 选择"标签"菜单，"显示标签"选择"全部"，勾选"完整条形图"。

(9) 点击"关闭"按钮，属性设置完成。图 8-110 显示了 2016 年 8 月各类贷款的月度发放情况，从分析中可以看出，涉农贷款与微小贷款当月最多。通过选择文本区域中"年份"和"月份"可查看其他月份的数据。

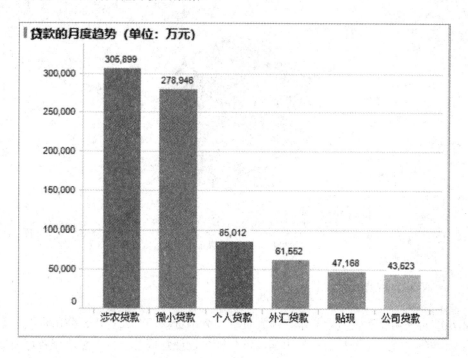

图 8-110 各类贷款的月度贷款发放情况

8.4.4 贷款占比分析

本小节将使用饼图展示某银行涉农贷款、微小贷款、个人贷款、公司贷款、贴现、外汇贷款等各类贷款的占比情况，该分析可以使管理者快速掌握每月各类贷款的占比情况，方便管理者进行资金调整。具体操作步骤如下：

(1) 点击工具栏上的"饼图"按钮 🥧，新建饼图。

(2) 在新建饼图中，点击右上角的"属性"按钮 ⚙，打开"属性"对话框。选择"数据"菜单中"数据表"为"综合报表-横表"。点击"使用表达式限制数据"后的"编辑"按钮，设置"表达式(E)："为"[年份] = ${年份} and [月份] = ${月份}"。

(3) 点击"颜色"菜单中"列"为"指标"，设置"颜色模式"为"类别"。

(4) 选择"大小"菜单，右击"扇区大小依据"选择"自定义表达式"，设置"表达式(E)："为"Sum([当期值])"。

(5) 选择"标签"菜单，勾选"扇区百分比"与"扇区类别"。

(6) 点击"关闭"按钮，属性设置完成。图 8-111 显示了 2016 年 8 月各类贷款的占比情况，从分析中可以看出，涉农贷款当月占比最多。通过选择文本区域中"年份"和"月份"可查看其他月份的数据。

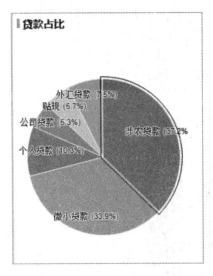

图 8-111　各类贷款占比情况

8.4.5　贷款明细数据分析

本小节将使用交叉表展示某银行涉农贷款、微小贷款、个人贷款、公司贷款、贴现、外汇贷款等各类贷款每个月的贷款明细，该分析可以使管理着一目了然地查看每类贷款的明细。具体操作步骤如下：

(1) 点击工具栏上的"交叉表"按钮 📊，新建交叉表。

(2) 在新建的交叉表中，点击右上角的"属性"按钮 ⚙，打开"属性"对话框。选择"数据"菜单中"数据表"为"综合报表-横表"。点击"使用表达式限制数据"后的"编辑"按钮，设置"表达式(E)："为"[年份] = ${年份}"。

(3) 选择"轴"菜单，右击"水平"选择"自定义表达式"，设置"表达式(E)："为"<BinByDateTime([日期]，"Year.Month"，1)>"；"垂直"选择"指标"。

(4) 在"轴"菜单中，右击"单元格值"选择"自定义表达式"，设置"表达式(E)："为"Sum([当期值])"。

(5) 选择"颜色"菜单中"配色方案分组"右侧的"添加"，在下拉列表中选择"Sum(当期值)"；设置"颜色模式"为"梯度"。

(6) 点击"确定"按钮，属性设置完成。图 8-112 显示了 2016 年各类贷款的贷款明细。通过选择文本区域中"年份"可查看其他年份的数据。

贷款明细数据（单位：万元）

指标	1月	2月	3月	4月	5月	6月	7月	8月	9月	10月	11月	12月
涉农贷款	308770.03	239220.00	253695.84	275691.97	330797.37	276200.93	251678.29	345898.62	259072.89	297796.03	589676.98	24992.06
微小贷款	290934.23	302323.37	238947.76	337603.72	280977.23	239346.90	311309.94	278945.62	203072.06	261104.89	306594.83	30218.82
个人贷款	91106.39	113509.72	117721.31	103976.52	109238.48	92639.59	66461.32	85011.73	101841.78	110893.19	115267.50	6817.83
公司贷款	36040.21	58955.12	46779.03	50412.90	63109.78	40898.26	46796.30	43523.08	35399.80	39086.84	47332.46	3162.51
贴现	41002.29	56541.92	45988.32	37324.24	40503.47	49676.65	43065.55	47187.80	33804.84	46065.89	56753.91	2690.48

图 8-112　各类贷款的贷款明细

8.4.6 贷款行业数据分析整体效果图

通过调整页面布局，以图 8-113 对贷款分析进行效果展示。在图中，通过调整左侧文本区域中"年份"和"月份"，管理者可查看不同年份和月份各类贷款的数据分析，包括贷款指标汇总、贷款的季度趋势、贷款的月度趋势、贷款占比、贷款明细数据等几方面，方便管理者掌握贷款情况，及时进行额度调整。

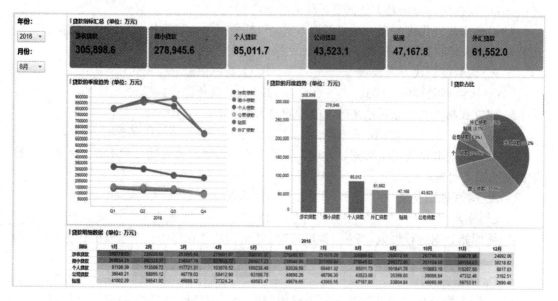

图 8-113 金融行业贷款分析整体效果图

本 章 小 结

本章主要对销售行业、医疗行业、财务行业以及贷款行业进行整体分析，在分析中使用了智速云大数据分析平台中的树形图、KPI 图、组合图、折线图等各种图表以及文本区域中的各种控件。通过本章的学习与练习，我们对智速云大数据分析平台的使用更加熟练，为后期分析数据奠定了基础。

习 题

一、选择题

1. 根据不同业务需求来建立数据模型，抽取最有意义的向量，决定选取哪种方法的数据分析角色人员是( )。

    A. 数据管理人员   B. 数据分析人员

    C. 研究科学家   D. 软件开发工程师

2. 当前社会中，最为突出的大数据环境是(   )。

   A. 互联网　　　　　B. 物联网　　　　C. 综合国力　　　D. 自然资源

3. 下列关于数据交易市场的说法中，错误的是(   )。

   A. 数据交易市场是大数据产业发展到一定程度的产物

   B. 商业化的数据交易活动催生了多方参与的第三方数据交易市场

   C. 数据交易市场通过生产数据、研发和分析数据，为数据交易提供帮助

   D. 数据交易市场是大数据资源化的必然产物

4. 面向用户提供大数据一站式部署方案，包括数据中心和服务器等硬件、数据分析应用软件及技术运维支持等多方面内容的大数据商业模式是(   )。

   A. 大数据解决方案模式　　　　　　B. 大数据信息分类模式

   C. 大数据处理服务模式　　　　　　D. 大数据资源提供模式

5. 建立在相关关系分析法基础上的预测是大数据的(   )。

   A. 基础　　　　　　B. 前提　　　　　C. 核心　　　　　D. 条件

6. 某超市研究销售记录数据后发现，买奶粉的人大概率也会购买尿不湿，这种属于数据挖掘的哪类问题？(   )

   A. 关联规则发现　　　　　　　　　B. 聚类

   C. 分类　　　　　　　　　　　　　D. 自然语言处理

7. 将原始数据进行集成、变换、维度规约、数值规约是在以下哪个步骤的任务？(   )

   A. 频繁模式挖掘　　　　　　　　　B. 分类和预测

   C. 数据预处理　　　　　　　　　　D. 数据流挖掘

8. 一切事物及事物运动的状态，不仅销售数量、销售价格这些客观标准可以形成大数据，甚至连顾客情绪(如色彩、空间的感知等)都可以测得，这体现了大数据思维维度中的(   )。

   A. 定量思维　　　B. 相关思维　　　C. 因果思维　　　D. 实验思维

二、判断题(正确打"√"，错误打"×")

1. 奶粉与尿不湿的经典案例，充分体现了实验思维在大数据分析理念中的重要性。

                                              (   )

2. 大数据可以分析与挖掘之前人们不知道或者注意不到的模式，可以从海量数据中发现趋势，虽然也有不精准的时候，但并不能因此而否定大数据挖掘的价值。　　　(   )

3. 数据资产型企业产品线的盈利，主要通过提供收费服务来获取。　　　　　(   )

4. 发展医疗健康大数据应用，目标是助力健康医疗服务产业快速发展。　　　(   )

5. 根据不同的用户案例和应用，企业用户可能需要支持不同类型的分析功能，使用特定类型的建模。　　　　　　　　　　　　　　　　　　　　　　　　　(   )

三、多选题

1. 大数据的科学价值和社会价值正是体现在(   )。

   A. 一方面，对大数据的掌握程度可以转化为经济价值的来源

   B. 另一方面，大数据已经撼动了世界的方方面面，从商业科技到医疗、政府、教育、经济、人文以及社会的其他各个领域

C. 大数据的价值不再单纯来源于它的基本用途，而更多源于它的二次利用

D. 大数据时代，很多数据在收集的时候并无意用作其他用途，而最终却产生了很多创新性的用途

2. 关于数据的潜在价值，说法正确的是(   )。

A. 数据的真实价值就像漂浮在海洋中的冰山，第一眼只能看到冰山一角，而绝大部分则隐藏在表面之下

B. 判断数据的价值需要考虑到未来它可能被使用的各种方式，而非仅仅考虑其目前的用途

C. 在基本用途完成后，数据的价值仍然存在，只是处于休眠状态

D. 数据的价值是其所有可能用途的总和

3. 以下哪些指标是衡量大数据应用成功的标准(   )。

A. 成本更低   B. 质量更高   C. 速度更快   D. 风险更低

4. 电信运营商大数据整合(   )整体数据。

A. 固定电话   B. 宽带   C. 手机   D. 流量

5. (   )是大数据运用的基础。

A. 有用的数据   B. 覆盖率

C. 隐私问题   D. 数据统计有效性

四、分析题

1. 如何反映销售数据的各类指标盈亏情况？

2. 通过什么可以让管理者对现在和过去的企业销售有直观的认知？

3. 如何准确地掌握企业的实际财务绩效？

第9章　智速云大数据分析平台的自动化作业

　　智速云大数据分析平台的自动化服务是一个自动执行多种任务的功能模块，可以用来在特定的时间以特定的格式向部分人发送邮件、导出分析或更改数据等，不需要用户手动操作，可自动实现导出数据到文件中、导出 PDF 格式文件、导出图片、发送邮件等功能。

9.1　保存分析文件

9.1.1　保存分析文件的操作

　　设置分析时(或者在创建分析过程中)，可以将创建完成的所有图表、筛选器设置及其他工作成果都保存在文件中，以便在中断后继续处理分析。选择"文件"→"保存"或按 Ctrl＋S 会弹出"数据加载设置"对话框(首次保存才会弹出)，可在对话框中列出分析中的所有数据表。如果需要构建来自多个源的数据表，可对数据表的不同部分应用不同的数据加载设置。如此一来，便可确保来自一个源的数据始终为新数据，而数据表的其他部分维持不变。点击"确定"按钮，在弹出的对话框中选择需保存的分析文件的名称和路径，如图 9-1 所示。

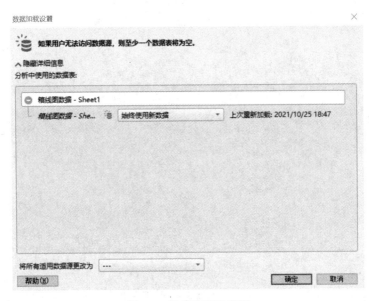

图 9-1　数据加载设置图

　　智速云大数据分析平台使用.dxp 扩展名来保存文件，文件名不得包含以下字符：正斜杠(/)、反斜杠(\)、大于号(>)、小于号(<)、星号(*)、问号(?)、双引号(")、竖线符号(|)、冒号(:)或分号(;)。若要另外保存已打开分析文件的副本，请选择"文件"→"另存为"→"文件"，然后用新名称保存文件。

9.1.2　在库中保存分析文件

　　通过库，同事之间可以共同使用同一分析文件，并且每个人的分析文件均为最新。发布文档时，当前的分析文件会在库中存储为 DXP 文件。运行智速云大数据分析平台的其他同事也可以打开库中的文件。在库中保存分析文件的步骤如下：

　　(1) 登录智速云大数据分析平台。

　　(2) 选择菜单栏"文件"→"另存为"→"库项目"。

　　(3) 浏览到要保存的分析文件的文件夹，指定分析文件的"名称"。或者单击"文件夹权限..."可检查或更改选定库文件夹的权限。如果要保留当前的数据加载设置，则转到步骤(5)。

　　(4) 若需要对当前分析文件进行说明和检索，则在"另存为库项目"对话框中，单击"下一步"，输入分析文件的"说明"(可选)和特定于分析内容的一个或多个"关键字"(可选)。

　　(5) 单击"完成"，系统将发布文档并打开"向导的确认"对话框，关闭对话框完成保存。

　　注意：要在库中保存分析文件，必须使用用户名和密码在线登录到智速云大数据分析平台，使用离线登录无法实现此功能。

9.2　导　出　数　据

9.2.1　导出数据到文件

　　可以从智速云大数据分析平台中导出数据，然后保存为文本文件、Spotfire 文本数据格式文件(*.stdf)、Spotfire 二进制数据格式文件(*.sbdf)或 Microsoft Excel 文件。文本文件可以是常规的制表符分隔文本文件，也可以是文本数据格式文件。Excel 文件可以是 XLS 文件或 XLSX 文件。如果图表是一个表格，则只能将其中的数据导出到 Excel 文件。需注意的是，导出至 Excel 时始终会导出值而不是格式，但日期/时间值除外，因为导出时会使用当前的区域设置。

　　导出数据的方式有两种：

　　第一种，单击菜单栏中的"工具"→"自动化服务作业生成程序(J)"，在打开的"自动服务作业生成器工具"对话框中选择"添加"→"将数据导出到文件"，在对话框右侧输入导出数据来源"导出数据来源"、导出数据的类型在"将数据导出为(A)"，及导出文件存放的位置"将数据导出到(T)："，如图 9-2 所示。设置完成后，在当前对话框中单击"工具"→"本地执行"进行文件的导出。

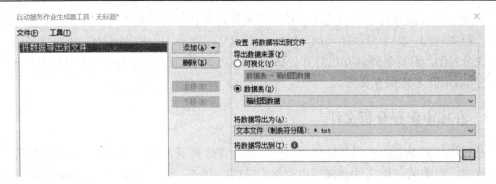

图 9-2   自动服务作业生成器导出示意题

导出数据来源说明如下：

(1) 可视化：根据活动页面中的一个图表(包括"按需查看详细信息"[如果可见])导出数据。

(2) 数据表：根据文档中的一个数据表导出数据。导出时可对要导出的数据表进行筛选(所有行、筛选的行、标记的行)。

以上两种方式都可以将数据导出到文本文件、Excel 文件、TIBCO Spotfire 文本数据格式文件(*.stdf)或 TIBCO Spotfire 二进制数据格式文件(*.sbdf)。

第二种，单击菜单栏中的"文件"→"导出"→"将数据导出到文件"，打开"导出数据"对话框，选择"导出数据来源"，单击"确定"按钮，在打开的"导出数据"对话框中选择一个用于保存导出数据的位置和导出文件的类型，然后单击"保存"，这样可以把全部数据导出到文件中，如图 9-3 所示。

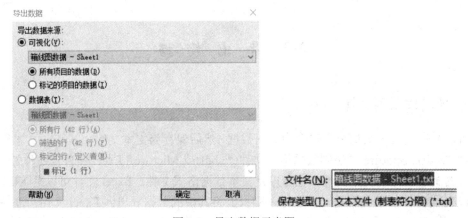

图 9-3   导出数据示意图

9.2.2   导出数据到 HTML

选择菜单栏中的"文件"→"导出"→"到 HTML..."，并在弹出的"导出到 HMTL"对话框中，选择要包括在 HTML 文件中的"导出内容""筛选器设置""页面标题""批注"以及"页面布局"(定义所生成 HTML 文档中页面的尺寸和方向。包括 A4 纵向、A4 横向、纵向美国信函和横向美国信函)。然后单击"导出"，如图 9-4 所示。在打开的"另存为"对话框中选择一个用于保存导出数据的位置，然后单击"保存"。

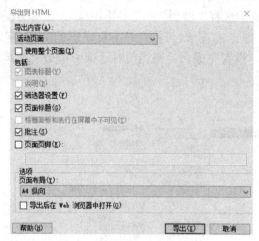

图 9-4　导出到 HTML 示意图

9.2.3　导出数据到 Microsoft PowerPoint

选择菜单栏中的"文件"→"导出"→"到 Microsoft PowerPoint (M)...",并在弹出的"导出到 Microsoft PowerPoint"对话框中,选择要包括在 PPT 文件中的"导出内容""筛选器设置""页面标题""批注"以及"导出到"的位置(新演示文稿、打开的演示文稿),然后单击"导出",如图 9-5 所示。在打开的"另存为"对话框中选择一个用于保存导出数据的位置,然后单击"保存"。

图 9-5　导出到 Microsoft PowerPoint 示意图

注意:若要导出到 PowerPoint,需要在计算机上安装 Microsoft® PowerPoint®。

9.3　导出图像和 PDF 文件

9.3.1　导出图像

(1) 单击菜单栏中的"工具"→"自动化服务作业生成程序(J)",在打开的"自动服务

作业生成器工具"对话框中选择"添加"→"导出图像",在对话框右侧输入导出图像存放
的位置(目标路径(P))、导出的图表(可视化(V))及导出的大小(宽度(像素)(W)、高度(像素)(H)),如图 9-6 所示。设置完成后,在当前对话框中单击"工具"→"本地执行"进行
图像的导出。

图 9-6　导出图像示意图

(2) 选择菜单栏中的"文件"→"导出"→"图像(A)...",并在弹出的"导出图像"对
话框中导出图片的类型(如 jpg、png、bmp 等)、名称和路径进行设置,然后单击"保存"。
如图 9-7 所示。

图 9-7　导出图像保存示意图

9.3.2　导出 PDF 文件

(1) 单击菜单栏中的"工具"→"自动化服务作业生成程序(J)",在打开的"自动服务
作业生成器工具"对话框中选择"添加"→"导出到 PDF",在对话框右侧输入导出 PDF
文件存放的位置(目标路径(E))、导出的内容(导出内容(W))、导出的 PDF 文件中包括的内
容(如图表标题、说明、筛选器设置、页面标题、批注等)、页面布局及 PDF 文件的边距设
置,如图 9-8 所示。设置完成后,在当前对话框中单击"工具"→"本地执行"进行 PDF
文件的导出。

图 9-8　导出 PDF 文件示意图

　　(2) 选择菜单栏中的"文件"→"导出"→"到 PDF..."，并在弹出的"导出到 PDF"对话框中设置 PDF 常规信息，并通过"高级"、"书签"及"筛选器"页签进行其他设置。设置完成后，单击"导出"，在弹出的对话框中选择要存放的路径，然后单击"保存"，如图 9-9 所示。

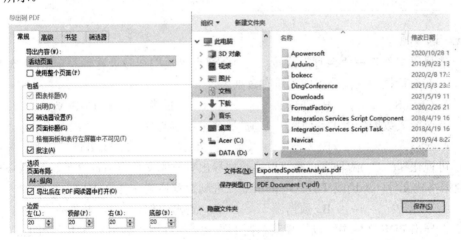

图 9-9　导出到 PDF 示意图

9.4　发 送 邮 件

　　单击菜单栏中的"工具"→"自动化服务作业生成程序(J)"，在打开的"自动服务作业生成器工具"对话框中选择"添加"→"发送电子邮件"，在对话框的右侧设置邮件发送地址、抄送、密送、主题、邮件内容、分析文件库链接或 web 链接，也可以添加附件。如图 9-10 所示。设置完成之后，在当前对话框中，选择"工具"→"在服务器上执行"，实现邮件的发送。

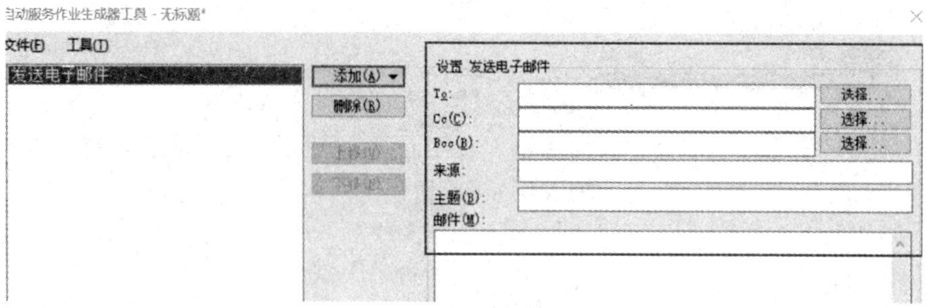

图 9-10　发送邮件示意图

本 章 小 结

本章主要介绍了如何把数据源保存在本地或与他人通过网络共享，可以将使用的数据源通过很多种方式导出到本地，比如通过导出文件的方式(txt 文件、Excel 文件)，或者导出为 HTML 网页文件、PPT 文件或者可以生成为图像或 PDF 文件导出，还可以通过发送邮件的方式同时发送给多人。

习　　题

一、选择题

1. 选择"文件"→"保存"或按(　　)会弹出"数据加载设置"对话框(首次保存才会弹出)，在对话框中列出分析中的所有数据表。

　　A. Ctrl+S　　　　　　B. Ctrl+F　　　　　　C. Ctrl+E　　　　　　D. Ctrl+V

2. 智速云大数据分析平台使用(　　)扩展名来保存文件。

　　A. .xlsx　　　　　　B. .dxp　　　　　　C. .docx　　　　　　D. .dox

3. 可视化和(　　)两种方式都可以将数据导出到文本文件、Excel 文件、TIBCO Spotfire 文本数据格式文件(*.stdf)或 TIBCO Spotfire 二进制数据格式文件(*.sbdf)。

　　A. 数据表　　　　　　B. 数据源　　　　　　C. 数据图像　　　　　　D. 数据库

4. 在导出 PDF 文件中可以选择菜单栏中的"文件"→"导出"→"到 PDF..."，并在弹出的"导出到 PDF"对话框中"设置 PDF 常规信息，并通过"高级"、(　　)及"筛选器"页签进行其他设置。

　　A. 书签　　　　　　B. 层级　　　　　　C. 标记　　　　　　D. 文本框

二、判断题(正确打"√"，错误打"×")

1. 从智速云大数据分析平台中导出数据，保存的文本文件可以是常规的制表符分隔文本文件，也可以是文本数据格式文件。　　　　　　　　　　　　　　　　　　　　(　　)

2. 可以从智速云大数据分析平台中导出数据，然后保存为文本文件、Spotfire 文本数据格式文件(*.stdf)、Spotfire 二进制数据格式文件(*.sbdf)或 Microsoft Excel 文件。(　　)

3. 导出数据来源中可视化是根据文档中的一个数据表导出数据。　　　　　　(　　)

4. 导出到 HTML 的方法是单击"文件"→"导出"→"到 HTML...",在弹出的"导出到 HMTL"对话框中选择要包括在 HTML 文件中的内容、筛选器设置、页面标题、标注以及页面布局(定义所生成 HTML 文档中页面的尺寸和方向)。　　　　　　　( )

5. 导出图像的方法是单击菜单栏中的"工具"→"自动化服务作业生成程序(J)",在打开的"自动服务作业生成器工具"对话框中选择"添加"→"导出图像",在对话框右侧输入导出图像存放的位置(目标路径(P))、导出的图表(可视化(V))及导出的大小(宽度(像素)(W)、高度(像素)(H))。　　　　　　　　　　　　　　　　　　( )

三、多选题

1. 关于保存分析文件,下列正确的是( )。
　A. 设置分析时,可以将完成的所有图表、筛选器设置及其他工作成果都将保存在文件中
　B. 选择"文件"→"保存"
　C. 按 Ctrl+S 会弹出"数据加载设置"对话框(首次保存才会弹出),在对话框中列出分析中的所有数据表
　D. 若要另外保存已打开分析文件的副本,请选择"文件"→"另存为"→"文件",然后用新名称保存文件

2. 下列说法正确的是( )。
　A. 智速云大数据分析平台使用 .dxp 扩展名来保存文件,文件名可以包含大于号(>)字符
　B. 在库中保存分析文件,通过库,同事之间可以共同使用同一分析
　C. 可以从智速云大数据分析平台中导出数据,然后保存为文本文件、Spotfire 文本数据格式文件(*.stdf)、Spotfire 二进制数据格式文件(*.sbdf)或 Microsoft Excel 文件
　D. 文本文件可以是常规的制表符分隔文本文件,不可以是文本数据格式文件

3. 导出图像的步骤是( )。
　A. 单击菜单栏中的"工具"→"自动化服务作业生成程序(J)"
　B. 在打开的"自动服务作业生成器工具"对话框中选择"添加"→"导出图像"
　C. 在对话框右侧输入导出图像存放的位置(目标路径(P))、导出的图表(可视化(V))及导出的大小(宽度(像素)(W)、高度(像素)(H))
　D. 设置完成后,在当前对话框中单击"工具"→"本地执行"进行图像的导出

4. 发送邮件的步骤是( )。
　A. 单击菜单栏中的"工具"→"自动化服务作业生成程序(J)"
　B. 在打开的"自动服务作业生成器工具"对话框中选择"添加"→"发送电子邮件"
　C. 在对话框的右侧设置邮件发送地址、抄送、密送、主题、邮件内容、分析文件库链接或 web 链接,也可以添加附件
　D. 设置完成之后,在当前对话框中,选择"工具"→"在服务器上执行",实现邮件的发送

四、分析题

1. 导出数据到文件、到 HTML、到 Microsoft PowerPoint 的步骤一样吗?区别在哪里?
2. 基于智速云大数据分析平台,如何导出图像和 PDF 文件?
3. 基于智速云大数据分析平台,如何发送邮件?

参 考 文 献

[1]　林子雨. 大数据导论. 北京：人民邮电出版社，2020.

[2]　姜枫，许桂秋. 大数据可视化技术. 北京：人民邮电出版社，2019.

[3]　黑马程序员. 大数据项目实战. 北京：清华大学出版社，2020.

[4]　肖政宏，李俊杰，谢志明. 大数据技术与应用：微课视频版. 北京：清华大学出版社，2020.

[5]　黑马程序员. 数据分析思维与可视化. 北京：清华大学出版社，2019.

[6]　樊银亭，夏敏捷. 数据可视化原理及应用. 北京：清华大学出版社，2019.

[7]　黑马程序员. Hadoop 大数据技术原理与应用. 北京：清华大学出版社，2019.

[8]　黑马程序员. Python 数据分析与应用：从数据获取到可视化. 北京：中国铁道出版社，2019.

[9]　周苏，王文. 大数据可视化. 北京：清华大学出版社，2016.

[10]　王国胤，刘群，于洪，等. 大数据挖掘及应用. 北京：清华大学出版社，2017.

[11]　王佳东，王文信. 商业智能工具应用与数据可视化. 北京：电子工业出版社，2020.

[12]　白玥. 数据分析与大数据实践. 上海：华东师范大学出版社，2020.